高等数学易错题解析

（同济·第七版）

景慧丽　王兆强　方晓峰　刘　华　编著

西北工业大学出版社

西安

【内容简介】 本书与同济大学数学系编写的《高等数学》(第七版,高等教育出版社,2014 年)教材相配套,由教学一线的教师根据多年教学实践经验、结合课堂教学实际并综合学生平时作业中的问题整理和提炼而来,主要精选学生在概念理解和解题过程中容易出错的题目,归纳、总结学生容易出错的题目类型,重点对出错原因进行分析,并给出正确解法及解题的思路、关键和技巧。本书中的易错题主要包括错解、错解分析和正确解法三部分,切合学生学习实际,实用性强。

本书既可作为高等院校各理工科专业学生学习高等数学课程的辅导书,也可作为考研考生备考复习的资料,还可供相关课程教学人员作为教学参考资料。

图书在版编目(CIP)数据

高等数学易错题解析:同济:第七版 / 景慧丽,等编著 . — 西安 : 西北工业大学出版社,2022.1
ISBN 978 - 7 - 5612 - 7873 - 4

Ⅰ.①高… Ⅱ.①景… Ⅲ.①高等数学-高等学校-题解 Ⅳ.①O13 - 44

中国版本图书馆 CIP 数据核字(2021)第 171807 号

GAODENG SHUXUE YICUOTI JIEXI(TONGJI · DIQIBAN)

高等数学易错题解析(同济·第七版)

景慧丽 王兆强 方晓峰 刘华 编著

责任编辑:孙 倩		策划编辑:杨 睿	
责任校对:王 静		装帧设计:李 飞	
出版发行:西北工业大学出版社			
通信地址:西安市友谊西路 127 号		邮编:710072	
电　　话:(029)88491757,88493844			
网　　址:www.nwpup.com			
印 刷 者:西安浩轩印务有限公司			
开　　本:787 mm×1 092 mm		1/16	
印　　张:9.25			
字　　数:243 千字			
版　　次:2022 年 1 月第 1 版		2022 年 1 月第 1 次印刷	
书　　号:ISBN 978 - 7 - 5612 - 7873 - 4			
定　　价:48.00 元			

如有印装问题请与出版社联系调换

前　言

　　"高等数学"是高等院校各理工科专业学生必修的重要的基础课程之一，该门课程不但是学习其他自然科学和工程技术的重要基础，也是培养理性思维的重要载体.要更好地学习高等数学知识，不但需要深刻理解和牢固掌握其基本概念、基本理论和基本方法，还需要通过解证一定数量的习题来检验、巩固和进一步掌握所学的内容，并从中发掘和领会科学的思维方法，提升自己学习、研究和解决问题的能力.

　　在高等数学课程的学习过程中，很多学生尤其是初学者，对于一些重要的概念、定理的理解不深刻、不透彻，甚至是错误的.一些学生使用定理、公式、法则时经常忽略它们成立的前提条件，例如，极限的和、差以及乘积运算法则成立的前提条件是"极限均存在"和"有限项"，但是学生在应用极限的这些运算法则时，往往会忽略这两个前提条件.

　　为了帮助学生更快、更好地掌握所学知识，领会、掌握和应用数学思想方法，笔者按照国家教育部颁布的《高等数学课程基本要求》，并根据多年教学实践经验，结合课堂教学实际，综合学生平时作业中的问题，编写了这本书.

　　本书与同济大学数学系编写的《高等数学》(第七版，高等教育出版社，2014 年)相配套，主要精选学生在概念理解上和解题过程中容易出错的题目，归纳、总结容易出错的类型，重点对出错原因进行分析，并给出正确的解法及解题的思想、关键和技巧.各章编入的例题均由错解、错解分析及正确解法三部分组成.

　　在本书的编写过程中，笔者参阅了若干国内优秀教材和辅导资料，在此对相关作者表示衷心感谢.

　　由于水平有限，书中欠妥之处在所难免，恳请读者批评指正！

编　者

2021 年 3 月

目　录

第一章 函数与极限

极限是高等数学中重要的概念之一,极限思想贯穿整个高等数学的学习,是微积分的灵魂.高等数学中的很多概念都是用极限来定义的,例如,连续、导数、定积分、偏导数、重积分、曲线积分和曲面积分等.因此,理解极限思想的内涵和掌握极限求解的方法是学习高等数学课程的基本要求,但是,很多初学者对极限概念的理解往往存在偏差,例如,误认为函数在一点无定义时函数在该点也一定不存在极限,或认为如果对任意 $\varepsilon > 0$,数列 x_n 中只有有限项不满足 $|x_n - a|$,则一定有 $\lim\limits_{n \to \infty} x_n = a$ 等.此外,在高等数学中,极限的求解方法有很多,例如,利用极限的四则运算法则求解、利用等价无穷小代换求解、利用两个重要极限求解、利用夹逼准则求解等.每种求解方法都有各自的使用条件和使用范围,初学者往往会忽略这些限定条件,例如,极限四则运算法则中的和差、乘积运算法则成立的前提条件是极限均存在和有限项,只要一个条件不满足,就不能应用这两个法则.

例 1 设 $f(x)$ 的定义域 $D = [0,1]$,求函数 $f(x+a) + f(x-a)$(其中 $a > 0$)的定义域.

[错解 1]因为 $a > 0$,所以 $x + a > x - a$.又由题意可知 $0 \leqslant x - a \leqslant 1$,解之得 $a \leqslant x \leqslant 1 + a$,因此函数 $f(x+a) + f(x-a)$ 的定义域 $D = [a, 1+a]$.

[错解 2]因为 $\begin{cases} 0 \leqslant x + a \leqslant 1 \\ 0 \leqslant x - a \leqslant 1 \end{cases}$,所以 $\begin{cases} -a \leqslant x \leqslant 1 - a \\ a \leqslant x \leqslant 1 + a \end{cases}$,因此函数 $f(x+a) + f(x-a)$ 的定义域 $D = [a, 1-a]$.

[错解分析]错解 1 忽略了 $x + a \leqslant 1$ 这个条件,因此是错误的.

错解 2 忽略了 $1 - a \leqslant a$ 的可能性,直接认为 $1 - a \geqslant a$,因此是错误的.

[正确解法]依题意有 $\begin{cases} 0 \leqslant x + a \leqslant 1 \\ 0 \leqslant x - a \leqslant 1 \end{cases}$,即 $\begin{cases} -a \leqslant x \leqslant 1 - a \\ a \leqslant x \leqslant 1 + a \end{cases}$.

令 $1 - a \geqslant a$,解得 $a \leqslant \dfrac{1}{2}$.

故当 $a \in \left(0, \dfrac{1}{2}\right)$ 时,函数 $f(x+a) + f(x-a)$ 的定义域 $D = [a, 1-a]$;当 $a = \dfrac{1}{2}$ 时,$D = \left\{\dfrac{1}{2}\right\}$;当 $a > \dfrac{1}{2}$ 时,$D = \varnothing$.

例 2 设函数 $f(x) = x$,$g(x) = e^{\ln x}$,试判断 $f(x)$ 和 $g(x)$ 是否相同.

[错解]因为 $g(x) = e^{\ln x} = x$,且 $f(x) = x$,所以 $f(x)$ 和 $g(x)$ 是相同的.

[错解分析]上述解法有两处错误:第一,结论是错误的;第二,"$g(x) = e^{\ln x} = x$"这个步骤不完整,忽略了自变量 x 的取值范围,因此是错误的.

[正确解法]因为 $g(x) = e^{\ln x} = x$,且 $g(x)$ 的定义域 $D = (0, +\infty)$,但 $f(x) = x$ 的定义域 $D = (-\infty, +\infty)$,所以 $f(x)$ 和 $g(x)$ 的定义域不相同,因此 $f(x)$ 和 $g(x)$ 是不相同的.

> **温馨提示**:两个函数相等的充要条件是定义域和对应法则都相同,这两者中只要有一个不成立,两个函数就不相等.

例 3　判断下列命题是否正确:

设函数 $f(x)$ 在区间 I 上每一点处都有确定的值,那么对任意的 $x_0 \in I$,函数 $f(x)$ 在 x_0 的充分小的邻域内必定有界.

[错解]上述命题是正确的.因为 $f(x)$ 在区间 I 上每一点处都有确定的值,不妨设 M 为所有函数值的最大值,m 为所有函数值的最小值,则对所有的 $x \in I$,都有 $m \leqslant f(x) \leqslant M$ 成立,即 $f(x)$ 在区间 I 上是有界的.而 x_0 的充分小的邻域必定包含在区间 I 内,所以 $f(x)$ 在 x_0 的充分小的邻域内必定有界.

[错解分析]上述解法有两处错误:第一,结论"上述命题是正确的"是错误的;第二,"不妨设 M 为所有函数值的最大值,m 为所有函数值的最小值"这个步骤是错误的,因为函数 $f(x)$ 在区间 I 上每一点处都有确定的值时,函数在区间 I 上未必存在最大值和最小值,即这个最大值 M 和最小值 m 未必存在.例如,函数 $f(x) = \begin{cases} \dfrac{1}{x}, & x \neq 0 \\ 0, & x = 0 \end{cases}$ 在区间 $[-1,1]$ 上的每一点处都有确定的值,但 $f(x)$ 在区间 $[-1,1]$ 上并不存在最大值和最小值.上述解法用错误的理论阐述理由,因此是错误的.

[正确解法]上述命题是错误的.例如,函数 $f(x) = \begin{cases} \dfrac{1}{x}, & x \neq 0 \\ 0, & x = 0 \end{cases}$ 在区间 $[-1,1]$ 上每一点处都有确定的值,但是 $f(x)$ 在 $x = 0$ 的任何小邻域内都无界.

例 4　若 $\lim\limits_{n \to \infty} x_n = a$,则一定有 $\lim\limits_{n \to \infty} |x_n| = |a|$.那么,反之是否成立呢? 若成立,给出证明;若不成立,请举出反例.

[错解]$a \geqslant 0$ 时成立;$a < 0$ 时不成立,例如,取 $x_n = -1$,则 $\lim\limits_{n \to \infty} |x_n| = \lim\limits_{n \to \infty} |-1| = 1$,但是 $\lim\limits_{n \to \infty} x_n = \lim\limits_{n \to \infty} (-1) = -1 \neq 1$.

[错解分析]上述解法有两处错误:第一,结论"$a \geqslant 0$ 时成立"是错误的;第二,题意理解错误,反例列举的不正确.该题目的含义是,如果 $\lim\limits_{n \to \infty} |x_n|$ 存在,那么 $\lim\limits_{n \to \infty} x_n$ 是否也一定存在.上述解法是在"$\lim\limits_{n \to \infty} x_n$"存在的情况下举出反例,显然是不正确的.

[正确解法]当 $a = 0$ 时成立,即若 $\lim\limits_{n \to \infty} |x_n| = 0$,一定有 $\lim\limits_{n \to \infty} x_n = 0$.证明过程如下:

因为 $\lim\limits_{n \to \infty} |x_n| = 0$,所以对任意给定的正数 ε,一定存在正整数 N,当 $n > N$ 时,恒有

$$||x_n| - 0| < \varepsilon$$

又因为

$$||x_n| - 0| = ||x_n|| = |x_n|$$

即当 $n > N$ 时,恒有 $|x_n| < \varepsilon$ 成立,所以 $\lim\limits_{n \to \infty} x_n = 0$.

当 $a \neq 0$ 时结论未必成立,即如果 $\lim\limits_{n \to \infty} |x_n| = |a|$,则 $\lim\limits_{n \to \infty} x_n$ 未必存在.

例如,取 $x_n = (-1)^n$,则 $\lim\limits_{n \to \infty} |x_n| = 1$,但是 $\lim\limits_{n \to \infty} (-1)^n$ 不存在.

温馨提示：解题的第一步以及解题的关键和核心是正确地理解题意.但是,很多学生容易忽略对题意的理解,"随心所欲"地去解题.

例 5 计算 $\lim\limits_{x \to 0} \sqrt{x^2 + 2x + 5}$.

[**错解**] $$\lim\limits_{x \to 0} \sqrt{x^2 + 2x + 5} = \lim\limits_{x \to 0} \sqrt{0^2 + 2 \times 0 + 5} = \sqrt{5}$$

[**错解分析**] 上述解法在"$\lim\limits_{x \to 0} \sqrt{x^2 + 2x + 5} = \lim\limits_{x \to 0} \sqrt{0^2 + 2 \times 0 + 5}$"这一步存在错误.因为等式右端已经把 $x = 0$ 代入式子 $\sqrt{x^2 + 2x + 5}$ 中了,即已经求极限了,所以极限符号"$\lim\limits_{x \to 0}$"不能再写了,故上述步骤是错误的.

[**正确解法**] $$\lim\limits_{x \to 0} \sqrt{x^2 + 2x + 5} = \sqrt{0^2 + 2 \times 0 + 5} = \sqrt{5}$$

例 6 计算 $\lim\limits_{x \to \infty}(2x^3 - x + 1)$.

[**错解**] $$\lim\limits_{x \to \infty}(2x^3 - x + 1) = \lim\limits_{x \to \infty} 2x^3 - \lim\limits_{x \to \infty} x + \lim\limits_{x \to \infty} 1 = \infty - \infty + 1 = 1$$

[**错解分析**] 上述解法在"$\lim\limits_{x \to \infty}(2x^3 - x + 1) = \lim\limits_{x \to \infty} 2x^3 - \lim\limits_{x \to \infty} x + \lim\limits_{x \to \infty} 1$"这一步存在错误.极限和差运算法则"$\lim\limits_{x \to x_0}[f(x) \pm g(x)] = \lim\limits_{x \to x_0} f(x) \pm \lim\limits_{x \to x_0} g(x) = A \pm B$"成立的一个重要前提是 $\lim\limits_{x \to x_0} f(x) = A$,$\lim\limits_{x \to x_0} g(x) = B$,即两个极限 $\lim\limits_{x \to x_0} f(x)$ 和 $\lim\limits_{x \to x_0} g(x)$ 都必须存在.也就是说,只有两个函数的极限都存在时,这两个函数的和、差的极限才能用两个极限之和、之差来求解.注意,这里的极限存在是指极限值为确定的实数,不能为 ∞,$+\infty$ 和 $-\infty$,即若 $x \to x_0$ 时,$f(x) \to \infty$,则 $f(x)$ 的极限是不存在的.本题中,因为 $x \to \infty$ 时,$2x^3 \to \infty$,即 $2x^3$ 的极限是不存在的,所以本题不满足极限和差运算法则的使用条件,因此不能用极限和差运算法则来求解极限,故上述步骤是错误的.

[**正确解法**] 本题利用无穷小与无穷大的关系进行求解.

因为 $$\lim\limits_{x \to \infty} \frac{1}{2x^3 - x + 1} = \lim\limits_{x \to \infty} \frac{1}{x^3\left(2 - \frac{1}{x^2} + \frac{1}{x^3}\right)} = \lim\limits_{x \to \infty} \frac{\frac{1}{x^3}}{2 - \frac{1}{x^2} + \frac{1}{x^3}} =$$

$$\frac{\lim\limits_{x \to \infty} \frac{1}{x^3}}{\lim\limits_{x \to \infty}\left(2 - \frac{1}{x^2} + \frac{1}{x^3}\right)} = \frac{\lim\limits_{x \to \infty} \frac{1}{x^3}}{\lim\limits_{x \to \infty} 2 - \lim\limits_{x \to \infty} \frac{1}{x^2} + \lim\limits_{x \to \infty} \frac{1}{x^3}} =$$

$$\frac{0}{2 - 0 + 0} = 0$$

所以,由无穷小与无穷大的关系得 $\lim\limits_{x \to \infty}(2x^3 - x + 1) = \infty$.

温馨提示：使用极限和差运算法则即 $\lim\limits_{x \to x_0}[f(x) \pm g(x)] = \lim\limits_{x \to x_0} f(x) \pm \lim\limits_{x \to x_0} g(x) = A \pm B$ 求极限时,必须满足"$\lim\limits_{x \to x_0} f(x)$ 和 $\lim\limits_{x \to x_0} g(x)$ 均存在"这一前提条件,且这里的"极限存在"是指极限值为确定的实数,不能为 ∞,$+\infty$ 和 $-\infty$.

例 7　计算 $\lim\limits_{x\to 0}x^2\sin\dfrac{1}{x}$.

[错解]
$$\lim_{x\to 0}x^2\sin\frac{1}{x}=\lim_{x\to 0}x^2\cdot\lim_{x\to 0}\sin\frac{1}{x}=0$$

[错解分析]上述解法在"$\lim\limits_{x\to 0}x^2\sin\dfrac{1}{x}=\lim\limits_{x\to 0}x^2\cdot\lim\limits_{x\to 0}\sin\dfrac{1}{x}$"这一步存在错误.极限乘积运算法则"$\lim\limits_{x\to x_0}[f(x)\cdot g(x)]=\lim\limits_{x\to x_0}f(x)\cdot\lim\limits_{x\to x_0}g(x)=A\cdot B$"成立的一个重要前提是 $\lim\limits_{x\to x_0}f(x)$ 和 $\lim\limits_{x\to x_0}g(x)$ 都必须存在,即只有两个函数的极限都存在时,这两个函数乘积的极限才能用两个极限的乘积来求解.注意,这里的极限存在是指极限值为确定的实数,不能为 ∞,$+\infty$ 和 $-\infty$,即若 $x\to x_0$ 时,$f(x)\to\infty$,则 $f(x)$ 的极限是不存在的.本题中,虽然 $x\to 0$ 时,$x^2\to 0$,但是 $x\to 0$ 时,$\sin\dfrac{1}{x}$ 的极限不存在,因此不能应用极限乘积的运算法则来求解,故上述解法是错误的.

[正确解法]本题应用无穷小量与有界量的乘积仍是无穷小量来求解.

因为 $\lim\limits_{x\to 0}x^2=0$,$\left|\sin\dfrac{1}{x}\right|\leqslant 1$,即函数 $\sin\dfrac{1}{x}$ 有界的,所以由无穷小量与有界函数的乘积仍是无穷小可得 $\lim\limits_{x\to 0}x^2\sin\dfrac{1}{x}=0$.

> **温馨提示**：使用极限乘积运算法则即"若 $\lim\limits_{x\to x_0}f(x)=A$,$\lim\limits_{x\to x_0}g(x)=B$,则 $\lim\limits_{x\to x_0}[f(x)\cdot g(x)]=\lim\limits_{x\to x_0}f(x)\cdot\lim\limits_{x\to x_0}g(x)=A\cdot B$"求极限时,必须满足"$\lim\limits_{x\to x_0}f(x)$ 和 $\lim\limits_{x\to x_0}g(x)$ 均存在"这一前提条件,且这里的"极限存在"是指极限值为确定的实数,不能为 ∞,$+\infty$ 和 $-\infty$.

例 8　计算 $\lim\limits_{n\to\infty}\left(\dfrac{1}{n^2}+\dfrac{2}{n^2}+\cdots+\dfrac{n}{n^2}\right)$.

[错解]因为
$$\lim_{n\to\infty}\frac{1}{n^2}=0,\lim_{n\to\infty}\frac{2}{n^2}=0,\cdots,\lim_{n\to\infty}\frac{n}{n^2}=0$$

所以
$$\lim_{n\to\infty}\left(\frac{1}{n^2}+\frac{2}{n^2}+\cdots+\frac{n}{n^2}\right)=\lim_{n\to\infty}\frac{1}{n^2}+\lim_{n\to\infty}\frac{2}{n^2}+\cdots+\lim_{n\to\infty}\frac{n}{n^2}=$$
$$0+0+\cdots+0=0$$

[错解分析]上述解法在"$\lim\limits_{n\to\infty}\left(\dfrac{1}{n^2}+\dfrac{2}{n^2}+\cdots+\dfrac{n}{n^2}\right)=\lim\limits_{n\to\infty}\dfrac{1}{n^2}+\lim\limits_{n\to\infty}\dfrac{2}{n^2}+\cdots+\lim\limits_{n\to\infty}\dfrac{n}{n^2}$"这一步存在错误.因为极限和差运算法则,即
$$\lim_{x\to x_0}[f_1(x)\pm f_2(x)\pm\cdots\pm f_k(x)]=\lim_{x\to x_0}f_1(x)\pm\lim_{x\to x_0}f_2(x)\pm\cdots\pm\lim_{x\to x_0}f_k(x)$$
成立的前提条件是"极限均存在"和"有限项",即有限个函数相加减求极限且每个函数的极限均存在时,才能用这有限个函数的极限之和、极限之差来求极限.本题中,尽管 $\lim\limits_{n\to\infty}\dfrac{1}{n^2}=0$,

$\lim\limits_{n \to \infty} \dfrac{2}{n^2} = 0, \cdots, \lim\limits_{n \to \infty} \dfrac{n}{n^2} = 0$，但是由于 $n \to \infty$ 时，表达式"$\dfrac{1}{n^2} + \dfrac{2}{n^2} + \cdots + \dfrac{n}{n^2}$"其实是无穷项的和，并不是有限项，所以不能用极限的和差运算法则求极限，故上述步骤是错误的.

［正确解法］本题先利用等差数列求和公式对式子 $\dfrac{1}{n^2} + \dfrac{2}{n^2} + \cdots + \dfrac{n}{n^2}$ 进行化简，再利用极限的四则运算法则求解，即

$$\lim_{n \to \infty} \left(\frac{1}{n^2} + \frac{2}{n^2} + \cdots + \frac{n}{n^2} \right) = \lim_{n \to \infty} \frac{1 + 2 + \cdots + n}{n^2} = \lim_{n \to \infty} \frac{\dfrac{n(n+1)}{2}}{n^2} =$$

$$\lim_{n \to \infty} \frac{n+1}{2n} = \frac{1}{2}$$

> **温馨提示**：使用极限和差运算法则 $\lim\limits_{x \to x_0} \sum\limits_{i=1}^{k} f_i(x) = \sum\limits_{i=1}^{k} \lim\limits_{x \to x_0} f_i(x)$ 求极限时，必须满足"$\lim\limits_{x \to x_0} f_i(x)$ 均存在"和"有限项"这两个前提条件. 这里的"极限存在"是指极限值为确定的实数，不能为 ∞，$+\infty$ 和 $-\infty$；这里的"有限项"是指有限个函数，即函数的个数是确定的，不能为无穷个.

例 9　计算 $\lim\limits_{x \to \infty} \dfrac{x^2}{2x + 1}$.

［错解］
$$\lim_{x \to \infty} \frac{x^2}{2x+1} = \lim_{x \to \infty} \frac{1}{\dfrac{2}{x} + \dfrac{1}{x^2}} = \frac{\lim\limits_{x \to \infty} 1}{\lim\limits_{x \to \infty} \left(\dfrac{2}{x} + \dfrac{1}{x^2} \right)} = \frac{1}{0 + 0} = \infty$$

［错解分析］上述解法在"$\lim\limits_{x \to \infty} \dfrac{1}{\dfrac{2}{x} + \dfrac{1}{x^2}} = \dfrac{\lim\limits_{x \to \infty} 1}{\lim\limits_{x \to \infty} \left(\dfrac{2}{x} + \dfrac{1}{x^2} \right)}$"这一步存在错误. 极限商的运算法则"$\lim\limits_{x \to \infty} \dfrac{f(x)}{g(x)} = \dfrac{\lim\limits_{x \to \infty} f(x)}{\lim\limits_{x \to \infty} g(x)} = \dfrac{A}{B}$"成立的前提条件是 $\lim\limits_{x \to \infty} f(x)$ 和 $\lim\limits_{x \to \infty} g(x)$ 均存在，且 $B \neq 0$. 本题中，虽然 $x \to 0$ 时，分子和分母的极限都存在，但是分母的极限值是 0，0 是不能作为分母的，因此本题不满足极限商的运算法则的使用条件，不能用极限之商来求极限，故上述步骤是错误的.

［正确解法］本题利用无穷小量与无穷大量的关系求解.

因为
$$\lim_{x \to \infty} \frac{2x+1}{x^2} = \lim_{x \to \infty} \frac{\dfrac{2}{x} + \dfrac{1}{x^2}}{1} = \frac{\lim\limits_{x \to \infty} \left(\dfrac{2}{x} + \dfrac{1}{x^2} \right)}{\lim\limits_{x \to \infty} 1} = \frac{0 + 0}{1} = 0$$

所以，由无穷小与无穷大的关系可得 $\lim\limits_{x \to \infty} \dfrac{x^2}{2x+1} = \infty$.

温馨提示:极限的四则运算法则,即

设 $\lim\limits_{x \to x_0} f(x) = A$, $\lim\limits_{x \to x_0} g(x) = B$,则:

(1) $\lim\limits_{x \to x_0} [f(x) \pm g(x)] = \lim\limits_{x \to x_0} f(x) \pm \lim\limits_{x \to x_0} g(x) = A \pm B$;

(2) $\lim\limits_{x \to x_0} [f(x) \cdot g(x)] = \lim\limits_{x \to x_0} f(x) \cdot \lim\limits_{x \to x_0} g(x) = A \cdot B$;

(3) 若 $B \neq 0$,则 $\lim\limits_{x \to x_0} \dfrac{f(x)}{g(x)} = \dfrac{\lim\limits_{x \to x_0} f(x)}{\lim\limits_{x \to x_0} g(x)} = \dfrac{A}{B}$.

上述法则是以自变量 $x \to x_0$ 的形式给出的,其实只要是自变量的同一变化过程,如 $x \to \infty, x \to -\infty, x \to x_0^+$ 等,结论均是成立的,当然对于数列极限也是成立的.极限的四则运算法则(1)和(2)可以推广到任意有限项.

使用极限四则运算法则求和差及乘积的极限时,必须同时满足两个前提条件:一个是"极限均存在",一个是"有限项"."极限均存在"是指只有两个函数(或数列)的极限都存在时,这两个函数(或数列)的和、差、乘积的极限,才能用极限之和、之差、之乘积来求极限.注意,这里的极限存在是指极限值为确定的实数,不能为 ∞ , $+\infty$ 和 $-\infty$,即若 $x \to x_0$ 时, $f(x) \to \infty$,则 $f(x)$ 的极限是不存在的."有限项"是指有限个函数(或数列),即函数(或数列)的个数是确定的,不能为无穷个,即有限个函数(或数列)相加减或相乘求极限时,才能应用极限的和差或乘积来求极限.

使用法则(3)求两个函数的商的极限时,不但要求极限均存在,还要求分母的极限不能为 0,即只有当分母的极限不为 0 时,两个函数之商的极限才等于极限之商,当分母的极限为 0 时,商的运算法则就不能用了.

例 10 计算 $\lim\limits_{x \to 0} (1+x)^{\frac{1}{\sin x}}$.

[错解]
$$\lim\limits_{x \to 0} (1+x)^{\frac{1}{\sin x}} = (1+0)^{\infty} = 1$$

[错解分析] 上述解法在" $\lim\limits_{x \to 0} (1+x)^{\frac{1}{\sin x}} = (1+0)^{\infty}$ "这一步存在错误.因为当 $x \to 0$ 时, $\dfrac{1}{\sin x} \to \infty$,即 $\lim\limits_{x \to 0} \dfrac{1}{\sin x}$ 是不存在的,所以不能把 ∞ 直接代入求解,因此上述解法是错误的.

[正确解法] 本题有两种方法求解.

方法 1:利用重要极限 $\lim\limits_{x \to 0} (1+x)^{\frac{1}{x}} = e$ 来计算,即
$$\lim\limits_{x \to 0} (1+x)^{\frac{1}{\sin x}} = \lim\limits_{x \to 0} (1+x)^{\frac{1}{x} \cdot \frac{x}{\sin x}} = e$$

方法 2:利用对数法计算,即
$$\lim\limits_{x \to 0} (1+x)^{\frac{1}{\sin x}} = e^{\lim\limits_{x \to 0} \frac{1}{\sin x} \ln(1+x)} = e^{\lim\limits_{x \to 0} \frac{x}{\sin x}} = e^1 = e$$

温馨提示：一般地，要求幂指函数 $u(x)^{v(x)}$ 的极限 $\lim\limits_{x \to x_0} u(x)^{v(x)}$，可以根据函数的特点，灵活应用以下两种方法.

(1) 若 $\lim\limits_{x \to x_0} u(x) = a$，$\lim\limits_{x \to x_0} v(x) = b$，其中 a,b 都是常数，则直接代入，即

$$\lim_{x \to x_0} u(x)^{v(x)} = a^b$$

(2) 若 $\lim\limits_{x \to x_0} u(x) = a > 0$，$\lim\limits_{x \to x_0} v(x) = \infty$，则利用对数法，即

$$\lim_{x \to x_0} u(x)^{v(x)} = e^{\lim\limits_{x \to x_0} v(x) \ln u(x)}$$

例 11 计算 $\lim\limits_{n \to \infty} \left(\dfrac{1}{n^2+1} + \dfrac{2}{n^2+2} + \cdots + \dfrac{n}{n^2+n} \right)$.

[错解 1] 因为
$$\frac{1+1+\cdots+1}{n^2+n} \leqslant \frac{1}{n^2+1} + \frac{2}{n^2+2} + \cdots + \frac{n}{n^2+n} \leqslant \frac{n+n+\cdots+n}{n^2+1}$$

且
$$\lim_{n \to \infty} \frac{1+1+\cdots+1}{n^2+n} = \lim_{n \to \infty} \frac{n}{n^2+n} = \lim_{n \to \infty} \frac{1}{n+1} = 0$$

$$\lim_{n \to \infty} \frac{n+n+\cdots+n}{n^2+1} = \lim_{n \to \infty} \frac{n^2}{n^2+1} = \lim_{n \to \infty} \frac{1}{1+\frac{1}{n^2}} = 1$$

所以
$$\lim_{n \to \infty} \frac{1+1+\cdots+1}{n^2+n} \neq \lim_{n \to \infty} \frac{n+n+\cdots+n}{n^2+1}$$

故由夹逼准则得 $\lim\limits_{n \to \infty} \left(\dfrac{1}{n^2+1} + \dfrac{2}{n^2+2} + \cdots + \dfrac{n}{n^2+n} \right)$ 不存在.

[错解 2] 因为
$$\lim_{n \to \infty} \frac{1+2+\cdots+n}{n^2+n} \leqslant \lim_{n \to \infty} \left(\frac{1}{n^2+1} + \cdots + \frac{n}{n^2+n} \right) \leqslant \lim_{n \to \infty} \frac{1+2+\cdots+n}{n^2+1}$$

且
$$\lim_{n \to \infty} \frac{1+2+\cdots+n}{n^2+n} = \frac{1}{2}, \quad \lim_{n \to \infty} \frac{1+2+\cdots+n}{n^2+1} = \frac{1}{2}$$

故由夹逼准则得 $\lim\limits_{n \to \infty} \left(\dfrac{1}{n^2+1} + \dfrac{2}{n^2+2} + \cdots + \dfrac{n}{n^2+n} \right) = \dfrac{1}{2}$.

[错解分析] 错解 1 错在把夹逼准则看成充要条件了，夹逼准则只是极限存在的充分条件而不是必要条件，即如果数列 $\{x_n\}, \{y_n\}, \{z_n\}$ 同时满足以下两个条件：

(1) 从某项起，即 $\exists n_0 \in \mathbf{N}_+$，当 $n > n_0$ 时，有 $y_n \leqslant x_n \leqslant z_n$；

(2) $\lim\limits_{n \to \infty} y_n = a$，$\lim\limits_{n \to \infty} z_n = a$.

则数列 $\{x_n\}$ 的极限存在，且 $\lim\limits_{n \to \infty} x_n = a$. 但是，当 $\lim\limits_{n \to \infty} y_n = a$，$\lim\limits_{n \to \infty} z_n = b$，且 $a \neq b$ 时，不能得到 $\lim\limits_{n \to \infty} x_n$ 不存在这一结论，故解法是错误的.

错解 2 在 "$\lim\limits_{n \to \infty} \dfrac{1+2+\cdots+n}{n^2+n} \leqslant \lim\limits_{n \to \infty} \left(\dfrac{1}{n^2+1} + \cdots + \dfrac{n}{n^2+n} \right) \leqslant \lim\limits_{n \to \infty} \dfrac{1+2+\cdots+n}{n^2+1}$" 这一步存在错误，因为这个条件不是夹逼准则所要求的条件. 夹逼准则要求数列 $\{x_n\}, \{y_n\}, \{z_n\}$ 满足 $y_n \leqslant x_n \leqslant z_n$ 这个条件，即数列之间的大小关系，而不是极限之间的大小关系，即不是满足 $\lim\limits_{n \to \infty} y_n \leqslant \lim\limits_{n \to \infty} x_n \leqslant \lim\limits_{n \to \infty} z_n$ 这个条件，故上述步骤是错误的.

[正确解法]令

$$x_n = \frac{1}{n^2+1} + \frac{2}{n^2+2} + \cdots + \frac{n}{n^2+n}$$

$$y_n = \frac{1}{n^2+n} + \frac{2}{n^2+n} + \cdots + \frac{n}{n^2+n}$$

$$z_n = \frac{1}{n^2+1} + \frac{2}{n^2+1} + \cdots + \frac{n}{n^2+1}$$

则

$$y_n \leqslant x_n \leqslant z_n$$

又因为

$$\lim_{n\to\infty} y_n = \lim_{n\to\infty} \frac{\frac{n(n+1)}{2}}{n^2+n} = \lim_{n\to\infty} \frac{1}{2} = \frac{1}{2}$$

$$\lim_{n\to\infty} z_n = \lim_{n\to\infty} \frac{\frac{n(n+1)}{2}}{n^2+1} = \lim_{n\to\infty} \frac{1+\frac{1}{n}}{2\left(1+\frac{1}{n^2}\right)} = \frac{1}{2}$$

所以,由夹逼准则可得 $\lim\limits_{n\to\infty} x_n = \frac{1}{2}$,即 $\lim\limits_{n\to\infty}\left(\frac{1}{n^2+1} + \frac{2}{n^2+2} + \cdots + \frac{n}{n^2+n}\right) = \frac{1}{2}$.

> **温馨提示**:利用夹逼准则求数列 $\{x_n\}$ 的极限的关键是构造出极限易求并且极限值相等的数列 $\{y_n\}$ 和 $\{z_n\}$.构造数列 $\{y_n\}$,$\{z_n\}$ 的一般方法是从数列 $\{x_n\}$ 出发,进行适当放缩.一般地,当数列 $\{x_n\}$ 是 n 项相加时,把所有项的分母都放大为分母中的最大项可得数列 $\{y_n\}$,把所有项的分母都缩小为分母中的最小项可得数列 $\{z_n\}$.
>
> 例如,对于 $\lim\limits_{n\to\infty}\left(\frac{1}{n^2+n+1} + \frac{2}{n^2+n+2} + \cdots + \frac{n}{n^2+n+n}\right)$,数列 $\{y_n\}$,$\{z_n\}$ 可以分别构造为
>
> $$y_n = \frac{1}{n^2+n+n} + \frac{2}{n^2+n+n} + \cdots + \frac{n}{n^2+n+n} = \frac{1+2+\cdots+n}{n^2+n+n}$$
>
> $$z_n = \frac{1}{n^2+n+1} + \frac{2}{n^2+n+1} + \cdots + \frac{n}{n^2+n+1} = \frac{1+2+\cdots+n}{n^2+n+1}$$

例 12 设 $a_n \leqslant a \leqslant b_n (n=1,2,\cdots)$,且 $\lim\limits_{n\to\infty}(a_n - b_n) = 0$,证明:$\lim\limits_{n\to\infty} a_n = \lim\limits_{n\to\infty} b_n = a$.

[错解]因为 $\lim\limits_{n\to\infty}(a_n - b_n) = \lim\limits_{n\to\infty} a_n - \lim\limits_{n\to\infty} b_n = 0$,所以 $\lim\limits_{n\to\infty} a_n = \lim\limits_{n\to\infty} b_n$.又因为 $a_n \leqslant a \leqslant b_n$,所以由夹逼准则知 $\lim\limits_{n\to\infty} a_n = \lim\limits_{n\to\infty} b_n = a$.

[错解分析]上述解法在"$\lim\limits_{n\to\infty}(a_n - b_n) = \lim\limits_{n\to\infty} a_n - \lim\limits_{n\to\infty} b_n$"这一步存在错误.极限的四则运算法则是充分不必要的,即当 $\lim\limits_{n\to\infty} a_n$ 和 $\lim\limits_{n\to\infty} b_n$ 都存在时,能得到它们和、差及乘积极限(即 $\lim\limits_{n\to\infty}(a_n \pm b_n)$ 和 $\lim\limits_{n\to\infty}(a_n b_n)$)也是存在的.但是,绝对不能由 $\lim\limits_{n\to\infty}(a_n \pm b_n)$ 或 $\lim\limits_{n\to\infty}(a_n b_n)$ 或 $\lim\limits_{n\to\infty} \frac{a_n}{b_n}$ 存在,得到 $\lim\limits_{n\to\infty} a_n$ 和 $\lim\limits_{n\to\infty} b_n$ 都存在的结论,此时 $\lim\limits_{n\to\infty} a_n$ 或 $\lim\limits_{n\to\infty} b_n$ 有可能不存在.例如,虽然 $\lim\limits_{n\to\infty} \frac{1}{n}\sin n = 0$,但是 $n \to \infty$ 时,$\sin n$ 的极限不存在,因此上述步骤是错误的.

[正确解法]因为 $a_n \leqslant a \leqslant b_n$，所以 $a_n - b_n \leqslant a - b_n \leqslant b_n - b_n$.

又因为 $\lim\limits_{n\to\infty}(a_n - b_n) = 0, \lim\limits_{n\to\infty}(b_n - b_n) = 0$，所以由夹逼准则可得 $\lim\limits_{n\to\infty}(a - b_n) = 0.$

则有
$$\lim_{n\to\infty} b_n = \lim_{n\to\infty}[a - (a - b_n)] = \lim a - \lim(a - b_n) = a - 0 = a$$

可得
$$\lim_{n\to\infty} a_n = \lim_{n\to\infty}[(a_n - b_n) + b_n] = \lim(a_n - b_n) + \lim b_n = 0 + a = a$$

故
$$\lim_{n\to\infty} a_n = \lim_{n\to\infty} b_n = a$$

例 13　证明数列 $\sqrt{2}, \sqrt{2+\sqrt{2}}, \sqrt{2+\sqrt{2+\sqrt{2}}}, \cdots$ 的极限存在,并求极限.

[错解1]由数列 $\sqrt{2}, \sqrt{2+\sqrt{2}}, \sqrt{2+\sqrt{2+\sqrt{2}}}, \cdots$ 可知第 $n+1$ 项总比第 n 项大,所以数列单调递增,因此极限存在.

[错解2]由数列 $\sqrt{2}, \sqrt{2+\sqrt{2}}, \sqrt{2+\sqrt{2+\sqrt{2}}}, \cdots$ 可看出,其单调递增且有上界,根据单调有界准则知数列极限存在.

[错解3]设数列的通项为 $x_{n+1} = \sqrt{2+x_n}$，且 $x_1 = \sqrt{2}$. 显然数列 $\{x_n\}$ 单调递增,并且 $\sqrt{2}$ 为其下界.又因为 $x_n < 2$,所以 2 为其上界,因此数列 $\{x_n\}$ 的极限存在.由于数列 $\{x_n\}$ 的上界是 2,故 $\lim\limits_{n\to\infty} x_n = 2.$

[错解4]设数列的通项为 $x_{n+1} = \sqrt{2+x_n}$，且 $x_1 = \sqrt{2}$. 显然数列 $\{x_n\}$ 单调递增,所以 $x_{n+1} > x_n$,即 $\sqrt{2+x_n} > x_n$,所以 $x_n^2 - x_n - 2 < 0$,因此 $-1 < x_n < 2$,所以数列 $\{x_n\}$ 单调递增且有界,因此数列 $\{x_n\}$ 的极限存在.由于数列 $\{x_n\}$ 的上界是 2,故 $\lim\limits_{n\to\infty} x_n = 2.$

[错解5]设数列的通项为 $x_{n+1} = \sqrt{2+x_n}$，且 $x_n > 0, x_1 = \sqrt{2}$.

又因为 $x_{n+1} - x_n = \sqrt{2+x_n} - x_n = \dfrac{2 + x_n - x_n^2}{\sqrt{2+x_n} + x_n}$，由于 $x_2 - x_1 > 0, x_3 - x_2 > 0, x_4 - x_3 > 0$,所以 $x_{n+1} - x_n > 0$,则数列 $\{x_n\}$ 单调递增.又因为 $x_n < 2$,所以数列 $\{x_n\}$ 有上界,因此数列 $\{x_n\}$ 的极限存在.由于数列 $\{x_n\}$ 的上界是 2,故 $\lim\limits_{n\to\infty} x_n = 2.$

[错解6]设数列的通项为 $x_{n+1} = \sqrt{2+x_n}$，且 $x_1 = \sqrt{2}$.

设 $\lim\limits_{n\to\infty} x_n = a$,则 $\lim\limits_{n\to\infty} x_{n+1} = \lim\limits_{n\to\infty} \sqrt{2+x_n}$,即 $a = \sqrt{2+a}$,解之得 $a = 2$.

因为 $x_n > 0, n = 1,2,\cdots$,由于 $x_1 = \sqrt{2} < 2$,假设 $x_n < 2$ 成立,则 $x_{n+1} = \sqrt{2+x_n} < \sqrt{2+2} = 2$,即对所有的 n,有 $x_n < 2$ 成立,即数列 $\{x_n\}$ 存在上界.

又因为 $x_{n+1} - x_n = \sqrt{2+x_n} - x_n = \dfrac{(2-x_n)(x_n+1)}{\sqrt{2+x_n} + x_n} > 0$,所以 $\{x_n\}$ 为单调递增,可得数列 $\{x_n\}$ 的极限存在,并且 $\lim\limits_{n\to\infty} x_n = 2.$

[错解分析]错解1有两处错误:第一,在"由数列 $\sqrt{2}, \sqrt{2+\sqrt{2}}, \sqrt{2+\sqrt{2+\sqrt{2}}}, \cdots$ 可知第 $n+1$ 项总比第 n 项大,所以数列单调递增"这一步存在错误,在数学上,一个结论的成立需要给出严格的理论证明,即要依据单调数列的定义证明数列单调,而不能说观察可知;第二,错用了数列的单调有界准则,该准则成立需要满足两个条件,即数列单调和数列有界,错解1中只证明出数列单调就得到极限存在的结论,显然是错误的.

错解 2 在"由数列 $\sqrt{2},\sqrt{2+\sqrt{2}},\sqrt{2+\sqrt{2+\sqrt{2}}}$,…可看出,其单调递增且有上界"这一步存在错误,没有给出严格的证明就得出结论,纯属主观臆断,随心所欲.

错解 3 有三处错误:第一,在"显然数列 $\{x_n\}$ 单调递增"这一步存在错误,原因同错解2;第二,在"又因为 $x_n<2$,所以2为其上界"这一步存在错误,因为这一步也没有给出严格证明;第三,在"由于数列 $\{x_n\}$ 的上界是2,所以 $\lim\limits_{n\to\infty}x_n=2$"这一步存在错误,因为数列的上界未必是数列的极限,如果数列有界的话,数列的上界和下界有很多,只有数列的上确界(即最小的上界)和下确界(即最大的下界)才是数列的极限,错解3中没有说明2是数列 $\{x_n\}$ 的上确界,就得到2是数列 $\{x_n\}$ 的极限,因此是错误的.

错解 4 中有两处错误:第一,在"显然数列 $\{x_n\}$ 单调递增"这一步存在错误;第二,在"由于数列 $\{x_n\}$ 的上界是2,所以 $\lim\limits_{n\to\infty}x_n=2$"这一步存在错误,原因同错解3.

错解 5 中有两处错误:第一,在"由于 $x_2-x_1>0,x_3-x_2>0,x_4-x_3>0$,所以 $x_{n+1}-x_n>0$"这一步存在错误,不能由数列特殊几项之间的关系式得到整个数列的单调性,犯了"用特殊得到一般"的错误;第二,在"由于数列 $\{x_n\}$ 的上界是2,所以 $\lim\limits_{n\to\infty}x_n=2$"这一步存在错误,原因同错解3.

错解 6 错在先求极限再证明单调有界性了.单调有界准则只是数列极限存在的充分不必要条件,即如果数列满足单调性和有界性的话,数列的极限一定存在,但是数列存在极限时,该数列未必单调.例如,$\lim\limits_{n\to\infty}\dfrac{n+(-1)^{n-1}}{n}=1$,但是数列 $\left\{\dfrac{n+(-1)^{n-1}}{n}\right\}$ 并不单调.另外,只有在数列 $\{x_n\}$ 极限存在的情况下,才能在等式 $x_{n+1}=\sqrt{2+x_n}$ 两边同时取极限,在不知道数列 $\{x_n\}$ 的极限是否存在的情况下,是不能取极限的,错解6没证明极限存在,就直接取极限,这种方法是错误的.

[正确解法] 本题需要利用数列的单调有界准则来证明,证明时既要证数列的单调性,也要证数列的有界性.下面先证有界性.

设数列的通项为 $x_{n+1}=\sqrt{2+x_n}$,$n=1,2,\cdots$,且 $x_1=\sqrt{2}$,则对任意的正整数 n 都有 $x_n>0$.由于 $x_1=\sqrt{2}<2$,假设 $x_n<2$ 成立,则 $x_{n+1}=\sqrt{2+x_n}<\sqrt{2+2}=2$,由数学归纳法可知,对所有的 n 都有 $x_n<2$ 成立,所以数列 $\{x_n\}$ 存在上界.

再证单调性.

由于
$$x_{n+1}-x_n=\sqrt{2+x_n}-x_n=\frac{(2-x_n)(x_n+1)}{\sqrt{2+x_n}+x_n}$$

且 $0<x_n<2$,故
$$2-x_n>0,x_n+1>0,\sqrt{2+x_n}+x_n>0$$

所以 $x_{n+1}-x_n>0$,即 $x_{n+1}>x_n$,因此数列 $\{x_n\}$ 是单调递增的.

综上,根据单调有界准则可知数列 $\{x_n\}$ 的极限存在.下面求数列 $\{x_n\}$ 的极限.

设 $\lim\limits_{n\to\infty}x_n=a$,则等式 $x_{n+1}=\sqrt{2+x_n}$ 两边同时取极限得 $\lim\limits_{n\to\infty}x_{n+1}=\lim\limits_{n\to\infty}\sqrt{2+x_n}$,即 $a=\sqrt{2+a}$,解之得 $a=2$ 或 $a=0$.由于 $x_n>0$,$n=1,2,\cdots$,根据数列极限保号性的推论可知 $a=2$,即 $\lim\limits_{n\to\infty}x_n=2$.

温馨提示:利用单调有界准则证明数列的极限存在时,既要证有界性又要证单调性. 初学者经常只证明其中的一个条件成立,往往忽略证明另外一个条件.另外,到底是先证有界性还是先证单调性,没有固定的模式,可以根据题目灵活处理.但是也有一定的技巧,依据确界原理及单调数列的性质,可以知道单调递增(递减)有上界(下界)的数列的上确界(下确界)必是其极限.因此,在利用单调有界准则时,不妨先求出其极限(在极限存在的前提下),然后随机找出数列的几项,看看这几项是比该极限值大还是小,由此判断该极限值到底是上确界还是下确界,从而既可以断定出该数列的界又可以判断出该数列是单调递增还是单调递减的,然后朝着目标严格证明即可.

例 14 计算 $\lim\limits_{x\to 0} \dfrac{x^2 \sin\frac{1}{x}}{e^x - 1}$.

[错解] 由于 $x\to 0$ 时,$\sin\dfrac{1}{x} \sim \dfrac{1}{x}$,可得 $\lim\limits_{x\to 0} \dfrac{x^2 \sin\frac{1}{x}}{e^x - 1} = \lim\limits_{x\to 0} \dfrac{x^2 \cdot \frac{1}{x}}{x} = \lim\limits_{x\to 0} \dfrac{x}{x} = 1$.

[错解分析] 上述解法在"$x\to 0$ 时,$\sin\dfrac{1}{x} \sim \dfrac{1}{x}$"这一步存在错误.因为当 $x\to 0$ 时,$\dfrac{1}{x} \to \infty$,而 $\sin\dfrac{1}{x}$ 的极限不存在,所以 $x\to 0$ 时,$\sin\dfrac{1}{x}$ 与 $\dfrac{1}{x}$ 并不等价,因此上述解法是错误的.

[正确解法] 本题先利用等价无穷小代换,再利用无穷小量与有界量的乘积仍是无穷小量来求解.

由于 $x\to 0$ 时,$e^x - 1 \sim x$,则

$$\lim\limits_{x\to 0} \dfrac{x^2 \sin\frac{1}{x}}{e^x - 1} = \lim\limits_{x\to 0} \dfrac{x^2 \sin\frac{1}{x}}{x} = \lim\limits_{x\to 0} x\sin\dfrac{1}{x} = 0$$

例 15 计算 $\lim\limits_{x\to 0} \dfrac{\tan x - \sin x}{x^3}$.

[错解] 由于 $x\to 0$ 时,$\tan x \sim x$,$\sin x \sim x$,因此 $\lim\limits_{x\to 0} \dfrac{\tan x - \sin x}{x^3} = \lim\limits_{x\to 0} \dfrac{x - x}{x^3} = 0$.

[错解分析] 上述解法在"$\lim\limits_{x\to 0} \dfrac{\tan x - \sin x}{x^3} = \lim\limits_{x\to 0} \dfrac{x - x}{x^3}$"这一步存在错误.因为公式 $\lim \dfrac{\alpha - \beta}{\gamma} = \lim \dfrac{\alpha' - \beta'}{\gamma}$ 成立的前提条件是 $\alpha \sim \alpha'$,$\beta \sim \beta'$,且 α 与 β 不等价.本题中,$x\to 0$ 时,$\tan x \sim \sin x$,极限 $\lim\limits_{x\to 0} \dfrac{\tan x - \sin x}{x^3}$ 不满足等价无穷小代换的使用条件,因此不能直接应用等价无穷小代换来求解,故上述步骤是错误的.

[正确解法] 本题先利用三角函数恒等式,把两个函数的差变形成乘积,再利用等价无穷小代换来求,即

$$\lim\limits_{x\to 0} \dfrac{\tan x - \sin x}{x^3} = \lim\limits_{x\to 0} \dfrac{\tan x \cdot (1 - \cos x)}{x^3} = \lim\limits_{x\to 0} \dfrac{x \cdot \frac{1}{2}x^2}{x^3} = \dfrac{1}{2}$$

例 16 计算 $\lim\limits_{x\to 0}\dfrac{\ln(1+x+x^2)+\ln(1-x+x^2)}{(e^x-1)\sin x}$.

[错解 1] 原式 $=\lim\limits_{x\to 0}\dfrac{\ln(1+x+x^2)}{(e^x-1)\sin x}+\lim\limits_{x\to 0}\dfrac{\ln(1-x+x^2)}{(e^x-1)\sin x}=$

$$\lim\limits_{x\to 0}\dfrac{x+x^2}{x^2}+\lim\limits_{x\to 0}\dfrac{-x+x^2}{x^2}=$$

$$\lim\limits_{x\to 0}\left(1+\dfrac{1}{x}\right)+\lim\limits_{x\to 0}\left(1-\dfrac{1}{x}\right)=1+\infty+1-\infty=2$$

[错解 2] 原式 $=\lim\limits_{x\to 0}\dfrac{\ln(1+x+x^2)}{(e^x-1)\sin x}+\lim\limits_{x\to 0}\dfrac{\ln(1-x+x^2)}{(e^x-1)\sin x}=$

$$\lim\limits_{x\to 0}\dfrac{x+x^2}{x^2}+\lim\limits_{x\to 0}\dfrac{-x+x^2}{x^2}=$$

$$\lim\limits_{x\to 0}\left(\dfrac{x+x^2}{x^2}+\dfrac{-x+x^2}{x^2}\right)=$$

$$\lim\limits_{x\to 0}\dfrac{2x^2}{x^2}=2$$

[错解 3] 因为 $x\to 0$ 时, $\sin x\sim x$, $e^x-1\sim x$, $\ln(1+x+x^2)\sim x+x^2$, $\ln(1-x+x^2)\sim -x+x^2$, 所以

$$原式\xrightarrow{\text{等价无穷小代换}}\lim\limits_{x\to 0}\dfrac{(x+x^2)+(-x+x^2)}{x\cdot x}=\lim\limits_{x\to 0}\dfrac{2x^2}{x^2}=2$$

[错解分析] 错解 1 有两处错误: 第一, 在"原式 $=\lim\limits_{x\to 0}\dfrac{\ln(1+x+x^2)}{(e^x-1)\sin x}+$

$\lim\limits_{x\to 0}\dfrac{\ln(1-x+x^2)}{(e^x-1)\sin x}$"这一步存在错误, 因为 $\lim\limits_{x\to 0}\dfrac{\ln(1+x+x^2)}{(e^x-1)\sin x}$ 和

$\lim\limits_{x\to 0}\dfrac{\ln(1-x+x^2)}{(e^x-1)\sin x}$ 均不存在, 不能用极限的和差运算法则 $\lim\limits_{x\to x_0}[f(x)\pm g(x)]=\lim\limits_{x\to x_0}f(x)\pm$

$\lim\limits_{x\to x_0}g(x)$ 来求极限; 第二, 在"$\lim\limits_{x\to 0}\left(1+\dfrac{1}{x}\right)+\lim\limits_{x\to 0}\left(1-\dfrac{1}{x}\right)=1+\infty+1-\infty$"这一步存在错误,

因为极限 $\lim\limits_{x\to 0}\left(1+\dfrac{1}{x}\right)$ 和 $\lim\limits_{x\to 0}\left(1-\dfrac{1}{x}\right)$ 也不满足极限的和差运算法则.

错解 2 有两处错误: 第一, 错误同错解 1 的第一处错误; 第二, 在"$\lim\limits_{x\to 0}\dfrac{x+x^2}{x^2}+$

$\lim\limits_{x\to 0}\dfrac{-x+x^2}{x^2}=\lim\limits_{x\to 0}\left(\dfrac{x+x^2}{x^2}+\dfrac{-x+x^2}{x^2}\right)$"这一步存在错误, 因为这一步实质上用的是

$\lim\limits_{x\to x_0}f(x)+\lim\limits_{x\to x_0}g(x)=\lim\limits_{x\to x_0}[f(x)+g(x)]$ 这个式子, 这个式子成立的前提是 $\lim\limits_{x\to x_0}f(x)$ 和

$\lim\limits_{x\to x_0}g(x)$ 都存在. 另外, 这个解题步骤存在逻辑错误, 颠倒了极限运算法则, 求极限过程中应

用的运算法则是 $\lim\limits_{x\to x_0}[f(x)\pm g(x)]=\lim\limits_{x\to x_0}f(x)\pm\lim\limits_{x\to x_0}g(x)$, 绝不能把简单问题复杂化, 将已

知的 $\lim\limits_{x\to x_0}f(x)+\lim\limits_{x\to x_0}g(x)$ 再合并成 $\lim\limits_{x\to x_0}[f(x)+g(x)]$.

错解 3 在"原式 $\xrightarrow{\text{等价无穷小代换}}\lim\limits_{x\to 0}\dfrac{(x+x^2)+(-x+x^2)}{x\cdot x}$"这一步存在错误, 因为这一步

是应用公式"$\lim\dfrac{\alpha+\beta}{\gamma}=\lim\dfrac{\alpha'+\beta'}{\gamma}$"来求解的,而该公式成立的前提条件是 $\alpha\sim\alpha',\beta\sim\beta'$,且

$\lim\dfrac{\alpha}{\beta}\neq-1$.本题中,因为$\lim\limits_{x\to0}\dfrac{x+x^2}{-x+x^2}=\lim\limits_{x\to0}\dfrac{1+x}{-1+x}=-1$,所以该极限不满足等价无穷小代

换的使用条件,不能直接应用等价无穷小代换来求解,因此上述步骤是错误的.

〔正确解法〕本题有三种解法.

解法1:先利用对数函数的性质将两个对数函数的和恒等变形成乘积,再利用等价无穷小代换来求解,即

$$原式\xrightarrow{\text{对数函数的性质}}\lim_{x\to0}\frac{\ln\left[(1+x+x^2)(1-x+x^2)\right]}{(e^x-1)\sin x}=$$

$$\lim_{x\to0}\frac{\ln\left[(1+x^2)^2-x^2\right]}{(e^x-1)\sin x}=$$

$$\lim_{x\to0}\frac{\ln(1+x^2+x^4)}{(e^x-1)\sin x}$$

因为 $x\to0$ 时,$e^x-1\sim x,\sin x\sim x,\ln(1+x^2+x^4)\sim x^2+x^4$,所以

$$原式\xrightarrow{\text{等价无穷小代换}}\lim_{x\to0}\frac{x^2+x^4}{x\cdot x}=\lim_{x\to0}(1+x^2)\xrightarrow{\text{代入}}1$$

解法2:先对分母利用等价无穷小代换,再应用洛必达法则求解,即

$$原式\xrightarrow{\text{等价无穷小代换}}\lim_{x\to0}\frac{\ln(1+x+x^2)+\ln(1-x+x^2)}{x^2}\xrightarrow{\text{洛必达法则}}$$

$$\lim_{x\to0}\frac{\dfrac{1+2x}{1+x+x^2}+\dfrac{-1+2x}{1-x+x^2}}{2x}=$$

$$\lim_{x\to0}\frac{(1+2x)(1-x+x^2)+(2x-1)(1+x+x^2)}{2x(1+x+x^2)(1-x+x^2)}=$$

$$\lim_{x\to0}\frac{2x+4x^3}{2x(1+x+x^2)(1-x+x^2)}=$$

$$\lim_{x\to0}\frac{1+2x^2}{(1+x+x^2)(1-x+x^2)}\xrightarrow{\text{代入}}1$$

解法3:先利用等价无穷小代换和对数函数的性质进行化简,再利用重要极限

$\lim\limits_{x\to0}(1+x)^{\frac{1}{x}}=e$ 求解.

由解法1知

$$原式=\lim_{x\to0}\frac{\ln(1+x^2+x^4)}{x^2}\xrightarrow{\text{对数函数的性质}}$$

$$\lim_{x\to0}\ln(1+x^2+x^4)^{\frac{1}{x^2}}\xrightarrow{\text{复合函数极限运算法则}}$$

$$\ln\lim_{x\to0}(1+x^2+x^4)^{\frac{1}{x^2+x^4}\cdot\frac{x^2+x^4}{x^2}}\xrightarrow{\text{重要极限}}$$

$$\ln e=1$$

> **温馨提示:**利用等价无穷小代换求极限时,最好是对整个因子做代换,不要对因子中相加减的项做代换.如果出现相加减的项,先通过恒等变形,把其化成因子形式,然后再利用等价无穷小代换.例如,对于极限 $\lim\limits_{x \to 0} \dfrac{\sqrt{1+x} - \sqrt{1-x}}{e^x - 1}$,可以按照下列方法处理:
>
> $$\lim_{x \to 0} \frac{\sqrt{1+x} - \sqrt{1-x}}{e^x - 1} = \lim_{x \to 0} \frac{(\sqrt{1+x} - \sqrt{1-x})(\sqrt{1+x} + \sqrt{1-x})}{x(\sqrt{1+x} + \sqrt{1-x})} =$$
>
> $$\lim_{x \to 0} \frac{1+x - (1-x)}{x(\sqrt{1+x} + \sqrt{1-x})} =$$
>
> $$\lim_{x \to 0} \frac{2}{\sqrt{1+x} + \sqrt{1-x}} = 1$$

例 17　计算 $\lim\limits_{x \to \infty} \dfrac{\sqrt{x^2 - x - 1} + x + 1}{\sqrt{x^2 - \sin x}}$.

[错解] $\lim\limits_{x \to \infty} \dfrac{\sqrt{x^2 - x - 1} + x + 1}{\sqrt{x^2 - \sin x}} = \lim\limits_{x \to \infty} \dfrac{\sqrt{1 - \dfrac{1}{x} - \dfrac{1}{x^2}} + 1 + \dfrac{1}{x}}{\sqrt{1 - \dfrac{\sin x}{x^2}}} = \dfrac{1+1}{1} = 2$

[错解分析] 上述解法在" $\lim\limits_{x \to \infty} \dfrac{\sqrt{x^2 - x - 1} + x + 1}{\sqrt{x^2 - \sin x}} = \lim\limits_{x \to \infty} \dfrac{\sqrt{1 - \dfrac{1}{x} - \dfrac{1}{x^2}} + 1 + \dfrac{1}{x}}{\sqrt{1 - \dfrac{\sin x}{x^2}}}$ "这一

步存在错误.因为 $x \to \infty$ 既包括 $x \to +\infty$ 又包括 $x \to -\infty$,而上述等式仅当 $x \to +\infty$ 时成立,当 $x \to -\infty$ 时,上述等式是不成立的,因此上述解法是错误的.

[正确解法] 因为 $\lim\limits_{x \to +\infty} \dfrac{\sqrt{x^2 - x - 1} + x + 1}{\sqrt{x^2 - \sin x}} =$

$$\lim_{x \to +\infty} \frac{\sqrt{1 - \dfrac{1}{x} - \dfrac{1}{x^2}} + 1 + \dfrac{1}{x}}{\sqrt{1 - \dfrac{\sin x}{x^2}}} = \frac{1+1}{1} = 2$$

而 $\lim\limits_{x \to -\infty} \dfrac{\sqrt{x^2 - x - 1} + x + 1}{\sqrt{x^2 - \sin x}} =$

$$\lim_{x \to -\infty} \frac{-\sqrt{1 - \dfrac{1}{x} - \dfrac{1}{x^2}} + 1 + \dfrac{1}{x}}{-\sqrt{1 - \dfrac{\sin x}{x^2}}} = \frac{-1+1}{-1} = 0$$

所以 $\lim\limits_{x \to \infty} \dfrac{\sqrt{x^2 - x - 1} + x + 1}{\sqrt{x^2 - \sin x}}$ 不存在.

例 18　求 $f(x) = \dfrac{x}{\tan x}$ 的间断点,并判别间断点的类型.

［错解1］因为当 $x=k\pi(k\in\mathbf{Z})$ 时函数无定义,所以 $x=k\pi(k\in\mathbf{Z})$ 是函数的间断点.又因为 $\lim\limits_{x\to0}\dfrac{x}{\tan x}=1$,所以 $x=0$ 为函数 $f(x)=\dfrac{x}{\tan x}$ 的第一类间断点.

又因为 $\lim\limits_{x\to k\pi(k\neq0)}\dfrac{x}{\tan x}=\infty$,所以 $x=k\pi(k=\pm1,\pm2,\cdots)$ 为 $f(x)=\dfrac{x}{\tan x}$ 的第二类间断点.

［错解2］因为当 $x=k\pi(k\in\mathbf{Z})$ 时函数无定义,所以 $x=k\pi(k\in\mathbf{Z})$ 是函数的间断点.又因为 $\lim\limits_{x\to k\pi}\dfrac{x}{\tan x}=\infty$,所以 $x=k\pi(k\in\mathbf{Z})$ 为 $f(x)=\dfrac{x}{\tan x}$ 的第二类间断点.

由于 $y=\tan x$ 的定义域是 $x\neq k\pi+\dfrac{\pi}{2}(k\in\mathbf{Z})$,故 $x=k\pi+\dfrac{\pi}{2}(k\in\mathbf{Z})$ 是函数的间断点.又因为 $\lim\limits_{x\to k\pi+\frac{\pi}{2}}\dfrac{x}{\tan x}=0$,所以 $x=k\pi+\dfrac{\pi}{2}(k\in\mathbf{Z})$ 为函数 $f(x)=\dfrac{x}{\tan x}$ 的第一类间断点.

［错解分析］错解1遗漏了函数的间断点.使 $\tan x$ 无定义的点也是函数 $f(x)=\dfrac{x}{\tan x}$ 的间断点,而错解1中把间断点 $x=k\pi+\dfrac{\pi}{2}(k\in\mathbf{Z})$ 遗漏了,因此是错误的.

错解2对间断点类型的判断不完全正确.由于 $\lim\limits_{x\to0}\dfrac{x}{\tan x}=1$,因此 $x=0$ 为 $f(x)=\dfrac{x}{\tan x}$ 的第一类间断点,错解2中认为 $x=0$ 是 $f(x)=\dfrac{x}{\tan x}$ 的第二类间断点,因此是错误的.

［正确解法］令 $\tan x=0$,得 $x=k\pi(k=0,\pm1,\pm2)$,即当 $x=k\pi(k=0,\pm1,\pm2,\cdots)$ 时,函数 $f(x)=\dfrac{x}{\tan x}$ 无定义,故 $x=k\pi(k=0,\pm1,\pm2,\cdots)$ 是函数 $f(x)$ 的间断点.

又因为 $y=\tan x$ 的定义域是 $x\neq k\pi+\dfrac{\pi}{2}(k\in\mathbf{Z})$,故 $x=k\pi+\dfrac{\pi}{2}(k\in\mathbf{Z})$ 也是函数 $f(x)$ 的间断点.现在分别判断各个间断点的类型.

因为 $\lim\limits_{x\to0}\dfrac{x}{\tan x}=1$,所以 $x=0$ 为函数 $f(x)$ 的第一类间断点.

因为 $\lim\limits_{x\to k\pi(k\neq0)}\dfrac{x}{\tan x}=\infty$,所以 $x=k\pi(k=\pm1,\pm2,\cdots)$ 为函数 $f(x)$ 的第二类间断点.

因为 $\lim\limits_{x\to k\pi+\frac{\pi}{2}}\dfrac{x}{\tan x}=0$,所以 $x=k\pi+\dfrac{\pi}{2}(k\in\mathbf{Z})$ 为函数 $f(x)$ 的第一类间断点.

例19 根据函数极限的定义证明:当 $x\to x_0$ 时,函数 $f(x)$ 极限存在的充分必要条件是左极限、右极限都存在并且相等.

注:本题常见错误之一是把必要条件和充分条件搞混了,这个属于概念错误,不再赘述.另外,关于必要性的证明不易出现错误,因此必要性的证明这里也不再赘述.这里只把充分性的证明过程中常出现的错误进行整理说明.

［错解］不妨设 $\lim\limits_{x\to x_0^-}f(x)=\lim\limits_{x\to x_0^+}f(x)=A$.

因为 $\lim\limits_{x\to x_0^-}f(x)=A$,所以由函数极限的定义,得 $\forall\varepsilon>0,\exists\delta>0$,当 $x\in(x_0-\delta,x_0)$ 时,

有 $|f(x)-A|<\varepsilon$.

同理,当 $x\in(x_0,x_0+\delta)$ 时,有 $|f(x)-A|<\varepsilon$.

因此当 $0<|x-x_0|<\delta$ 时,有 $|f(x)-A|<\varepsilon$ 成立,可得 $\lim\limits_{x\to x_0}f(x)=A$.

[错解分析] 上述解法在"$\forall\varepsilon>0,\exists\delta>0$,当 $x\in(x_0-\delta,x_0)$ 时,有 $|f(x)-A|<\varepsilon$.同理,当 $x\in(x_0,x_0+\delta)$ 时,有 $|f(x)-A|<\varepsilon$"这一步存在错误.因为当 $x\to x_0^-$ 和 $x\to x_0^+$ 时,$f(x)$ 的变化趋势未必一样,即 $\forall\varepsilon>0$,使 $|f(x)-A|<\varepsilon$ 成立的自变量取值范围,也就是两个区间 $(x_0-\delta,x_0)$ 及 $(x_0,x_0+\delta)$ 中的 δ 未必一样,所以上述步骤是错误的.

[正确解法] 不妨设 $\lim\limits_{x\to x_0^-}f(x)=\lim\limits_{x\to x_0^+}f(x)=A$.

因为 $\lim\limits_{x\to x_0^-}f(x)=A$,所以由函数极限的定义,得 $\forall\varepsilon>0,\exists\delta_1>0$,当 $x\in(x_0-\delta_1,x_0)$ 时,有

$$|f(x)-A|<\varepsilon \tag{1}$$

同理,$\exists\delta_2>0$,当 $x\in(x_0,x_0+\delta_2)$ 时,有

$$|f(x)-A|<\varepsilon \tag{2}$$

取 $\delta=\min\{\delta_1,\delta_2\}$,则当 $0<|x-x_0|<\delta$ 时,式(1)和式(2)同时成立,即 $\forall\varepsilon>0,\exists\delta=\min\{\delta_1,\delta_2\}>0$,当 $0<|x-x_0|<\delta$ 时,有 $|f(x)-A|<\varepsilon$,所以 $\lim\limits_{x\to x_0}f(x)=A$.

例 20 判断命题"如果 $\lim\limits_{x\to x_0}f(x)$ 存在,但 $\lim\limits_{x\to x_0}g(x)$ 不存在,那么 $\lim\limits_{x\to x_0}[f(x)+g(x)]$ 不存在"是否正确.如果正确,说明理由;如果错误,试给出一个反例.

[错解] 命题正确.假设 $\lim\limits_{x\to x_0}[f(x)+g(x)]$ 存在,由极限的四则运算法则,得

$$\lim\limits_{x\to x_0}[f(x)+g(x)]=\lim\limits_{x\to x_0}f(x)+\lim\limits_{x\to x_0}g(x)$$

则 $\lim\limits_{x\to x_0}f(x)$ 和 $\lim\limits_{x\to x_0}g(x)$ 都存在,这与条件"$\lim\limits_{x\to x_0}g(x)$ 不存在"矛盾,因此假设不成立,故原结论正确.

[错解分析] 上述解法在"假设 $\lim\limits_{x\to x_0}[f(x)+g(x)]$ 存在,则由极限的四则运算法则可得 $\lim\limits_{x\to x_0}[f(x)+g(x)]=\lim\limits_{x\to x_0}f(x)+\lim\limits_{x\to x_0}g(x)$"这一步存在错误.因为该等式不一定成立,如果 $\lim\limits_{x\to x_0}f(x)$ 和 $\lim\limits_{x\to x_0}g(x)$ 都存在,则结论 $\lim\limits_{x\to x_0}[f(x)+g(x)]=\lim\limits_{x\to x_0}f(x)+\lim\limits_{x\to x_0}g(x)$ 一定成立,但是当 $\lim\limits_{x\to x_0}[f(x)+g(x)]$ 存在时,$\lim\limits_{x\to x_0}f(x)$、$\lim\limits_{x\to x_0}g(x)$ 未必都存在,例如 $\lim\limits_{x\to 0}\left(\dfrac{1}{x}-\dfrac{1}{x}\right)=0$,但是 $\lim\limits_{x\to 0}\dfrac{1}{x}$ 和 $\lim\limits_{x\to 0}\left(-\dfrac{1}{x}\right)$ 都不存在.上述解法误认为极限的四则运算法则是必要条件,因此是错误的.

[正确解法] 命题正确,用反证法进行证明.

假设 $\lim\limits_{x\to x_0}[f(x)+g(x)]$ 存在,又因为 $\lim\limits_{x\to x_0}f(x)$ 存在,所以由极限的四则运算法则,可得

$$\lim\limits_{x\to x_0}g(x)=\lim\limits_{x\to x_0}[f(x)+g(x)-f(x)]=\lim\limits_{x\to x_0}[f(x)+g(x)]-\lim\limits_{x\to x_0}f(x)$$

即 $\lim\limits_{x\to x_0}g(x)$ 存在,这与已知条件"$\lim\limits_{x\to x_0}g(x)$ 不存在"矛盾,故假设不成立,所以原结论正确.

例 21 函数 $f(x)$ 在闭区间 $[0,1]$ 上连续,且对 $[0,1]$ 上任一点 x 都有 $0\leqslant f(x)\leqslant 1$.证明:必存在一点 $c\in[0,1]$,使得 $f(c)=c$[c 称为函数 $f(x)$ 的不动点].

［错解］令 $F(x)=f(x)-x$，则 $F(x)$ 在闭区间 $[0,1]$ 上连续.

又 $F(0)=f(0)-0\geqslant0,F(1)=f(1)-1\leqslant0$，即 $F(0)\cdot F(1)\leqslant0$，所以由零点定理知，至少存在一点 $c\in[0,1]$，使得 $F(c)=0$，即 $f(c)=c$.

［错解分析］上述解法有两处错误：第一，在"$F(0)\cdot F(1)\leqslant0$，由零点定理知"这一步存在错误，因为零点定理要求函数在闭区间两个端点处的值必须异号，这里的 $F(0)\geqslant0,F(1)\leqslant0$，即这里的函数 $F(x)$ 在闭区间 $[0,1]$ 的两个端点处的值未必异号，也有可能 $F(0)\cdot F(1)=0$，所以这里的 $F(x)$ 未必满足零点定理的条件，因此上述步骤是错误的；第二，在"由零点定理知，至少存在一点 $c\in[0,1]$"这一步存在错误，因为零点定理的结论是：至少存在一点 $\xi\in(a,b)$，使得 $f(\xi)=0$，即零点定理中的中值是在开区间内取得的，不是在闭区间上取得的.本题中的 $F(x)$ 如果满足零点定理的条件的话，则结论应是：至少存在一点 $c\in(0,1)$，使得 $F(c)=0$，因此上述步骤是错误的.

［正确解法］令 $F(x)=f(x)-x$，则 $F(x)$ 在闭区间 $[0,1]$ 上连续.

又 $F(0)=f(0)-0\geqslant0,F(1)=f(1)-1\leqslant0$，即 $F(0)\cdot F(1)\leqslant0$.现在分情况讨论：

（1）若 $F(0)\cdot F(1)=0$，则 $F(0)=0$ 或 $F(1)=0$，故存在 $c=0$ 或 $c=1$，满足 $f(c)=c$.

（2）若 $F(0)\cdot F(1)<0$，则由零点定理知，至少存在一点 $c\in(0,1)$，使得 $F(c)=0$，即 $f(c)=c$.

综上可得，必存在一点 $c\in[0,1]$，使得 $f(c)=c$.

第二章　导数与微分

　　高等数学的主要内容是微积分,微分学又是微积分的重要组成部分,其基本概念是导数和微分.导数的实质是一种特殊形式的极限,即当自变量增量趋于零时,函数增量与自变量增量之比的极限,而微分的实质是函数增量的线性化.由于微分就是函数对某个变量的导数乘以该变量的微分,所以函数求微分的方法与求导数类似.因此,正确理解导数的概念、熟练掌握导数的求解方法是学习本章内容的基本要求.一般地,可以利用导数的定义、四则运算求导法则和复合函数求导法则等方法求导数,这些求导数的方法都有其使用条件和适用范围.但是,很多学生,尤其是初学者,遇到求导数的问题时不管是否满足条件就直接利用运算法则来计算,有时结果尽管"碰巧"正确,但求解方法却是错误的,例如,抽象函数在连续点处的导数只能用导数的定义来求解,但是很多学生往往应用先求导函数再代值的方法来求解,从而出现错误.此外,在解决判断函数在一点的可导性问题时,学生有时会出现理论性错误,用导函数在一点处无定义来说明函数在该点不可导.

　　例 1　已知 $\lim\limits_{h \to 0} \dfrac{f(x_0 + h) - f(x_0 - h)}{2h} = a$（$a$ 为常数）,则函数 $f(x)$ 在点 $x = x_0$ 处是否可导?

　　[错解] 因为　　　$$\lim\limits_{h \to 0} \frac{f(x_0 + h) - f(x_0 - h)}{2h} =$$

$$\lim\limits_{h \to 0} \frac{f(x_0 + h) - f(x_0) + f(x_0) - f(x_0 - h)}{2h} =$$

$$\lim\limits_{h \to 0} \frac{f(x_0 + h) - f(x_0)}{2h} + \lim\limits_{h \to 0} \frac{f(x_0) - f(x_0 - h)}{2h} =$$

$$\frac{f'(x_0)}{2} + \frac{f'(x_0)}{2} = f'(x_0) = a$$

所以 $f(x)$ 在点 $x = x_0$ 处可导,且 $f'(x_0) = a$.

　　[错解分析] 上述解法的解题步骤和结论都是错误的,其中解题步骤中的

$$\lim\limits_{h \to 0} \frac{f(x_0 + h) - f(x_0) + f(x_0) - f(x_0 - h)}{2h} =$$

$$\lim\limits_{h \to 0} \frac{f(x_0 + h) - f(x_0)}{2h} + \lim\limits_{h \to 0} \frac{f(x_0) - f(x_0 - h)}{2h}$$

存在错误, 因为由 $\lim\limits_{h \to 0} \dfrac{f(x_0 + h) - f(x_0) + f(x_0) - f(x_0 - h)}{2h}$ 存在, 得不到 $\lim\limits_{h \to 0} \dfrac{f(x_0 + h) - f(x_0)}{2h}$ 和 $\lim\limits_{h \to 0} \dfrac{f(x_0) - f(x_0 - h)}{2h}$ 都存在这一结论,所以上述步骤是错误的.

[正确解法] 如果 $\lim\limits_{h \to 0} \dfrac{f(x_0 + h) - f(x_0 - h)}{2h}$ 存在,则函数 $f(x)$ 在点 $x = x_0$ 处不一定可导. 例如,函数 $f(x) = |x|$ 在点 $x = 0$ 处满足 $\lim\limits_{h \to 0} \dfrac{f(x_0 + h) - f(x_0 - h)}{2h}$ 存在,且

$$\lim_{h \to 0} \frac{f(x_0 + h) - f(x_0 - h)}{2h} = \lim_{h \to 0} \frac{f(h) - f(-h)}{2h} = \lim_{h \to 0} \frac{|h| - |-h|}{2h} = \lim_{h \to 0} \frac{0 - 0}{2h} = 0$$

但是 $f(x) = |x|$ 在点 $x = 0$ 处却是不可导的.

> **温馨提示**:由 $\lim\limits_{h \to 0} \dfrac{f(x_0 + h) - f(x_0 - h)}{2h}$ 存在,不能得到 $f'(x_0)$ 存在. 但是,如果 $f'(x_0)$ 存在,则 $\lim\limits_{h \to 0} \dfrac{f(x_0 + h) - f(x_0 - h)}{2h}$ 一定存在.

例 2 设 $f'(x_0)$ 存在,求 $\lim\limits_{h \to 0} \dfrac{f(x_0 + h) - f(x_0 - h)}{2h}$.

[错解] 原式 $= \lim\limits_{h \to 0} \dfrac{f[(x_0 - h) + 2h] - f(x_0 - h)}{2h} = f'(x_0 - h)$.

[错解分析] 上述解法在 "$\lim\limits_{h \to 0} \dfrac{f[(x_0 - h) + 2h] - f(x_0 - h)}{2h} = f'(x_0 - h)$" 这一步存在错误. 函数 $f(x)$ 在点 $x = x_0$ 处的导数的定义常见形式有:

$$\lim_{h \to 0} \frac{f(x_0 + h) - f(x_0)}{h}, \quad \lim_{x \to x_0} \frac{f(x) - f(x_0)}{x - x_0} \quad \text{和} \quad \lim_{h \to 0} \frac{f(x_0) - f(x_0 - h)}{h}$$

仔细分析上述三个定义式可以发现,无论是哪种定义式,导数的本质都是当自变量增量趋于零时,函数增量与自变量增量之比的极限值,并且这个增量之比的分子必须是"一个变量与一个常量 $f(x_0)$ 之差". 本题中,由于当 $h \to 0$ 时,$x_0 - h \to x_0$,所以 $f(x_0 - h)$ 是一个变量,而不是常量,故 $\lim\limits_{h \to 0} \dfrac{f[(x_0 - h) + 2h] - f(x_0 - h)}{2h}$ 并不是函数 $f(x)$ 在点 $x = x_0 - h$ 处的导数. 另外,题目中只说 $f'(x_0)$ 存在,并不知道也不能推断出 $f'(x_0 - h)$ 存在,故等式 "$\lim\limits_{h \to 0} \dfrac{f[(x_0 - h) + 2h] - f(x_0 - h)}{2h} = f'(x_0 - h)$" 是没有根据的,因此上述解法是错误的.

[正确解法] 原式 $= \lim\limits_{h \to 0} \dfrac{f(x_0 + h) - f(x_0) + f(x_0) - f(x_0 - h)}{2h} =$

$$\frac{1}{2} \lim_{h \to 0} \left[\frac{f(x_0 + h) - f(x_0)}{h} + \frac{f(x_0) - f(x_0 - h)}{h} \right]$$

因为 $f'(x_0)$ 存在,所以

$$\lim_{h \to 0} \frac{f(x_0 + h) - f(x_0)}{h} = f'(x_0), \quad \lim_{h \to 0} \frac{f(x_0) - f(x_0 - h)}{h} = f'(x_0)$$

故 原式 $= \dfrac{1}{2} \left[\lim\limits_{h \to 0} \dfrac{f(x_0 + h) - f(x_0)}{h} + \lim\limits_{h \to 0} \dfrac{f(x_0) - f(x_0 - h)}{h} \right] =$

$$\frac{1}{2} [f'(x_0) + f'(x_0)] = f'(x_0)$$

> **温馨提示**:上述解法出错的根本原因是不理解导数定义式的实质.函数 $f(x)$ 在点 x_0 处的导数的定义式中,不但要求 $f(x)$ 在点 x_0 的某邻域内有定义,而且从定义式中可以看出 $f(x)$ 在点 x_0 处的导数 $f'(x_0)$ 是否存在,以及 $f'(x_0)$ 的值的大小都与 $f(x)$ 在点 x_0 处的函数值 $f(x_0)$ 有关.也就是说,在 $f'(x_0)$ 的定义式中必有 $f(x_0)$ 这一项,如果没有这一项,绝对不是 $f'(x_0)$ 的定义.

例 3 已知 $f(0)=0$,$\lim\limits_{h\to 0}\dfrac{1}{h}f(1-e^h)$ 存在,则函数 $f(x)$ 在 $x=0$ 处是否可导?

[错解] 因为 $f(x)$ 在 $x=0$ 处可导的条件是 $\lim\limits_{h\to 0}\dfrac{f(h)-f(0)}{h}=\lim\limits_{h\to 0}\dfrac{f(h)}{h}$ 存在,而题目中只说明 $\lim\limits_{h\to 0}\dfrac{1}{h}f(1-e^h)$ 存在,显然 $\lim\limits_{h\to 0}\dfrac{1}{h}f(1-e^h)$ 与 $\lim\limits_{h\to 0}\dfrac{f(h)}{h}$ 形式不同,因此函数 $f(x)$ 在 $x=0$ 处不可导.

[错解分析] 上述解法在"显然 $\lim\limits_{h\to 0}\dfrac{1}{h}f(1-e^h)$ 与 $\lim\limits_{h\to 0}\dfrac{f(h)}{h}$ 形式不同,因此函数 $f(x)$ 在 $x=0$ 处不可导"这一步存在错误.实质上函数 $f(x)$ 在 $x=0$ 处是可导的,上述解法只记住了函数在一点可导的形式,而没有理解函数在一点可导的实质,因此是错误的.

[正确解法] 函数 $f(x)$ 在点 x_0 处可导的实质是,设 $h\to 0$ 时,函数 $g(h)\to 0$,若 $\lim\limits_{h\to 0}\dfrac{f[x_0+g(h)]-f(x_0)}{g(h)}$ 存在,则函数 $f(x)$ 点 x_0 处可导,并且

$$\lim_{h\to 0}\frac{f[x_0+g(h)]-f(x_0)}{g(h)}=f'(x_0)$$

根据上述本质,函数 $f(x)$ 在 $x=0$ 处可导的充要条件是:函数 $g(h)\to 0$,并且 $\lim\limits_{h\to 0}\dfrac{f[g(h)]-f(0)}{g(h)}$ 存在.

因为 $f(0)=0$,所以 $f(x)$ 在 $x=0$ 处可导的充要条件是 $\lim\limits_{h\to 0}\dfrac{f[g(h)]}{g(h)}$ 存在.当然,这里不仅要求 $g(h)\to 0^+$,还要求 $g(h)\to 0^-$.

又因为 $$\lim_{h\to 0}\frac{f(1-e^h)}{h}=\lim_{h\to 0}\left[\frac{f(1-e^h)}{1-e^h}\cdot\frac{1-e^h}{h}\right]$$

由题目条件知,$\lim\limits_{h\to 0}\dfrac{1}{h}f(1-e^h)$ 存在,而 $\lim\limits_{h\to 0}\dfrac{1-e^h}{h}\xlongequal{\text{等价无穷小代换}}\lim\limits_{h\to 0}\dfrac{-h}{h}=-1$.由极限运算法可知 $\lim\limits_{h\to 0}\dfrac{f(1-e^h)}{1-e^h}=-\lim\limits_{h\to 0}\dfrac{f(1-e^h)}{h}$,即 $\lim\limits_{h\to 0}\dfrac{f(1-e^h)}{1-e^h}$ 存在.并且当 $h\to 0^+$ 时,$1-e^h\to 0^-$;当 $h\to 0^-$ 时,$1-e^h\to 0^+$.由函数可导的充要条件可知,$f(x)$ 在 $x=0$ 处可导,且 $f'(x_0)=-\lim\limits_{h\to 0}\dfrac{f(1-e^h)}{h}$.

温馨提示:1.函数 $f(x)$ 在点 $x=x_0$ 处可导的本质条件是,如果 $x \to x_1$ 时,函数 $h(x) \to 0$,且 $h(x) \neq 0$,若 $\lim\limits_{x \to x_1} \dfrac{f[x_0 + h(x)] - f(x_0)}{h(x)}$ 存在,则函数 $f(x)$ 在点 $x=x_0$ 处可导,并且 $\lim\limits_{x \to x_1} \dfrac{f[x_0 + h(x)] - f(x_0)}{h(x)} = f'(x_0)$.需要注意的是这里不仅要求 $h(x) \to 0^+$,还要求 $h(x) \to 0^-$.

其实,如果 $x \to \infty$ 时,函数 $h(x) \to 0$,那么 $\lim\limits_{x \to \infty} \dfrac{f[x_0 + h(x)] - f(x_0)}{h(x)}$ 也是 $f'(x_0)$ 的定义式.

2.当 $f(0)=0$ 时,$\lim\limits_{h \to 0} \dfrac{1}{h^3} f(h - \sinh)$ 存在也可以作为 $f(x)$ 在 $x=0$ 处可导的充分必要条件.但是,$\lim\limits_{h \to 0} \dfrac{1}{h^2} f(1 - \cosh)$ 存在不能作为 $f(x)$ 在 $x=0$ 处可导的充分条件,因为不管 $h \to 0^+$ 还是 $h \to 0^-$,都有 $1 - \cosh \to 0^+$.

例 4 设 $f(x) = (x-a)\varphi(x)$,其中 $\varphi(x)$ 在 $x=a$ 处连续,求 $f'(a)$.

[错解] 因为
$$f'(x) = \varphi(x) + (x-a)\varphi'(x)$$
所以
$$f'(a) = \varphi(a) + (a-a)\varphi'(a) = \varphi(a)$$

[错解分析] 上述解法在"$f'(x) = \varphi(x) + (x-a)\varphi'(x)$"这一步存在错误.因为题目只说 $\varphi(x)$ 在点 $x=a$ 处连续,没说 $\varphi(x)$ 可导,所以 $\varphi'(x)$ 是否存在是不确定的.另外,由于 $\varphi(x)$ 是抽象函数,其可导性也是无法判断的,因此 $f'(x)$ 不一定存在,故上述步骤是错误的.

[正确解法] 本题只能用导数的定义求解,即

$$f'(a) = \lim_{x \to a} \frac{f(x) - f(a)}{x-a} = \lim_{x \to a} \frac{(x-a)\varphi(x) - 0}{x-a} = \lim_{x \to a} \varphi(x)$$

因为 $\varphi(x)$ 在 $x=a$ 处连续,所以 $\lim\limits_{x \to a} \varphi(x) = \varphi(a)$.

故 $f'(a) = \varphi(a)$.

温馨提示:抽象函数在连续点处的导数必须用导数的定义来求解.另外,利用导数的定义求函数在一点的导数是一种常用的方法,即便是初等函数,有时候为了求解方便,也需要用定义来求导.例如,设 $f(x) = x(x+1)(x+2)\cdots(x+2\,020)$,求 $f'(0)$.显然利用乘积求导法则比较麻烦的,但是利用导数的定义求就非常简便.

例 5 已知常数 $a \neq 0$,函数 $f(x)$ 满足 $f(1+x) = af(x)$,且 $f'(0) = \dfrac{1}{a}$,求 $f'(1)$.

[错解] 等式 $f(1+x) = af(x)$ 两边同时求导,得
$$f'(1+x) = af'(x)$$

令 $x=0$,可得 $f'(1) = af'(0) = 1$.

[错解分析] 上述解法在"等式 $f(1+x) = af(x)$ 两边同时求导,得 $f'(1+x) = af'(x)$"

这一步存在错误.因为从题目所给条件只能得到 $f'(0)$ 存在,得不出当 $x \neq 0$ 时,$f'(x)$ 也存在的结论,不能在式子 $f(1+x)=af(x)$ 两边同时求导.上述解法忽略了"$f'(1+x)=af'(x)$"成立的前提条件,"随心所欲"地利用求导法则,因此是错误的.

[正确解法] 本题只能用导数的定义来求解,即

$$f'(1)=\lim_{x \to 0}\frac{f(x+1)-f(1)}{x}=$$

$$\lim_{x \to 0}\frac{af(x)-af(0)}{x}=$$

$$a\lim_{x \to 0}\frac{f(x)-f(0)}{x}=$$

$$af'(0)=1$$

例 6 设 $f(x)=\begin{cases} x^2\sin\dfrac{1}{x}, & x \neq 0 \\ 0, & x=0 \end{cases}$,求 $f'(0)$.

[错解] 因为

$$f'(x)=2x\sin\frac{1}{x}+x^2\cos\frac{1}{x}\cdot\left(-\frac{1}{x^2}\right)=2x\sin\frac{1}{x}-\cos\frac{1}{x}$$

所以 $f'(x)$ 在 $x=0$ 处无定义,因此 $f'(0)$ 不存在.

[错解分析] 上述解法在"所以 $f'(x)$ 在 $x=0$ 处无定义,因此 $f'(0)$ 不存在"这一步存在错误.当函数 $f(x)$ 在点 $x=x_0$ 处可导,即 $f'(x_0)$ 存在时,一般有两种方法求 $f'(x_0)$:第一种方法是利用导数的定义;第二种方法是先求出导函数 $f'(x)$,再把点 $x=x_0$ 代入 $f'(x)$ 中.需要注意的是运用第二种方法求解的前提条件是 $f'(x)$ 在点 $x=x_0$ 处有定义.但是,绝对不能由 $f'(x)$ 在点 $x=x_0$ 处没有定义,得出 $f'(x_0)$ 不存在的结论,此时 $f'(x_0)$ 也可能存在,只是需要用导数的定义进行判断.上述解法用错误的理论来解题,因此是错误的.

[正确解法] 本题只能用导数的定义来求解,即

$$f'(0)=\lim_{x \to 0}\frac{f(x)-f(0)}{x-0}=\lim_{x \to 0}\frac{x^2\sin\dfrac{1}{x}-0}{x}=\lim_{x \to 0}x\sin\frac{1}{x}=0$$

温馨提示:分段函数 $f(x)$ 在分界点 $x=x_0$ 处的导数一般需要用定义来求解.如果函数 $f(x)$ 在分界点 $x=x_0$ 处左、右两侧的表达式不一样,还需要先用左、右导数的定义来求左、右导数,如果左、右导数均存在并且相等,则 $f'(x_0)$ 存在;如果左、右导数中有一个不存在,或者两个都存在但不相等,那么 $f'(x_0)$ 就不存在.

例 7 设 $f(x)=\begin{cases} \dfrac{2}{3}x^3, & x \leqslant 1 \\ x^2, & x > 1 \end{cases}$,求 $f'(1)$.

[错解 1] 当 $x < 1$ 时,$f'(x)=\left(\dfrac{2}{3}x^3\right)'=2x$,得 $f'(1)=2$;当 $x > 1$ 时,$f'(x)=(x^2)'=$

$2x$,得 $f'(1)=2$,

综上,$f'(1)=2$.

[错解 2]当 $x<1$ 时,$f'(x)=\left(\dfrac{2}{3}x^3\right)'=2x$,得 $\lim\limits_{x\to1^-}f'(x)=\lim\limits_{x\to1^-}2x=2$;

当 $x>1$ 时,$f'(x)=(x^2)'=2x$,得 $\lim\limits_{x\to1^+}f'(x)=\lim\limits_{x\to1^+}2x=2=\lim\limits_{x\to1^-}f'(x)$.

综上,$f'(1)=2$.

[错解 3]因为 $\quad f'_+(1)=\lim\limits_{x\to1^+}\dfrac{f(x)-f(1)}{x-1}=\lim\limits_{x\to1^+}\dfrac{x^2-1}{x-1}=2$

$$f'_-(1)=\lim\limits_{x\to1^-}\dfrac{f(x)-f(1)}{x-1}=\lim\limits_{x\to1^-}\dfrac{\dfrac{2}{3}x^3-\dfrac{2}{3}}{x-1}=\lim\limits_{x\to1^-}\dfrac{\dfrac{2}{3}(x-1)(x^2+x+1)}{x-1}=2$$

所以 $f'(1)=2$.

[错解分析]错解 1 错误的原因是这种解法没有理论依据,是学生随心所欲地"创造"出来的,但是这种错误解法也是学生学习中经常出现的.

错解 2 中的解法实质上是通过让 $\lim\limits_{x\to x_0^+}f'(x)$ 与 $\lim\limits_{x\to x_0^-}f'(x)$ 相等来求 $f'(x_0)$ 的值,这显然是不合理的.如果 $\lim\limits_{x\to x_0^+}f'(x)=\lim\limits_{x\to x_0^-}f'(x)$,则 $\lim\limits_{x\to x_0}f'(x)$ 存在,但是此时 $f'(x_0)$ 不一定存在.因为 $x\to x_0$ 时函数 $f(x)$ 的极限是否存在,与函数 $f(x)$ 在点 $x=x_0$ 处是否有定义没有任何关系.但是错解 2 中却想当然地让两个没有关系的值相等,显然是不合理的.其实,当函数满足一定条件时,上述结论也是成立的,这就是导函数极限定理,即设函数 $f(x)$ 在点 $x=x_0$ 的某邻域 $U(x_0)$ 内连续,在 $U(x_0)$ 内可导,且 $\lim\limits_{x\to x_0}f'(x)$ 存在,则函数 $f(x)$ 在点 $x=x_0$ 处可导,且 $f'(x_0)=\lim\limits_{x\to x_0}f'(x)$.本题中的 $f(x)$ 在点 $x=1$ 处是不连续的,不满足导函数极限定理的条件,故上述解法是错误的.

错解 3 在"$\lim\limits_{x\to1^+}\dfrac{f(x)-f(1)}{x-1}=\lim\limits_{x\to1^+}\dfrac{x^2-1}{x-1}$"这一步存在错误.因为不管 $x\to1^+$ 还是 $x\to1^-$,导数定义式中的 $f(1)$ 都恒等于 $\dfrac{2}{3}$.该解法中把 $x\to1^+$ 时 $f(1)$ 的值误认为是 1,因此是错误的.

[正确解法]本题有两种方法求解.

方法 1:利用左、右导数的定义求解,即

因为 $\qquad f'_-(1)=\lim\limits_{x\to1^-}\dfrac{f(x)-f(1)}{x-1}=\lim\limits_{x\to1^-}\dfrac{\dfrac{2}{3}x^3-\dfrac{2}{3}}{x-1}=$

$$\lim\limits_{x\to1^-}\dfrac{\dfrac{2}{3}(x-1)(x^2+x+1)}{x-1}=2$$

但 $\qquad f'_+(1)=\lim\limits_{x\to1^+}\dfrac{f(x)-f(1)}{x-1}=\lim\limits_{x\to1^+}\dfrac{x^2-\dfrac{2}{3}}{x-1}=\infty$

因此 $f'(1)$ 不存在.

方法 2:利用函数可导性与连续性的关系求解,即如果函数 $f(x)$ 在点 $x=x_0$ 处不连续,那么函数 $f(x)$ 在点 $x=x_0$ 处一定不可导.

因为 $\lim\limits_{x\to 1^+}f(x)=\lim\limits_{x\to 1^+}x^2=1$,$\lim\limits_{x\to 1^-}f(x)=\lim\limits_{x\to 1^-}\dfrac{2}{3}x^3=\dfrac{2}{3}$,所以 $\lim\limits_{x\to 1^+}f(x)\neq\lim\limits_{x\to 1^-}f(x)$,因此 $\lim\limits_{x\to 1}f(x)$ 不存在,故 $f(x)$ 在点 $x=1$ 处不连续,所以 $f(x)$ 在点 $x=1$ 处不可导,即 $f'(1)$ 不存在.

> **温馨提示:** 分段函数在分界点处的导数也可以利用导函数极限定理来求.导函数极限定理是,设函数 $f(x)$ 在点 x_0 的某邻域 $U(x_0)$ 内连续,在 $\mathring{U}(x_0)$ 内可导,且极限 $\lim\limits_{x\to x_0}f'(x)$ 存在,则 $f(x)$ 在点 x_0 可导,且 $f'(x_0)=\lim\limits_{x\to x_0}f'(x)$.应用导函数极限定理时,首先需要判断函数是否满足定理的条件,这个过程有时比较麻烦,因此不建议利用导函数极限定理来求分段函数在分界点处的导数.遇到求解分段函数在分界点处的导数问题时,应该首先考虑利用导数的定义.

例 8 设 $f(x)=\begin{cases}\sin x^2, & x<0 \\ \ln(1+x^2), & x\geqslant 0\end{cases}$,求 $f'(x)$.

[错解] 因为当 $x<0$ 时,$f'(x)=(\sin x^2)'=2x\cos x^2$;当 $x\geqslant 0$ 时,$f'(x)=[\ln(1+x^2)]'=\dfrac{2x}{1+x^2}$,所以

$$f'(x)=\begin{cases}2x\cos x^2, & x<0 \\ \dfrac{2x}{1+x^2}, & x\geqslant 0\end{cases}$$

[错解分析] 上述解法在"当 $x\geqslant 0$ 时,$f'(x)=[\ln(1+x^2)]'=\dfrac{2x}{1+x^2}$"这一步存在错误.

只有当 $x>0$ 时,$f'(x)$ 才是 $\dfrac{2x}{1+x^2}$,当 $x=0$ 时,$f'(x)$ 是否存在需要利用导数的定义进行判断.上述解法忽略了 $x=0$ 是该分段函数的分界点这个事实,因此是错误的.

[正确解法] 当 $x<0$ 时,$f'(x)=(\sin x^2)'=2x\cos x^2$;当 $x>0$ 时,$f'(x)=[\ln(1+x^2)]'=\dfrac{2x}{1+x^2}$.

又因为 $\quad f'_-(0)=\lim\limits_{x\to 0^-}\dfrac{f(x)-f(0)}{x-0}=\lim\limits_{x\to 0^-}\dfrac{\sin x^2-0}{x}=\lim\limits_{x\to 0^-}\dfrac{x^2}{x}=0$

$$f'_+(0)=\lim\limits_{x\to 0^+}\dfrac{f(x)-f(0)}{x-0}=\lim\limits_{x\to 0^+}\dfrac{\ln(1+x^2)-0}{x}=\lim\limits_{x\to 0^-}\dfrac{x^2}{x}=0$$

即 $f'_-(0)=f'_+(0)=0$,故 $f'(0)=0$.

注意到 $f(x)$ 的表达式,如果令 $f'(x)=\dfrac{2x}{1+x^2}$ 中的 $x=0$,可得 $f'(0)=0$,即 $f'(0)$ 可以

合并到 $f'(x) = \dfrac{2x}{1+x^2}$ 中,因此 $f'(x) = \begin{cases} 2x\cos x^2, & x < 0 \\ \dfrac{2x}{1+x^2}, & x \geqslant 0 \end{cases}$.

> **温馨提示**:本题中求出 $f'(0) = 0$ 之后,也可以把 $f'(x)$ 写成下列形式:
>
> $$f'(x) = \begin{cases} 2x\cos x^2, & x < 0 \\ 0, & x = 0 \\ \dfrac{2x}{1+x^2}, & x > 0 \end{cases}$$
>
> 注意到数学的统一美,因此 $f'(x)$ 的形式最好写成例 8 的形式,当然这个前提条件是 $f'(0)$ 能统一进去.如果本题求出的 $f'(0) \neq 0$,那么就不用统一了.

例 9 设函数 $y = f(x)$ 的反函数为 $x = \varphi(y)$,函数 $y = f(x)$ 的一阶导数 $f'(x)$ 与二阶导数 $f''(x)$ 都存在,且均不为零,求 $\dfrac{\mathrm{d}^2 x}{\mathrm{d}y^2}$.

[错解] 因为 $\dfrac{\mathrm{d}x}{\mathrm{d}y} = \dfrac{1}{f'(x)}$,所以 $\dfrac{\mathrm{d}^2 x}{\mathrm{d}y^2} = \dfrac{\mathrm{d}}{\mathrm{d}y}\left(\dfrac{\mathrm{d}x}{\mathrm{d}y}\right) = -\dfrac{f''(x)}{[f'(x)]^2}$.

[错解分析] 上述解法的结果"$\dfrac{\mathrm{d}^2 x}{\mathrm{d}y^2} = -\dfrac{f''(x)}{[f'(x)]^2}$"是错误的.因为对函数 $x = \varphi(y)$ 来说,自变量是 y,因变量即函数是 x,要求函数 x 对自变量 y 的二阶导数,需要在一阶导数 $\dfrac{\mathrm{d}x}{\mathrm{d}y} = \dfrac{1}{f'(x)}$ 的基础上再关于自变量 y 求导,但是一阶导函数 $\dfrac{\mathrm{d}x}{\mathrm{d}y}$ 的表达式 $\dfrac{1}{f'(x)}$ 是 x 的函数,即是以 x 作为自变量的,要让 $\dfrac{\mathrm{d}x}{\mathrm{d}y} = \dfrac{1}{f'(x)}$ 再关于自变量 y 求导,需要把 x 看成中间变量,把 y 看成自变量,利用复合函数的求导法则来求导,而上述解法中没有弄清函数的复合结构,"随心所欲"地把 x 看成自变量来求导,所以是错误的.

[正确解法] 因为
$$\frac{\mathrm{d}x}{\mathrm{d}y} = \frac{1}{f'(x)}$$

所以
$$\frac{\mathrm{d}^2 x}{\mathrm{d}y^2} = \frac{\mathrm{d}}{\mathrm{d}y}\left(\frac{\mathrm{d}x}{\mathrm{d}y}\right) = \frac{\mathrm{d}\left(\dfrac{\mathrm{d}x}{\mathrm{d}y}\right)}{\mathrm{d}x} \cdot \frac{\mathrm{d}x}{\mathrm{d}y} =$$
$$-\frac{f''(x)}{[f'(x)]^2} \cdot \frac{1}{f'(x)} = -\frac{f''(x)}{[f'(x)]^3}$$

例 10 设函数 $y = y(x)$ 由方程 $xy - \mathrm{e}^x + \mathrm{e}^y = 0$ 所确定,求 $\left.\dfrac{\mathrm{d}y}{\mathrm{d}x}\right|_{x=0}$.

[错解 1] 因为
$$y - x \cdot \frac{\mathrm{d}y}{\mathrm{d}x} - \mathrm{e}^x + \mathrm{e}^y \cdot \frac{\mathrm{d}y}{\mathrm{d}x} = 0$$

所以
$$\frac{\mathrm{d}y}{\mathrm{d}x} = \frac{\mathrm{e}^x - y}{\mathrm{e}^y - x}$$

因此
$$\left.\frac{\mathrm{d}y}{\mathrm{d}x}\right|_{x=0} = \frac{1 - y}{\mathrm{e}^y}$$

[错解 2] 因为 $y - x \cdot \dfrac{dy}{dx} - e^x + e^y \cdot \dfrac{dy}{dx} = 0$，且 $x = 0$ 时，$y = 0$. 把 $x = 0$，$y = 0$ 代入上式，

得 $-1 + \dfrac{dy}{dx} = 0$，所以 $\dfrac{dy}{dx}\bigg|_{x=0} = 1$.

[错解分析] 错解 1 在 "$\dfrac{dy}{dx}\bigg|_{x=0} = \dfrac{1-y}{e^y}$" 这一步存在错误. 因为函数在一点的导数值是一

个确定的数值，而不是函数. 错解 1 中只把 $x = 0$ 代入了表达式 $\dfrac{dy}{dx} = \dfrac{e^x - y}{e^y - x}$ 中，没有确定 y 的

值，即认为 y 是任意的，其实此时 y 是有唯一确定的值的，所以上述步骤是错误的.

错解 2 的计算结果正确，但是计算步骤错误. 在 "把 $x = 0$，$y = 0$ 代入上式，得 $-1 + \dfrac{dy}{dx} = 0$"

这一步存在错误. 因为把 $x = 0$，$y = 0$ 代入式子 $y - x \cdot \dfrac{dy}{dx} - e^x + e^y \cdot \dfrac{dy}{dx} = 0$ 后，导数 $\dfrac{dy}{dx}$ 就变成

了其在 $x = 0$ 处的值了，此时应写成 $-1 + \dfrac{dy}{dx}\bigg|_{x=0} = 0$，所以上述步骤是错误的.

另外，错解 1 和错解 2 的解题步骤均不规范.

[正确解法] 方程 $xy - e^x + e^y = 0$ 两边同时关于 x 求导，得

$$y - x \cdot \frac{dy}{dx} - e^x + e^y \cdot \frac{dy}{dx} = 0 \tag{1}$$

把 $x = 0$ 代入方程 $xy - e^x + e^y = 0$ 中，解得 $y = 0$.

下面用两种方法来求 $\dfrac{dy}{dx}\bigg|_{x=0}$.

解法 1：由式 (1) 解得 $\dfrac{dy}{dx} = \dfrac{e^x - y}{e^y - x}$. 把 $x = 0$，$y = 0$ 代入该式，得 $\dfrac{dy}{dx}\bigg|_{x=0} = 1$.

解法 2：把 $x = 0$，$y = 0$ 代入式 (1)，得 $-1 + \dfrac{dy}{dx}\bigg|_{x=0} = 0$，因此 $\dfrac{dy}{dx}\bigg|_{x=0} = 1$.

温馨提示：求隐函数 $F(x, y) = 0$ 在一点 x_0 处的导数 $\dfrac{dy}{dx}\bigg|_{x=x_0}$ 值有两种方法：

方法 1：先求出导函数 $\dfrac{dy}{dx}$ 的表达式，再将 $x = x_0$，$y = y_0$ 代入表达式求解即可.

方法 2：先利用复合函数求导法则得到含 $\dfrac{dy}{dx}$ 的方程，再把点 (x_0, y_0) 代入所得到的方

程中，解出 $\dfrac{dy}{dx}\bigg|_{x=x_0}$ 即可.

例 11 设函数 $y = y(x)$ 由方程 $y - 1 - x e^y = 0$ 所确定，求 $\dfrac{d^2 y}{dx^2}$.

[错解] 方程 $y - 1 - x e^y = 0$ 两边同时关于 x 求导，得

$$\frac{dy}{dx} - e^y - x e^y \cdot \frac{dy}{dx} = 0$$

则有

$$\frac{dy}{dx} = \frac{e^y}{1 - x e^y} = \frac{e^y}{2 - y}$$

故

$$\frac{\mathrm{d}^2 y}{\mathrm{d}x^2} = \frac{\mathrm{e}^y \cdot \dfrac{\mathrm{d}y}{\mathrm{d}x} \cdot (2-y) - \mathrm{e}^y \cdot \left(-\dfrac{\mathrm{d}y}{\mathrm{d}x}\right)}{(2-y)^2} = \frac{\mathrm{e}^y (3-y) \dfrac{\mathrm{d}y}{\mathrm{d}x}}{(2-y)^2}$$

［错解分析］上述解法步骤正确，二阶导函数的最终表达式 $\dfrac{\mathrm{d}^2 y}{\mathrm{d}x^2} = \dfrac{\mathrm{e}^y (3-y) \dfrac{\mathrm{d}y}{\mathrm{d}x}}{(2-y)^2}$ 是错误的. 因为函数 $y = y(x)$ 是具体的函数，所以其二阶导函数只能含有变量 x 和 y，绝对不能含有 y 的一阶导函数 $\dfrac{\mathrm{d}y}{\mathrm{d}x}$ 这个形式，因此上述表达式是错误的.

［正确解法］本题有两种求解方法.

方法 1：前面步骤同错解，只需把 $\dfrac{\mathrm{d}y}{\mathrm{d}x} = \dfrac{\mathrm{e}^y}{2-y}$ 代入 $\dfrac{\mathrm{d}^2 y}{\mathrm{d}x^2} = \dfrac{\mathrm{e}^y (3-y) \dfrac{\mathrm{d}y}{\mathrm{d}x}}{(2-y)^2}$ 中即可，即

$$\frac{\mathrm{d}^2 y}{\mathrm{d}x^2} = \frac{\mathrm{e}^y (3-y) \dfrac{\mathrm{e}^y}{2-y}}{(2-y)^2} = \frac{(3-y)\mathrm{e}^{2y}}{(2-y)^3}$$

解法 2：方程 $y - 1 - x\mathrm{e}^y = 0$ 两边同时关于 x 求导，得

$$\frac{\mathrm{d}y}{\mathrm{d}x} - \mathrm{e}^y - x\mathrm{e}^y \cdot \frac{\mathrm{d}y}{\mathrm{d}x} = 0 \tag{1}$$

则有

$$\frac{\mathrm{d}y}{\mathrm{d}x} = \frac{\mathrm{e}^y}{1 - x\mathrm{e}^y} = \frac{\mathrm{e}^y}{2-y}$$

式（1）两边同时关于 x 求导，得

$$\frac{\mathrm{d}^2 y}{\mathrm{d}x^2} - \mathrm{e}^y \cdot \frac{\mathrm{d}y}{\mathrm{d}x} - \mathrm{e}^y \cdot \frac{\mathrm{d}y}{\mathrm{d}x} - x\mathrm{e}^y \cdot \frac{\mathrm{d}y}{\mathrm{d}x} \cdot \frac{\mathrm{d}y}{\mathrm{d}x} - x\mathrm{e}^y \cdot \frac{\mathrm{d}^2 y}{\mathrm{d}x^2} = 0 \tag{2}$$

由式（2）解得

$$\frac{\mathrm{d}^2 y}{\mathrm{d}x^2} = \frac{2\mathrm{e}^y \dfrac{\mathrm{d}y}{\mathrm{d}x} + x\mathrm{e}^y \left(\dfrac{\mathrm{d}y}{\mathrm{d}x}\right)^2}{1 - x\mathrm{e}^y} \tag{3}$$

将 $\dfrac{\mathrm{d}y}{\mathrm{d}x} = \dfrac{\mathrm{e}^y}{2-y}$ 代入式（3）并化简，得 $\dfrac{\mathrm{d}^2 y}{\mathrm{d}x^2} = \dfrac{(3-y)\mathrm{e}^{2y}}{(2-y)^3}$.

> **温馨提示**：1. 求隐函数 $F(x, y) = 0$ 的二阶导数 $\dfrac{\mathrm{d}^2 y}{\mathrm{d}x^2}$ 一般有两种方法：
>
> 方法 1：先求出导函数 $\dfrac{\mathrm{d}y}{\mathrm{d}x}$ 的表达式，再对 $\dfrac{\mathrm{d}y}{\mathrm{d}x}$ 求导即可.
>
> 方法 2：方程 $F(x, y) = 0$ 两边关于 x 求两次导，再解含有 $\dfrac{\mathrm{d}^2 y}{\mathrm{d}x^2}$ 的方程即可.
>
> 注意，无论哪种方法，所求得的 $\dfrac{\mathrm{d}^2 y}{\mathrm{d}x^2}$ 表达式中只能含有变量 x 和 y，不能含有 $\dfrac{\mathrm{d}y}{\mathrm{d}x}$.
>
> 2. 如果要求解隐函数 $F(x, y) = 0$ 在一点 (x_0, y_0) 处的二阶导数值，如 $\dfrac{\mathrm{d}^2 y}{\mathrm{d}x^2}\bigg|_{x = x_0}$，可以不求出 $\dfrac{\mathrm{d}^2 y}{\mathrm{d}x^2}$ 的表达式，只需利用复合函数求导法则对方程 $F(x, y) = 0$ 两边求导两次，得到含 $\dfrac{\mathrm{d}^2 y}{\mathrm{d}x^2}$ 的方程，然后把点 (x_0, y_0) 以及 $\dfrac{\mathrm{d}y}{\mathrm{d}x}\bigg|_{x = x_0}$ 代入所得方程即可.

例 12 设函数 $y = y(x)$ 由 $\begin{cases} x = a(\cos t + t\sin t) \\ y = a(\sin t - t\cos t) \end{cases}$ 所确定,求 $\dfrac{\mathrm{d}^2 y}{\mathrm{d}x^2}$.

[错解] 因为

$$\frac{\mathrm{d}y}{\mathrm{d}x} = \frac{\dfrac{\mathrm{d}y}{\mathrm{d}t}}{\dfrac{\mathrm{d}x}{\mathrm{d}t}} = \frac{a(\cos t - \cos t + t\sin t)}{a(-\sin t + \sin t + t\cos t)} = \tan t$$

所以

$$\frac{\mathrm{d}^2 y}{\mathrm{d}x^2} = (y')' = (\tan t)' = \sec^2 t$$

[错解分析] 上述解法在"$(y')' = (\tan t)'$"这一步存在错误.因为 $(\tan t)'$ 是函数 $\dfrac{\mathrm{d}y}{\mathrm{d}x}$ 关于变量 t 的导数,即 $\dfrac{\mathrm{d}\left(\dfrac{\mathrm{d}y}{\mathrm{d}x}\right)}{\mathrm{d}t} = (\tan t)'$,但是函数 $\dfrac{\mathrm{d}y}{\mathrm{d}x}$ 的自变量是 x,而不是 t,所以二阶导数 $y'' = \dfrac{\mathrm{d}^2 y}{\mathrm{d}x^2}$ 是一阶导数 $\dfrac{\mathrm{d}y}{\mathrm{d}x}$ 再对 x 求导,而不是对 t 求导,因此上述解法是错误的.

[正确解法] 因为

$$\frac{\mathrm{d}y}{\mathrm{d}x} = \frac{\dfrac{\mathrm{d}y}{\mathrm{d}t}}{\dfrac{\mathrm{d}x}{\mathrm{d}t}} = \frac{a(\cos t - \cos t + t\sin t)}{a(-\sin t + \sin t + t\cos t)} = \tan t$$

所以

$$\frac{\mathrm{d}^2 y}{\mathrm{d}x^2} = \frac{\mathrm{d}\left(\dfrac{\mathrm{d}y}{\mathrm{d}x}\right)}{\mathrm{d}x} = \frac{\mathrm{d}\left(\dfrac{\mathrm{d}y}{\mathrm{d}x}\right)}{\mathrm{d}t} \cdot \frac{\mathrm{d}t}{\mathrm{d}x} =$$

$$\frac{\sec^2 t}{a(-\sin t + \sin t + t\cos t)} = \frac{\sec^3 t}{at}$$

温馨提示:参数方程 $\begin{cases} x = \varphi(t) \\ y = \psi(t) \end{cases}$ 所确定的函数 $y = y(x)$ 的导数以及高阶导数都是利用复合函数求导法则和反函数求导法则进行求导的,即

$$\frac{\mathrm{d}y}{\mathrm{d}x} = \frac{\mathrm{d}y}{\mathrm{d}t} \cdot \frac{\mathrm{d}t}{\mathrm{d}x} = \frac{\mathrm{d}y}{\mathrm{d}t} \cdot \frac{1}{\dfrac{\mathrm{d}x}{\mathrm{d}t}} = \psi'(t) \cdot \frac{1}{\varphi'(t)} = \frac{\psi'(t)}{\varphi'(t)}$$

$$\frac{\mathrm{d}^2 y}{\mathrm{d}x^2} = \frac{\mathrm{d}\left(\dfrac{\mathrm{d}y}{\mathrm{d}x}\right)}{\mathrm{d}x} = \frac{\mathrm{d}\left(\dfrac{\mathrm{d}y}{\mathrm{d}x}\right)}{\mathrm{d}t} \cdot \frac{\mathrm{d}t}{\mathrm{d}x} = \frac{\mathrm{d}\left(\dfrac{\mathrm{d}y}{\mathrm{d}x}\right)}{\mathrm{d}t} \cdot \frac{1}{\dfrac{\mathrm{d}x}{\mathrm{d}t}} =$$

$$\frac{\psi''(t)\varphi'(t) - \psi'(t)\varphi''(t)}{[\varphi'(t)]^2} \cdot \frac{1}{\varphi'(t)} =$$

$$\frac{\psi''(t)\varphi'(t) - \psi'(t)\varphi''(t)}{[\varphi'(t)]^3}$$

$$\frac{d^3 y}{dx^3} = \frac{d\left(\frac{d^2 y}{dx^2}\right)}{dx} = \frac{d\left(\frac{d^2 y}{dx^2}\right)}{dt} \cdot \frac{dt}{dx} = \frac{d\left(\frac{d^2 y}{dx^2}\right)}{dt} \cdot \frac{1}{\frac{dx}{dt}} =$$

$$\frac{\psi''(t)\varphi'(t) - \psi'(t)\varphi''(t)}{[\varphi'(t)]^4} + \frac{3[\psi''(t)\varphi'(t) - \psi'(t)\varphi''(t)]\varphi''(t)}{[\varphi'(t)]^5}$$

例 13　设 $y = x^{\cos x}$ $(x > 0)$，求 $\dfrac{dy}{dx}$.

［错解 1］$\dfrac{dy}{dx} = \cos x \, x^{\cos x - 1}(-\sin x) = -\dfrac{1}{2}\sin 2x \, x^{\cos x - 1}$.

［错解 2］$\dfrac{dy}{dx} = x^{\cos x} \ln x$.

［错解分析］错解 1 错在把函数 $y = x^{\cos x}$ 看成幂函数来求导了，错解 2 错在把函数 $y = x^{\cos x}$ 看成指数函数来求导了．实质上，函数 $y = x^{\cos x}$ 既不是幂函数也不是指数函数，而是幂指函数．对幂指函数求导，既不能只看成幂函数求导，也不能只看成指数函数求导，要把其分别看成幂函数和指数函数求导，再把两个导数加起来即可得幂指函数的导数，因此上述两种解法都是错误的．

［正确解法］本题用两种方法来求解．

方法 1：利用对数求导法．

等式 $y = x^{\cos x}$ $(x > 0)$ 两边同时取对数，得

$$\ln y = \cos x \ln x \tag{1}$$

式（1）两边同时关于 x 求导，得

$$\frac{1}{y} \cdot \frac{dy}{dx} = -\sin x \ln x + \cos x \, \frac{1}{x}$$

所以

$$\frac{dy}{dx} = y\left(-\sin x \ln x + \cos x \, \frac{1}{x}\right) =$$

$$x^{\cos x}\left(-\sin x \ln x + \frac{\cos x}{x}\right)$$

方法 2：先利用公式 $u(x)^{v(x)} = e^{v(x)\ln u(x)}$，对函数进行恒等变形，再利用复合函数的求导法则进行求导．

因为

$$y = e^{\cos x \ln x}$$

所以

$$\frac{dy}{dx} = e^{\cos x \ln x}\left(-\sin x \ln x + \cos x \, \frac{1}{x}\right) =$$

$$x^{\cos x}\left(-\sin x \ln x + \frac{\cos x}{x}\right)$$

温馨提示:形如 $y=u(x)^{v(x)}(u(x)>0)$ 的函数称为幂指函数,如果函数 $u(x)$, $v(x)$ 均可导,则通常有两种方法来求幂指函数 $y=u(x)^{v(x)}(u(x)>0)$ 的导数.

方法1:利用对数求导法进行求导.

方法2:先把幂指函数恒等变形为 $y=\mathrm{e}^{v(x)\ln u(x)}$ 的形式,再利用复合函数的求导法则进行求导.

例 14 设函数 $f(x)$ 和 $g(x)$ 在 $(-\infty,+\infty)$ 上有定义,且满足:

(1) $f(x),g(x)$ 在 $x=0$ 处可导,$f(0)=g'(0)=0,g(0)=f'(0)=1$;

(2) $f(x+h)=f(x)g(h)+f(h)g(x)$.

求 $f'(x)$.

[错解]等式 $f(x+h)=f(x)g(h)+f(h)g(x)$ 两边同时关于 h 求导,得

$$f'(x+h)=f(x)g'(h)+f'(h)g(x) \tag{1}$$

把 $h=0$ 代入式(1),得

$$f'(x)=f(x)g'(0)+f'(0)g(x) \tag{2}$$

把 $g'(0)=0$ 和 $f'(0)=1$ 代入式(2),得 $f'(x)=g(x)$.

[错解分析]上述解法在"等式 $f(x+h)=f(x)g(h)+f(h)g(x)$ 两边同时关于 h 求导"这一步存在错误.因为题目只给出了函数 $f(x)$、$g(x)$ 在 $x=0$ 处可导这个条件,并没有给出函数 $f(x)$、$g(x)$ 在 $x=0$ 的某邻域内可导的条件,即导函数 $f'(x)$ 与 $g'(x)$ 是否存在是不知道的,所以不能直接利用复合函数求导法则和四则运算求导法则来求导,因此上述步骤是错误的.

[正确解法]本题只能应用导数的定义来求解

因为 $$f'(x)=\lim_{h\to 0}\frac{f(x+h)-f(x)}{h}$$

且 $$f(x+h)=f(x)g(h)+f(h)g(x)$$

所以 $$f'(x)=\lim_{h\to 0}\frac{f(x)g(h)+f(h)g(x)-f(x)}{h}=$$
$$\lim_{h\to 0}\frac{f(x)[g(h)-1]+f(h)g(x)}{h}$$

又因为 $f(0)=0,g(0)=1,f'(0)=\lim_{h\to 0}\frac{f(h)-f(0)}{h}=1,g'(0)=\lim_{h\to 0}\frac{g(h)-g(0)}{h}=0$,

故得 $$f'(x)=\lim_{h\to 0}\frac{f(x)[g(h)-g(0)]+[f(h)-f(0)]g(x)}{h}=$$
$$f(x)\lim_{h\to 0}\frac{g(h)-g(0)}{h}+g(x)\lim_{h\to 0}\frac{f(h)-f(0)}{h}=$$
$$f(x)g'(0)+g(x)f'(0)=g(x)$$

例 15 若函数 $f(x)$ 在点 $x=x_0$ 处可导,那么函数 $f(x)$ 在点 $x=x_0$ 的某邻域内一定连续吗?

［错解］由可导与连续的关系可知，$f(x)$ 在点 $x = x_0$ 的某邻域内一定连续.

［错解分析］上述解法错误地理解了函数的连续性与可导性之间的关系.函数在一点可导只能得到函数在该点连续，但是函数在该点的某邻域内不一定是连续的，因此上述结论是错误的.

［正确解法］如果函数 $f(x)$ 在点 $x = x_0$ 处可导，那么函数 $f(x)$ 在点 $x = x_0$ 处一定连续，但是 $f(x)$ 在 $x = x_0$ 的某邻域内不一定连续.

例如，函数 $f(x) = \begin{cases} 0, & x \text{ 为有理数} \\ x^2, & x \text{ 为无理数} \end{cases}$ 在点 $x = 0$ 处可导，且 $f'(0) = 0$，但该函数只在 $x = 0$ 这一点连续.

例 16　函数的微分就是函数的导数吗？

［错解］因为函数在一点可微的充要条件是函数在这一点可导，所以微分就是导数，导数就是微分.

［错解分析］上述解法把存在条件和概念混淆了.

［正确解法］微分和导数是两个不同的概念，它们之间有联系也存在区别.它们之间的联系是，函数 $y = f(x)$ 在点 x_0 处可微的充要条件是 $y = f(x)$ 在点 x_0 处可导，且 $\mathrm{d}y\big|_{x=x_0} = f'(x_0)\mathrm{d}x$.

微分与导数的区别有以下三点：

（1）导数解决的是函数的变化率问题，即当自变量增量趋于零时，函数增量与自变量增量之比的极限，而微分解决的是函数的增量问题.

（2）函数 $y = f(x)$ 在点 x_0 处的导数 $f'(x_0)$ 是一个常数，而函数 $y = f(x)$ 在点 x_0 处的微分 $\mathrm{d}y\big|_{x=x_0} = f'(x_0)(x - x_0)$ 是 x 的线性函数.

（3）从几何意义上来看，导数 $f'(x_0)$ 是 $f(x)$ 在点 $(x_0, f(x_0))$ 处切线的斜率，微分是 $f(x)$ 在 $(x_0, f(x_0))$ 处切线纵坐标的增量.

综上可知，微分就是导数这种说法是错误的.

第三章 微分中值定理与导数的应用

微分中值定理即罗尔(Rolle)定理、拉格朗日(Lagrange)中值定理、柯西(Cauchy)中值定理和泰勒(Taylor)中值定理,是微积分理论的重要组成部分,它们给出了函数与其导数的一种联系,从而可以应用导数来研究函数的一些重要性质,例如,可以用两个函数导数之比的极限来求这两个函数之比的极限,即著名的洛必达(L'Hospital)法则;可以用驻点处的二阶导数的符号来判断驻点是不是函数的极值点;可以用导函数在某一区间内的符号来判断函数在该区间上的单调性等.很多学生在利用这些导数的应用解题时经常出错,要么忽略其使用条件,要么将充分条件误认为充要条件等,例如,不管是不是 $\frac{0}{0}$ 型或 $\frac{\infty}{\infty}$ 型未定式,就直接应用洛必达法则求极限;当 $\lim\limits_{x \to a} \frac{f'(x)}{F'(x)}$ 不存在时,认为 $\lim\limits_{x \to a} \frac{f(x)}{F(x)}$ 也不存在;对数列极限也直接利用洛必达法则求解;用函数在一点处的导数值的正负来判断函数在一个区间上的单调性;将单调性的判定定理理解为充要条件,即认为如果函数 $y = f(x)$ 在区间 I 上单调增加,则在区间 I 上也一定有 $f'(x) \geqslant 0$ 成立等.

例 1 求 $\lim\limits_{x \to 0} \dfrac{x^2 \cos \frac{1}{x}}{\sin x}$.

[错解] 因为

$$\lim\limits_{x \to 0} \frac{x^2 \cos \frac{1}{x}}{\sin x} \xlongequal{\text{洛必达法则}} \lim\limits_{x \to 0} \frac{\left(x^2 \cos \frac{1}{x}\right)'}{(\sin x)'} =$$

$$\lim\limits_{x \to 0} \frac{2x \cos \frac{1}{x} + x^2 \cdot \left(-\sin \frac{1}{x}\right) \cdot \left(-\frac{1}{x^2}\right)}{\cos x} =$$

$$\lim\limits_{x \to 0} \sin \frac{1}{x}$$

由于 $\lim\limits_{x \to 0} \sin \frac{1}{x}$ 不存在,故 $\lim\limits_{x \to 0} \dfrac{x^2 \cos \frac{1}{x}}{\sin x}$ 不存在.

[错解分析] 上述解法在应用洛必达法则时出现错误.洛必达法则只是极限存在的充分条件而非必要条件,即只有当 $\lim\limits_{x \to a} \frac{f'(x)}{F'(x)}$ 存在(这里的极限存在是指极限值为确定的实数)或为无穷大时,才能通过求 $\lim\limits_{x \to a} \frac{f'(x)}{F'(x)}$ 的值来确定 $\lim\limits_{x \to a} \frac{f(x)}{F(x)}$ 的值.当 $\lim\limits_{x \to a} \frac{f'(x)}{F'(x)}$ 既不存在(这里的极限不存在不包括极限值为 ∞,$-\infty$ 和 $+\infty$ 这三种情形)也不是无穷大时,不能得到 $\lim\limits_{x \to a} \dfrac{f(x)}{F(x)}$

不存在的结论,此时 $\lim\limits_{x \to a} \dfrac{f(x)}{F(x)}$ 有可能存在,只是需要用其他方法来计算,上述解法把洛必达法则理解为充分必要条件,因此是错误的.

[正确解法] 本题利用无穷小量与有界量的乘积仍是无穷小量来计算,即

$$\lim\limits_{x \to 0} \frac{x^2 \cos \dfrac{1}{x}}{\sin x} = \lim\limits_{x \to 0} \frac{x^2 \cos \dfrac{1}{x}}{x} = \lim\limits_{x \to 0}\left(x \cos \frac{1}{x}\right) = 0$$

例 2 求 $\lim\limits_{n \to \infty} \dfrac{\ln\left(1 + \dfrac{1}{n}\right)}{\dfrac{\pi}{2} - \arctan n}$.

[错解] $\lim\limits_{n \to \infty} \dfrac{\ln\left(1 + \dfrac{1}{n}\right)}{\dfrac{\pi}{2} - \arctan n} \xlongequal{\text{等价无穷小代换}} \lim\limits_{n \to \infty} \dfrac{\dfrac{1}{n}}{\dfrac{\pi}{2} - \arctan n} \xlongequal{\text{洛必达法则}}$

$$\lim\limits_{n \to \infty} \frac{-\dfrac{1}{n^2}}{-\dfrac{1}{1+n^2}} = \lim\limits_{n \to \infty} \frac{1+n^2}{n^2} = 1$$

[错解分析] 上述解法在"$\lim\limits_{n \to \infty} \dfrac{\dfrac{1}{n}}{\dfrac{\pi}{2} - \arctan n} \xlongequal{\text{洛必达法则}} \lim\limits_{n \to \infty} \dfrac{-\dfrac{1}{n^2}}{-\dfrac{1}{1+n^2}}$"这一步存在错误.因

为洛必达法则成立的条件之一是函数 $f(x)$ 和 $F(x)$ 在 $U(a)$ 内都要可导.由于数列是不可导的,故不能直接利用洛必达法则来计算数列极限,因此上述步骤是错误的.

[正确解法] 本题先把自然数 n 换成 x,再利用洛必达法则计算.

因为 $\lim\limits_{x \to +\infty} \dfrac{\ln\left(1 + \dfrac{1}{x}\right)}{\dfrac{\pi}{2} - \arctan x} \xlongequal{\text{等价无穷小代换}} \lim\limits_{x \to +\infty} \dfrac{\dfrac{1}{x}}{\dfrac{\pi}{2} - \arctan x} \xlongequal{\text{洛必达法则}}$

$$\lim\limits_{x \to +\infty} \frac{-\dfrac{1}{x^2}}{-\dfrac{1}{1+x^2}} =$$

$$\lim\limits_{x \to +\infty} \frac{1+x^2}{x^2} = \lim\limits_{x \to +\infty}\left(1 + \frac{1}{x^2}\right) = 1$$

所以 $$\lim\limits_{n \to \infty} \frac{\ln\left(1 + \dfrac{1}{n}\right)}{\dfrac{\pi}{2} - \arctan n} = 1$$

温馨提示:如果所求数列极限(或经过变形化简后)是 $\dfrac{0}{0}$ 型或 $\dfrac{\infty}{\infty}$ 型的未定式,则可以先把自然数 n 换成 x,即把数列极限换成其对应的函数极限,然后利用洛必达法则求得相应函数的极限,依据归结原则,就可以得到原数列的极限.

归结原则是:设 $f(x)$ 在 $\mathring{U}(x_0,\delta)$ 内有定义, $\lim\limits_{x\to x_0}f(x)$ 存在的充要条件是对任何含于 $\mathring{U}(x_0,\delta)$ 且以 x_0 为极限的数列 $\{x_n\}$, $\lim\limits_{n\to\infty}f(x_n)$ 都存在且相等.

例 3 设 $f(0)=0,f'(0)=1,f''(0)=2$,求 $\lim\limits_{x\to 0}\dfrac{f(x)-x}{x^2}$.

[错解] $\lim\limits_{x\to 0}\dfrac{f(x)-x}{x^2}\xlongequal{\text{洛必达法则}}\lim\limits_{x\to 0}\dfrac{f'(x)-1}{2x}\xlongequal{\text{洛必达法则}}\lim\limits_{x\to 0}\dfrac{f''(x)}{2}=\dfrac{2}{2}=1.$

[错解分析]上述解法在 "$\lim\limits_{x\to 0}\dfrac{f'(x)-1}{2x}\xlongequal{\text{洛必达法则}}\lim\limits_{x\to 0}\dfrac{f''(x)}{2}=\dfrac{2}{2}$" 这两步存在错误.因为题目中只说 $f''(0)$ 存在,并不知道也不能推断出 $f''(x)$ 在 $x=0$ 的某邻域内存在,因此 $\lim\limits_{x\to 0}\dfrac{f'(x)-1}{2x}$ 不能用洛必达法则来求解,故步骤 "$\lim\limits_{x\to 0}\dfrac{f'(x)-1}{2x}\xlongequal{\text{洛必达法则}}\lim\limits_{x\to 0}\dfrac{f''(x)}{2}$" 是错误的.另外,由于极限 $\lim\limits_{x\to 0}f''(x)$ 未必存在,故等式 "$\lim\limits_{x\to 0}f''(x)=2$" 成立没有依据,纯属 "随心所欲" 地求解,因此 "$\lim\limits_{x\to 0}\dfrac{f''(x)}{2}=\dfrac{2}{2}$" 这一步也是错误的.

[正确解法]本题先应用洛必达法则,再利用导数的定义求解.
$$\lim\limits_{x\to 0}\dfrac{f(x)-x}{x^2}\xlongequal{\text{洛必达法则}}\lim\limits_{x\to 0}\dfrac{f'(x)-1}{2x}=$$
$$\dfrac{1}{2}\lim\limits_{x\to 0}\dfrac{f'(x)-f'(0)}{x}\xlongequal{\text{导数的定义}}$$
$$\dfrac{1}{2}f''(0)=\dfrac{1}{2}\times 2=1$$

例 4 判定函数 $y=x-\sin x$ 在 $[0,\pi]$ 上的单调性.

[错解]因为 $y'=1-\cos x$,且 $y'|_{x=\frac{\pi}{2}}=1-\cos\dfrac{\pi}{2}=1>0$,所以函数 $y=x-\sin x$ 在 $[0,\pi]$ 上单调递增.

[错解分析]上述解法在 "$y'|_{x=\frac{\pi}{2}}=1-\cos\dfrac{\pi}{2}=1>0$,所以函数 $y=x-\sin x$ 在 $[0,\pi]$ 上单调递增" 这一步存在错误.因为函数的单调性是函数的整体性质,需要用导函数在该区间内的符号来判断,而不能用导函数在该区间内某一点的值的符号来判断函数在这个区间的单调性,因此上述步骤是错误的.

[正确解法]因为 $y'=1-\cos x$,且 $x\in(0,\pi)$ 时, $y'>0$,所以函数 $y=x-\sin x$ 在 $[0,\pi]$

上单调递增.

例 5 如果在点 $x_0 \in I$ 处 $f'(x_0) > 0 (< 0)$,则函数 $y = f(x)$ 在区间 I 上是否一定单调增加(减少)呢?

[错解]一定成立.

[错解分析]函数的单调性是函数的一个整体性质,需要应用函数在所给区间上导函数的符号来判断,不能用局部来判断整体,即不能用函数在一点的导数值的符号来判断函数在整个区间上的单调性,因此上述解法是错误的.

[正确解法]结论不一定成立.例如,对于函数 $f(x) = \begin{cases} x + 2x^2 \sin \dfrac{1}{x}, & x \neq 0 \\ 0, & x = 0 \end{cases}$,在 $x = 0$

处显然有 $f'(0) = \lim\limits_{x \to 0} \dfrac{f(x) - f(0)}{x - 0} = \lim\limits_{x \to 0} \left(1 + 2x \sin \dfrac{1}{x}\right) = 1 > 0$,但是该函数在 $x = 0$ 的任何邻域内都不单调.不单调的解释如下:

当 $x \neq 0$ 时,有

$$f'(x) = 1 + 4x \sin \frac{1}{x} + 2x^2 \cos \frac{1}{x} \left(-\frac{1}{x^2}\right) = 1 + 4x \sin \frac{1}{x} - 2\cos \frac{1}{x}$$

如果取 $x_{k1} = \dfrac{1}{2k\pi} (k = \pm 1, \pm 2, \cdots)$,则有 $f'(x_{k1}) = 1 + 0 - 2 = -1 < 0$;

如果取 $x_{k2} = \dfrac{1}{\left(2k + \dfrac{1}{2}\right)\pi} (k = 0, \pm 1, \pm 2, \cdots)$,则有 $f'(x_{k2}) = 1 + \dfrac{4}{\left(2k + \dfrac{1}{2}\right)\pi} > 0$.

当 $k \to \infty$ 时,显然有 $x_{k1} \to 0, x_{k2} \to 0$,因此在点 $x = 0$ 的任何邻域内,$f'(x)$ 的取值有正有负,从而 $f(x)$ 在 $x = 0$ 的任何邻域内都不单调.

> **温馨提示**:不能用函数 $y = f(x)$ 在点 $x = x_0$ 处的导数 $f'(x_0)$ 的正负来判断函数 $y = f(x)$ 在点 $x = x_0$ 的邻域内的单调性.

例 6 如果在区间 I 上有 $f'(x) \geqslant 0$,且等号仅在有限多个点处成立,那么函数 $y = f(x)$ 在区间 I 上一定单调增加,反之是否成立呢? 即如果函数 $y = f(x)$ 在区间 I 上单调增加,则在区间 I 上是否必有 $f'(x) \geqslant 0$ 成立呢?

[错解]结论一定成立.

[错解分析]本题错误地将函数单调性的判定定理理解为充分必要条件,但该判定定理只是判断函数单调性的充分条件而不是必要条件,即当 $f'(x) \geqslant 0$ 时,函数 $y = f(x)$ 在区间 I 上一定单调增加;但是,函数 $y = f(x)$ 在区间 I 上单调增加时,未必有 $f'(x) \geqslant 0$ 成立,因此上述解法是错误的.

[正确解法]结论不一定成立,即如果函数 $y = f(x)$ 在区间 I 上单调增加,则在区间 I 上 $f'(x) \geqslant 0$ 未必成立.

例如,函数 $f(x)=\begin{cases} x\left[1+\dfrac{1}{3}\sin(\ln x^2)\right], & x\neq 0 \\ 0, & x=0 \end{cases}$ 在 $(-\infty,+\infty)$ 上是单调增加的,但是在 $(-\infty,+\infty)$ 上 $f'(x)\geqslant 0$ 并不成立.因为在 $x=0$ 处 $f(x)$ 不可导,所以 $f'(0)$ 不存在.具体分析过程如下:

当 $x\neq 0$ 时,有

$$f'(x)=1+\frac{1}{3}\sin(\ln x^2)+\frac{2}{3}\cos(\ln x^2)=1+\frac{\sqrt{5}}{3}\sin(\alpha+\ln x^2)$$

式中,$\sin\alpha=\dfrac{2}{\sqrt{5}}$,$\cos\alpha=\dfrac{1}{\sqrt{5}}$.

可知当 $x\neq 0$ 时,$f'(x)>0$.因此,函数 $f(x)$ 在 $(-\infty,0)$ 内是单调增加的,故当 $x_1<0$ 时,有 $f(x_1)<f(0)=0$ 成立;同理,函数 $f(x)$ 在 $(0,+\infty)$ 也是单调增加的,故当 $x_2>0$ 时,有 $f(x_2)>f(0)=0$ 成立.因此,对任意的 $x_1,x_2\in(-\infty,+\infty)$ 且 $x_1<x_2$,有 $f(x_1)<f(x_2)$ 成立,故函数 $f(x)$ 在 $(-\infty,+\infty)$ 上单调增加.

由于 $f'(0)=\lim\limits_{x\to 0}\dfrac{f(x)-f(0)}{x-0}=\lim\limits_{x\to 0}\left[1+\dfrac{1}{3}\sin(\ln x^2)\right]$ 不存在,故 $f(x)$ 在 $x=0$ 处不可导.

温馨提示:一般地,如果已知一个函数在一个区间上单调增加(单调减少),不能得到其导函数一定大于零(小于零).但是,如果已知函数 $y=f(x)$ 在区间 I 上可导,即 $f'(x)$ 存在,且 $y=f(x)$ 在区间 I 上单调增加(单调减少),那么在区间 I 上一定有 $f'(x)\geqslant 0(f'(x)\leqslant 0)$ 成立,证明如下:

对任意的 $x\in I$,有 $f'(x)=\lim\limits_{\Delta x\to 0}\dfrac{f(x+\Delta x)-f(x)}{\Delta x}$.因为函数 $f(x)$ 在区间 I 上单调增加(减少),所以 $\dfrac{f(x+\Delta x)-f(x)}{\Delta x}>0(<0)$,故由函数极限的局部保号性的推论可知,一定有 $\lim\limits_{\Delta x\to 0}\dfrac{f(x+\Delta x)-f(x)}{\Delta x}\geqslant 0(\leqslant 0)$ 成立,即 $f'(x)\geqslant 0(\leqslant 0)$.

例 7 设函数 $f(x)$ 在点 $x=x_0$ 处可导,则 $f'(x_0)=0$ 是函数 $f(x)$ 在点 $x=x_0$ 处取得极值的 _____.

A. 充分非必要条件　　　　　　B. 必要非充分条件

C. 充分必要条件　　　　　　　D. 既非充分又非必要条件

[错解]选 C,即充分必要条件.

[错解分析]上述解法错误地理解了函数的极值点与驻点之间的关系(若 $f'(x_0)=0$,则点 $x=x_0$ 称为函数 $f(x)$ 的一个驻点).

[正确解法]选 B,即必要非充分条件.可导函数的极值点一定是其驻点,但函数的驻点未必是其极值点.例如,点 $x=0$ 是函数 $f(x)=x^3$ 的驻点,但是 $x=0$ 却不是函数 $f(x)=x^3$ 的极值点.

> **温馨提示**：函数的驻点与极值点之间的关系是：
>
> （1）函数的极值点未必是函数的驻点，即若函数 $f(x)$ 在点 $x=x_0$ 处取得极值，则未必有 $f'(x_0)=0$ 成立，此时 $f'(x_0)$ 有可能不存在.例如，$x=0$ 是函数 $f(x)=|x|$ 的极小值点，但是函数 $f(x)=|x|$ 在 $x=0$ 处不可导，即 $x=0$ 不是函数 $f(x)=|x|$ 的驻点.
>
> （2）可导函数的极值点一定是函数的驻点，即函数 $f(x)$ 在点 $x=x_0$ 处可导，并且 $f(x)$ 在点 $x=x_0$ 处取得极值，则一定有 $f'(x_0)=0$.
>
> （3）函数的驻点未必是函数的极值点，即如果 $f'(x_0)=0$，则函数 $f(x)$ 在点 $x=x_0$ 处可能不取极值.例如，$x=0$ 是函数 $f(x)=x^3$ 的驻点，但是 $x=0$ 不是函数 $f(x)=x^3$ 的极值点.

例 8 设函数 $f(x)$ 在点 $x=x_0$ 处有二阶导数，则 $f''(x_0)\neq0$ 是函数 $f(x)$ 在点 $x=x_0$ 处取得极值的 _____.

A. 充分非必要条件   B. 必要非充分条件

C. 充分必要条件   D. 既非充分又非必要条件

［错解 1］选 A，即充分非必要条件.

［错解 2］选 B，即必要非充分条件.

［错解 3］选 C，即充分必要条件.

［错解分析］判定函数极值的定理，即函数 $f(x)$ 在点 $x=x_0$ 处有二阶导数且满足 $f'(x_0)=0,f''(x_0)\neq0$，则当 $f''(x_0)<0$ 时，函数 $f(x)$ 在点 $x=x_0$ 处取得极大值；当 $f''(x_0)>0$ 时，函数 $f(x)$ 在点 $x=x_0$ 处取得极小值.

上述定理成立的前提条件是函数 $f(x)$ 在点 $x=x_0$ 处有二阶导数且 $f'(x_0)=0$，即若函数在驻点处的二阶导数不为零，驻点一定是极值点.另外，该判定定理只是函数取得极值的充分条件，不是必要条件，即如果驻点处的二阶导数不为零，驻点一定是极值点，但是极值点处的二阶导数未必为零，因此上述解法都是错误的.

［正确解法］应该选 D，既非充分条件又非必要条件.因为如果 $f''(x_0)\neq0$，则函数 $f(x)$ 在点 $x=x_0$ 处未必取得极值.例如，对于函数 $f(x)=x^2$，满足 $f''(1)=2\neq0$，但是 $f(x)=x^2$ 在 $x=1$ 处不取极值.反之，如果函数 $f(x)$ 在点 $x=x_0$ 处取得极值，未必有 $f''(x_0)\neq0$.例如，对于函数 $f(x)=x^4$，显然函数在 $x=0$ 处取得极小值，但是 $f''(0)=0$.由此可知，当函数 $f(x)$ 在点 $x=x_0$ 处有二阶导数时，$f''(x_0)\neq0$ 与函数 $f(x)$ 在点 $x=x_0$ 处是否取得极值没有任何关系.

例 9 $f''(x_0)=0$ 是函数 $y=f(x)$ 所表示的图形在点 $(x_0,f(x_0))$ 处有拐点的 _____.

A. 充分非必要条件   B. 必要非充分条件

C. 充分必要条件   D. 既非充分又非必要条件

［错解 1］选 A，即充分非必要条件.

［错解 2］选 B，即必要非充分条件.

［错解分析］上述解法均错误地理解函数图形拐点 $(x_0,f(x_0))$ 与 $f''(x_0)=0$ 的关系.函

数 $y=f(x)$ 所表示的图形在点 $(x_0,f(x_0))$ 处是否有拐点与 $f''(x_0)=0$ 之间没有任何关系.

[正确解法]选 D,既非充分条件又非必要条件.如果 $f''(x_0)=0$,则点 $(x_0,f(x_0))$ 未必是曲线 $y=f(x)$ 的拐点.例如,函数 $f(x)=x^4$ 在点 $(0,0)$ 处满足条件 $f''(0)=0$,但 $(0,0)$ 点却不是曲线 $y=x^4$ 的拐点.反之,如果点 $(x_0,f(x_0))$ 是曲线 $y=f(x)$ 的拐点,未必有 $f''(x_0)=0$ 成立.例如,$(0,0)$ 点是曲线 $y=\sqrt[3]{x}$ 的拐点,但是函数 $f(x)=\sqrt[3]{x}$ 在 $x=0$ 处的二阶导数即 $f''(0)$ 并不存在.由此可知,$f''(x_0)=0$ 与函数 $y=f(x)$ 所表示的图形在点 $(x_0,f(x_0))$ 处是否有拐点之间没有任何关系.但是,如果曲线 $y=f(x)$ 有拐点 $(x_0,f(x_0))$,并且 $f''(x_0)$ 存在,则必有 $f''(x_0)=0$ 成立.

例 10 求 $\lim\limits_{x\to 0}\dfrac{\cos x-e^{-\frac{x^2}{2}}}{x^4}$.

[错解 1] 因为 $\cos x=1-\dfrac{1}{2!}x^2+\dfrac{1}{4!}x^4$, $e^{-\frac{x^2}{2}}=1-\dfrac{1}{2}x^2+\dfrac{1}{8}x^4$

所以 原式 $=\lim\limits_{x\to 0}\dfrac{\left(1-\frac{1}{2}x^2+\frac{1}{24}x^4\right)-\left(1-\frac{1}{2}x^2+\frac{1}{8}x^4\right)}{x^4}=\lim\limits_{x\to 0}\dfrac{\left(\frac{1}{24}-\frac{1}{8}\right)x^4}{x^4}=-\dfrac{1}{12}$

[错解 2] 因为

$$\cos x=1-\dfrac{1}{2!}x^2+\dfrac{1}{4!}x^4+o(x^4),\quad e^{-\frac{x^2}{2}}=1-\dfrac{1}{2}x^2+\dfrac{1}{8}x^4+o(x^4)$$

所以 原式 $=\lim\limits_{x\to 0}\dfrac{\left[1-\frac{1}{2}x^2+\frac{1}{24}x^4+o(x^4)\right]-\left[1-\frac{1}{2}x^2+\frac{1}{8}x^4+o(x^4)\right]}{x^4}=$

$\lim\limits_{x\to 0}\dfrac{\left(\frac{1}{24}-\frac{1}{8}\right)x^4}{x^4}=-\dfrac{1}{12}$

[错解分析]错解 1 中的两个等式"$\cos x=1-\dfrac{1}{2!}x^2+\dfrac{1}{4!}x^4$ 和 $e^{-\frac{x^2}{2}}=1-\dfrac{1}{2}x^2+\dfrac{1}{8}x^4$"是错误的,因为这两个等式根本就不成立,所以该解法是错误的.函数在一点的泰勒公式是 $f(x)=P_n(x)+R_n(x)$,其中 $P_n(x)$ 是 x 的 n 次多项式,$R_n(x)$ 是余项,不写余项是错误的.

错解 2 在

$$\lim\limits_{x\to 0}\dfrac{\left[1-\frac{1}{2}x^2+\frac{1}{24}x^4+o(x^4)\right]-\left[1-\frac{1}{2}x^2+\frac{1}{8}x^4+o(x^4)\right]}{x^4}=\lim\limits_{x\to 0}\dfrac{\left(\frac{1}{24}-\frac{1}{8}\right)x^4}{x^4}$$

这一步存在错误,因为 x^4 的两个高阶无穷小相减后仍然是 x^4 的高阶无穷小,这两个高阶无穷小是不能相互抵消的,上述步骤把 x^4 的两个高阶无穷小抵消掉了,所以是错误的.

[正确解法]因为 $\cos x=1-\dfrac{1}{2!}x^2+\dfrac{1}{4!}x^4+o(x^4)$,$e^{-\frac{x^2}{2}}=1-\dfrac{1}{2}x^2+\dfrac{1}{8}x^4+o(x^4)$,

所以 原式 $=\lim\limits_{x\to 0}\dfrac{\left[1-\frac{1}{2}x^2+\frac{1}{24}x^4+o(x^4)\right]-\left[1-\frac{1}{2}x^2+\frac{1}{8}x^4+o(x^4)\right]}{x^4}=$

$$\lim_{x \to 0} \frac{\left(\frac{1}{24} - \frac{1}{8}\right) x^4 + o(x^4)}{x^4} = -\frac{1}{12}$$

> **温馨提示:** 在应用泰勒公式求极限时,只需把未定式的分母或分子或两者同时应用带有佩亚诺(Peano)型余项的泰勒公式展开即可.注意,所展开的多项式部分的最高次数要相同.另外,泰勒公式中的高阶无穷小这个余项在运算过程中千万不能抵消,因为高阶无穷小是一个变量,一个量的高阶无穷小有很多,而且我们不知道这些无穷小具体是什么,所以无法抵消掉.

例 11　设函数 $f(x)$ 在 $[-1,1]$ 上具有三阶连续导数,且 $f(-1)=0,f(1)=1,f'(0)=0$. 证明:至少存在一点 $\xi \in (-1,1)$,使 $f''(\xi)=3$.

[错解]　$f(x)$ 在 $x=0$ 处的二阶泰勒公式为

$$f(x) = f(0) + f'(0)x + \frac{f''(0)}{2!}x^2 + \frac{f'''(\xi)}{3!}x^3 =$$
$$f(0) + \frac{f''(0)}{2!}x^2 + \frac{f'''(\xi)}{3!}x^3$$

其中 ξ 介于 x 与 0 之间,故

$$f(-1) = f(0) + \frac{f''(0)}{2!} - \frac{f'''(\xi)}{3!} = 0 \tag{1}$$

$$f(1) = f(0) + \frac{f''(0)}{2!} + \frac{f'''(\xi)}{3!} = 1 \tag{2}$$

式(2)$-$式(1),得 $\dfrac{f'''(\xi)}{3}=1$,即存在 $\xi \in (-1,1)$,使 $f'''(\xi)=3$.

[错解分析] 上述解法在

$$f(-1) = f(0) + \frac{f''(0)}{2!} - \frac{f'''(\xi)}{3!}, \quad f(1) = f(0) + \frac{f''(0)}{2!} + \frac{f'''(\xi)}{3!}$$

这两个式子的表示上存在错误.因为这两个式子中的 ξ 是不相同的,式(1)中的 $\xi \in (-1,0)$,式(2)中 $\xi \in (0,1)$,所以不能用同一个 ξ 来表示,因此上述解法是错误的.

[正确解法] $f(x)$ 在 $x=0$ 处的二阶泰勒公式为

$$f(x) = f(0) + f'(0)x + \frac{f''(0)}{2!}x^2 + \frac{f'''(\xi)}{3!}x^3 =$$
$$f(0) + \frac{f''(0)}{2!}x^2 + \frac{f'''(\xi)}{3!}x^3$$

其中,ξ 介于 x 与 0 之间,则有

$$f(-1) = f(0) + \frac{f''(0)}{2!} - \frac{f'''(\xi_1)}{3!} = 0 \quad (-1 < \xi_1 < 0) \tag{1}$$

$$f(1) = f(0) + \frac{f''(0)}{2!} + \frac{f'''(\xi_2)}{3!} = 1 \quad (0 < \xi_2 < 1) \tag{2}$$

式(2)$-$式(1),得 $f'''(\xi_2) + f'''(\xi_1) = 6$.

又因为 $f''(x)$ 在 $[\xi_1,\xi_2]$ 上连续,所以 $f''(x)$ 在 $[\xi_1,\xi_2]$ 上必存在最大值 M 和最小值 m.

故
$$m \leqslant \frac{f''(\xi_2)+f''(\xi_1)}{2}=3 \leqslant M$$

所以由闭区间上连续函数的介值定理可知,至少存在一点 $\xi \in (\xi_1,\xi_2) \in (-1,1)$,使 $f''(\xi)=3$.

> **温馨提示:**1. 本题中,证出 $f''(\xi_2)+f''(\xi_1)=6$ 后,如果对 $f''(x)$ 在闭区间 $[-1,1]$ 上利用最值定理,那就又出现错误了,这样只能证出 $\xi \in [-1,1]$ 使得 $f''(\xi)=3$,这显然与所要求证的结论是不一致的.
>
> 2. 应用泰勒公式证明含有中值的命题时,要对函数 $f(x)$ 在一点 x_0 处进行泰勒展开,这就需要恰当地选择 x_0.一般地,通常选区间的端点、中间点、函数的极值点、导数为零的点或信息给的比较多的点(如函数在该点的值或一阶导数的值已给出)等特殊点作为 x_0.

例 12 函数 $f(x)$ 在闭区间 $[a,b]$ 上连续,在开区间 (a,b) 内可导,且 $0<a<b$.证明:存在 $\xi,\eta \in (a,b)$,使得 $f'(\xi)=\dfrac{a+b}{2\eta}f'(\eta)$.

[**错解**] 对函数 $f(x)$ 在 $[a,b]$ 上应用拉格朗日中值定理,则至少存在一点 $\xi \in (a,b)$,使得

$$\frac{f(b)-f(a)}{b-a}=f'(\xi) \tag{1}$$

令 $g(x)=x^2$,对函数 $f(x)$ 和 $g(x)$ 在 $[a,b]$ 上应用柯西中值定理,则至少存在一点 $\eta \in (a,b)$,使得

$$\frac{f(b)-f(a)}{b^2-a^2}=\frac{f'(\eta)}{2\eta} \tag{2}$$

式(1)除以式(2),得 $f'(\xi)=\dfrac{a+b}{2\eta}f'(\eta)$.

[**错解分析**] 上述解法在"式(1)除以式(2)"这一步存在错误.因为该步骤正确的前提条件是 $f(b)-f(a) \neq 0$,但从题目所给条件得不到这个结论,所以是错误的.

[**正确解法**] 因为函数 $f(x)$ 在 $[a,b]$ 上满足拉格朗日中值定理的条件,所以由拉格朗日中值定理,至少存在一点 $\xi \in (a,b)$,使得

$$\frac{f(b)-f(a)}{b-a}=f'(\xi) \tag{1}$$

令 $g(x)=x^2$,则函数 $f(x)$ 和 $g(x)$ 在 $[a,b]$ 上满足柯西中值定理的条件,由柯西中值中值定理,至少存在一点 $\eta \in (a,b)$,使得

$$\frac{f(b)-f(a)}{g(b)-g(a)}=\frac{f'(\eta)}{g'(\eta)}$$

即
$$\frac{f(b)-f(a)}{b^2-a^2}=\frac{f'(\eta)}{2\eta} \tag{2}$$

由式(2)可得

$$\frac{f(b)-f(a)}{b-a}=\frac{f'(\eta)(b+a)}{2\eta}\qquad(3)$$

由于式(1)和式(3)的左端相等,因此式(1)和式(3)右端必相等,即可证得

$$f'(\xi)=\frac{a+b}{2\eta}f'(\eta)$$

温馨提示:所证结论中含有两个中值,但没强调中值不同时,一般地,在同一个区间对两个不同的函数分别利用拉格朗日中值定理和柯西中值定理即可.

例 13　函数 $f(x)$ 在 $[0,a]$ 上连续,在 $(0,a)$ 内可导,且 $f(0)=1,f(a)=0$,其中 $a>0$.证明:存在不同的 $\xi,\eta\in(0,a)$,使得 $f'(\xi)\cdot f'(\eta)=\dfrac{1}{a^2}$.

[错解] 对函数 $f(x)$ 在 $[0,a]$ 上应用拉格朗日中值定理,则至少存在一点 $\xi\in(0,a)$,使得

$$\frac{f(a)-f(0)}{a-0}=f'(\xi)$$

即

$$f'(\xi)=-\frac{1}{a}$$

令 $g(x)=x$,对函数 $f(x)$ 和 $g(x)$ 在 $[0,a]$ 上应用柯西中值定理,则至少存在一点 $\eta\in(0,a)$,使得

$$\frac{f(a)-f(0)}{a-0}=\frac{f'(\eta)}{1}$$

即

$$f'(\eta)=-\frac{1}{a}$$

所以

$$f'(\xi)\cdot f'(\eta)=\frac{1}{a^2}$$

[错解分析] 上述解法在整个证明过程没有体现出 ξ,η 是不同的这一条件,而且从解题步骤中也不能推断出 ξ,η 是不同的,因此上述解法是错误的.

[正确解法] 题目所证结论要求存在不同的 $\xi,\eta\in(0,a)$,使得 $f'(\xi)\cdot f'(\eta)=\dfrac{1}{a^2}$,因此证明过程必须说明 ξ,η 是不同的,说明 ξ,η 不同的唯一的方法是让 ξ,η 属于两个不同的区间.例如,不妨设 x_0 是区间 $(0,a)$ 内某个点,如果 $\xi\in(0,x_0)$,$\eta\in(x_0,a)$,则就说明 ξ,η 是不同的.另外,根据题目所给条件可知,函数 $f(x)$ 在两个区间 $[0,x_0]$ 和 $[x_0,a]$ 上都满足拉格朗日中值定理的条件,所以对 $f(x)$ 在两个区间 $[0,x_0]$ 和 $[x_0,a]$ 分别利用拉格朗日中值定理即可,即至少存在一点 $\xi\in(0,x_0)$,使得

$$\frac{f(x_0)-f(0)}{x_0-0}=f'(\xi)$$

即

$$f'(\xi)=\frac{f(x_0)-1}{x_0}$$

同理,至少存在一点 $\eta\in(x_0,a)$,使得

$$\frac{f(a)-f(x_0)}{a-x_0}=f'(\eta)$$

即

$$f'(\eta)=\frac{f(x_0)}{x_0-a}$$

因此

$$f'(\xi)\cdot f'(\eta)=\frac{f(x_0)-1}{x_0}\cdot\frac{f(x_0)}{x_0-a}=\frac{f(x_0)}{x_0}\cdot\frac{f(x_0)-1}{x_0-a}$$

要使 $f'(\xi)\cdot f'(\eta)=\frac{1}{a^2}$,只需 $\frac{f(x_0)}{x_0}\cdot\frac{f(x_0)-1}{x_0-a}=\frac{1}{a^2}$ 即可,而且必须要找到 x_0,不能不证明

就说 x_0 是存在的.寻找 x_0 或证明 x_0 存在的方法是从等式 $\frac{f(x_0)}{x_0}\cdot\frac{f(x_0)-1}{x_0-a}=\frac{1}{a^2}$ 入手进行分

析.通过观察、分析等式,不妨设 $\frac{f(x_0)}{x_0}=\frac{1}{a}$,即 $f(x_0)=\frac{x_0}{a}$,此时 $\frac{f(x_0)-1}{x_0-a}=\frac{1}{a}$ 满足需求.接下

来只需证明 $f(x_0)=\frac{x_0}{a}$ 即可,也就是说只要证明方程 $f(x)=\frac{x}{a}$ 在区间 $(0,a)$ 内有实根即可.

现在利用零点定理证明:

令 $g(x)=f(x)-\frac{x}{a}$,则 $g(x)$ 在闭区间 $[0,a]$ 上连续.又因为 $g(0)=f(0)-\frac{0}{a}=1>0$,

$g(a)=f(a)-\frac{a}{a}=-1<0$,即 $g(0)\cdot g(a)<0$,所以由零点定理可知,至少存在一点 $x_0\in$

$(0,a)$,使得 $g(x_0)=0$,即 $f(x_0)=\frac{x_0}{a}$.这就证明了所需的 x_0 确实存在.

注:上述证明过程其实属于分析过程,更好的证明过程应该从构造函数 $g(x)=f(x)-\frac{x}{a}$

开始,先由零点定理得到至少存在一点 $x_0\in(0,a)$,使得 $f(x_0)=\frac{x_0}{a}$ 成立,然后对 $f(x)$ 在区

间 $[0,x_0]$ 和 $[x_0,a]$ 上分别利用拉格朗日中值定理,具体证明这里不再赘述.

> **温馨提示**:当所证结论中含有两个中值,并且题目强调这两个中值不同时,一般都需
> 要在题目所给区间中寻找一个点,将原区间分为两个区间,然后分别在这两个区间上对同
> 一个函数利用拉格朗日中值定理即可.

例 14 设 $f'(x)$ 在 $[a,b]$ 上存在,且 $f'(a)<f'(b)$,对于满足 $f'(a)<c<f'(b)$ 的任意

实数 c,证明:至少存在一点 $\xi\in(a,b)$,使得 $f'(\xi)=c$.

[错解] 令 $F(x)=f(x)-cx$,则 $F'(x)=f'(x)-c$.

因为 $F'(a)=f'(a)-c<0$,$F'(b)=f'(b)-c>0$,即 $F'(a)\cdot F'(b)<0$.

所以由零点定理可知,至少存在一点 $\xi\in(a,b)$,使得 $F'(\xi)=0$,即 $f'(\xi)=c$.

[错解分析] 上述解法在"由零点定理可知"这一步存在错误.因为零点定理成立的条件是

函数在闭区间上连续,但题目只给出 $f'(x)$ 在 $[a,b]$ 上存在这个条件,没说明 $f'(x)$ 在 $[a,b]$

上连续,而且从题目所给条件也不能得到 $f'(x)$ 在 $[a,b]$ 连续,所以 $F'(x)=f'(x)-C$ 是否

满足零点定理的条件是不知道的,故不能应用零点定理来证明,因此上述步骤是错误的.

[正确解法] 本题利用最值定理、泰勒中值定理及费马引理进行证明.

令 $F(x)=f(x)-cx$，则 $F'(x)=f'(x)-c$.

因为 $f'(x)$ 在 $[a,b]$ 上存在，所以由函数可导性和连续性的关系可知，函数 $f(x)$ 在 $[a,b]$ 上一定连续，因此函数 $F(x)$ 在 $[a,b]$ 上也一定连续，由闭区间上连续函数的最值定理可知，函数 $F(x)$ 在 $[a,b]$ 上一定存在最大值和最小值，不妨设函数 $F(x)$ 在 ξ 处取得最小值.现在证明 $a<\xi<b$.

函数 $F(x)$ 在 $x=a$ 处带有佩亚诺型余项的一阶泰勒公式为
$$F(x)=F(a)+F'(a)(x-a)+o(x-a)$$

因为 $F'(a)=f'(a)-c<0$，当 $x\in(a,a+\delta)$，且 δ 为充分小的正数，有 $F(x)<F(a)$ 成立，又因为函数 $F(x)$ 在 ξ 处取得最小值，所以 $F(\xi)<F(a)$，即 $\xi\neq a$.

同理，函数 $F(x)$ 在 $x=b$ 处带有佩亚诺型余项的一阶泰勒公式为
$$F(x)=F(b)+F'(b)(x-b)+o(x-b)$$

因为 $F'(b)=f'(b)-c>0$，当 $x\in(b-\delta,b)$，且 δ 为充分小的正数，有 $F(x)<F(b)$ 成立，又因为函数 $F(x)$ 在 ξ 处取得最小值，所以 $F(\xi)<F(b)$，即 $\xi\neq b$.

由此可知 $\xi\in(a,b)$，则 ξ 一定是函数 $F(x)$ 的一个极小值点.由费马引理可知，$F'(\xi)=0$，则至少存在一点 $\xi\in(a,b)$，使得 $f'(\xi)=c$.

例 15　试确定方程 $x\mathrm{e}^{-x}=a(a>0)$ 的实根个数.

[错解] 令 $f(x)=x\mathrm{e}^{-x}-a$，则
$$f'(x)=\mathrm{e}^{-x}-x\mathrm{e}^{-x}=\mathrm{e}^{-x}(1-x)$$
令 $f'(x)=0$，得 $x=1$.且当 $x\in(-\infty,1)$ 时，$f'(x)>0$，故 $f(x)$ 在 $(-\infty,1]$ 上单调递增，当 $x\in(1,+\infty)$ 时，$f'(x)<0$，故 $f(x)$ 在 $[1,+\infty)$ 上单调递减.所以 $f(x)$ 在 $x=1$ 处取最大值.则有

① 当 $f(1)=\dfrac{1}{\mathrm{e}}-a<0$，即 $a>\dfrac{1}{\mathrm{e}}$ 时，方程无实根.

② 当 $f(1)=\dfrac{1}{\mathrm{e}}-a=0$，即 $a=\dfrac{1}{\mathrm{e}}$ 时，方程有唯一实根.

③ 当 $f(1)=\dfrac{1}{\mathrm{e}}-a>0$，即 $a<\dfrac{1}{\mathrm{e}}$ 时，方程有两个实根.

[错解分析] 上述解法在"当 $f(1)=\dfrac{1}{\mathrm{e}}-a>0$，即 $a<\dfrac{1}{\mathrm{e}}$ 时，方程有两个实根"这一步存在错误.因为由最大值 $f(1)>0$ 不能得出方程有两个实根这个结论，如果最小值也大于零，则方程无实根，所以上述步骤是错误的.

[正确解法] 前面步骤同错解部分，只需把 ③ 改成下列步骤即可:

③ 当 $f(1)=\dfrac{1}{\mathrm{e}}-a>0$，即 $a<\dfrac{1}{\mathrm{e}}$ 时，由于
$$\lim_{x\to-\infty}f(x)=\lim_{x\to-\infty}(x\mathrm{e}^{-x}-a)=-\infty$$
且 $f(x)$ 在 $(-\infty,1]$ 上单调递增，可得方程在 $(-\infty,1]$ 上有唯一实根.

又因为
$$\lim_{x \to +\infty} f(x) = \lim_{x \to +\infty} \left(\frac{x}{e^x} - a \right) = -a < 0$$

且 $f(x)$ 在 $[1, +\infty)$ 上单调递减,则方程在 $[1, +\infty)$ 上有唯一实根.

综上,当 $a < \dfrac{1}{e}$ 时,方程有两个不同的实根.

温馨提示: 一般地,讨论含参数的方程根的个数时,根的个数常常与参数的取值有关.常用的方法是将方程转化为 $f(x) = 0$ 的形式,再利用函数的单调性、最值及连续函数的零点定理等来判定.

本题中求出的 $f(1)$ 是函数 $f(x)$ 的最大值,然后根据最大值的情况讨论方程根的个数.如果最大值小于零,则方程一定无实根;如果最大值等于零,则方程有唯一的实根;如果最大值大于零,不能说明方程一定有实根,此时还需要判断函数在每个区间上的最小值的情况,如果最小值也大于零,那么方程在该区间上就没有实根.

类似地,如果求出的 $f(x_0)$ 是函数 $f(x)$ 的最小值,则需要根据这个最小值的情况讨论方程根的个数.如果最小值大于零,方程一定无实根;如果最小值等于零,则方程有唯一的实根;如果最小值小于零,不能说明方程一定有实根,此时还需要判断函数在每个区间上的最大值的情况,如果最大值也小于零,那么方程在该区间上就没有实根.

第四章 不定积分

微分学的基本思想是已知一个函数,求其导数;而积分学的基本思想是寻找一个可导函数,使它的导数等于已知函数.不定积分是一元函数积分学的重要内容之一,它既是对导数知识的延续,也是学习定积分、重积分、曲线积分和曲面积分的基础.正确、熟练地计算不定积分是学习本章内容的基本要求.学生在计算不定积分时经常出错,常见的错误类型主要有:忽略任意常数"C";自创性质、公式;忽略积分变量,随意利用基本积分表;忽略被积函数的定义域;利用第二类换元积分法时没有将变量代回;求分段函数的不定积分时,忽略了原函数的连续性等.

例1 求 $\int (2x)^{\frac{1}{3}} \mathrm{d}x$.

[错解] 由公式"$\int x^{\mu} \mathrm{d}x = \dfrac{1}{1+\mu} x^{\mu+1} + C$"可得,$\int (2x)^{\frac{1}{3}} \mathrm{d}x = \dfrac{3}{4}(2x)^{\frac{4}{3}} + C$.

[错解分析] 上述解法错在没有理解公式

$$\int x^{\mu} \mathrm{d}x = \frac{1}{1+\mu} x^{\mu+1} + C \quad (\mu \neq -1)$$

的本质.该公式的实质是 $\int [h(x)]^{\mu} \mathrm{d}h(x) = \dfrac{1}{1+\mu} [h(x)]^{\mu+1} + C (\mu \neq -1)$,即该公式成立的条件是被积函数必须是"幂函数$[h(x)]^{\mu}$",且被积函数的"自变量"和积分变量都必须是 $h(x)$,只要有一个条件不满足,该公式就不成立.例如,不定积分 $\int \sin^2 x \,\mathrm{d}x$ 不满足公式的使用条件,但是不定积分 $\int \sin^2 x \,\mathrm{d}\sin x$ 就满足公式成立的条件,直接利用公式可得 $\int \sin^2 x \,\mathrm{d}\sin x = \dfrac{1}{3} \sin^3 x + C$.注意,这里的"自变量"是广义的自变量,是相对公式而言的,如不定积分 $\int \sin^2 x \,\mathrm{d}\sin x$ 的被积函数 $\sin^2 x$ 的"自变量"是 $\sin x$,不定积分 $\int f(\ln x) \mathrm{d}\ln x$ 的被积函数 $f(\ln x)$ 的"自变量"是 $\ln x$.本题中,所给不定积分 $\int (2x)^{\frac{1}{3}} \mathrm{d}x$ 的被积函数 $(2x)^{\frac{1}{3}}$ 的"自变量"是 $2x$,但是积分变量是 x,它们不一致,因此该不定积分不满足公式的使用条件,不能直接利用公式求解,故上述解法是错误的.

[正确解法] 本题有两种方法求解.

方法1:先凑微分,再利用上述公式.

$$\int (2x)^{\frac{1}{3}} \mathrm{d}x = \frac{1}{2} \int (2x)^{\frac{1}{3}} \mathrm{d}(2x) = \frac{3}{8}(2x)^{\frac{4}{3}} + C = \frac{3\sqrt[3]{2}}{4} x^{\frac{4}{3}} + C$$

方法2:先利用不定积分的性质,再利用上述公式.

$$\int(2x)^{\frac{1}{3}}\,\mathrm{d}x = 2^{\frac{1}{3}}\int x^{\frac{1}{3}}\,\mathrm{d}x = \frac{3\sqrt[3]{2}}{4}x^{\frac{4}{3}} + C$$

温馨提示：计算不定积分的所有方法最终一步都要用到基本积分表，所以要想熟练并正确地计算不定积分，必须理解基本积分表的实质并熟记基本积分公式.

例 2 求 $\int x\cos x\,\mathrm{d}x$.

[错解]
$$\int x\cos x\,\mathrm{d}x = \int x\,\mathrm{d}x\int\cos x\,\mathrm{d}x = \frac{1}{2}x^2\sin x + C$$

[错解分析] 上述解法在" $\int x\cos x\,\mathrm{d}x = \int x\,\mathrm{d}x\int\cos x\,\mathrm{d}x$ "这一步存在错误.因为这一步根本不成立，是学生自创公式" $\int f(x)g(x)\,\mathrm{d}x = \int f(x)\,\mathrm{d}x\int g(x)\,\mathrm{d}x$ "进行求解的，不定积分没有这样的性质，所以上述解法是错误的.

[正确解法] 本题利用分部积分法求解.
$$\int x\cos x\,\mathrm{d}x = \int x\,\mathrm{d}\sin x = x\sin x - \int\sin x\,\mathrm{d}x = x\sin x + \cos x + C$$

温馨提示：本题中这种错误一般出现在学习不定积分的初期.出现这种错误的根本原因是没有掌握不定积分的性质，缺乏基本常识.只要学生理解了不定积分的概念，稍作思考，就能避免出现这种错误.

例 3 试求 $f(x) = \dfrac{1}{x\sqrt{x^2-a^2}}(a>0)$ 在 $(-\infty, -a)$ 内的不定积分.

[错解]
$$\int f(x)\,\mathrm{d}x = \int\frac{\mathrm{d}x}{x\sqrt{x^2-a^2}} = \int\frac{\mathrm{d}x}{x^2\sqrt{1-\left(\frac{a}{x}\right)^2}} =$$

$$-\frac{1}{a}\int\frac{\mathrm{d}\left(\frac{a}{x}\right)}{\sqrt{1-\left(\frac{a}{x}\right)^2}} = -\frac{1}{a}\arcsin\frac{a}{x} + C$$

[错解分析] 上述解法在" $\int\dfrac{\mathrm{d}x}{x\sqrt{x^2-a^2}} = \int\dfrac{\mathrm{d}x}{x^2\sqrt{1-\left(\frac{a}{x}\right)^2}}$ "这一步存在错误.因为 $x\in$

$(-\infty, -a)$，即 x 是小于 0 的，所以 $\sqrt{x^2-a^2} = -x\sqrt{1-\left(\dfrac{a}{x}\right)^2}$，上述解法忽略了 x 的取值范围，因此是错误的.

[正确解法]
$$\int f(x)\,\mathrm{d}x = \int\frac{\mathrm{d}x}{x\sqrt{x^2-a^2}} = \int\frac{\mathrm{d}x}{-x^2\sqrt{1-\left(\frac{a}{x}\right)^2}} =$$

$$\frac{1}{a}\int\frac{\mathrm{d}\left(\frac{a}{x}\right)}{\sqrt{1-\left(\frac{a}{x}\right)^2}}=\frac{1}{a}\arcsin\frac{a}{x}+C$$

温馨提示：在用凑微分法求不定积分时一定要注意变量的符号.

例4　设 $f(x)=\begin{cases}1+2x,&x<0\\ \mathrm{e}^x,&x\geqslant0\end{cases}$，求 $\int f(x)\mathrm{d}x$.

［错解1］当 $x<0$ 时，有 $\int f(x)\mathrm{d}x=\int(1+2x)\mathrm{d}x=x+x^2+C$；

当 $x\geqslant0$ 时，有 $\int f(x)\mathrm{d}x=\int\mathrm{e}^x\mathrm{d}x=\mathrm{e}^x+C.$

故
$$\int f(x)\mathrm{d}x=\begin{cases}x+x^2+C,&x<0\\ \mathrm{e}^x+C,&x\geqslant0\end{cases}$$

［错解2］当 $x<0$ 时，有 $\int f(x)\mathrm{d}x=\int(1+2x)\mathrm{d}x=x+x^2+C_1$；

当 $x\geqslant0$ 时，$\int f(x)\mathrm{d}x=\int\mathrm{e}^x\mathrm{d}x=\mathrm{e}^x+C_2.$

故
$$\int f(x)\mathrm{d}x=\begin{cases}x+x^2+C_1,&x<0\\ \mathrm{e}^x+C_2,&x\geqslant0\end{cases}$$

［错解分析］错解1有两处错误：第一，用同一个字母"C"表示两个不同函数 $1+2x$，e^x 的原函数之间的关系，尽管一个函数的不同原函数之间只差一个常数，但是两个不同函数的原函数相差的常数未必一样，因此不能用同一个字母表示；第二，忽略了原函数在 $x=0$ 处的连续性.函数 $f(x)$ 在 $x=0$ 处是连续的，依据原函数的定义（即如果在区间 I 上可导函数 $F(x)$ 的导函数为 $f(x)$，那么函数 $F(x)$ 就称为 $f(x)$ 在区间 I 上的一个原函数），$f(x)$ 的原函数 $F(x)$ 在 $x=0$ 处必定可导，由函数连续性和可导性的关系可知，$F(x)$ 在 $x=0$ 必定连续，但错解1求出的原函数在 $x=0$ 处是不连续的，因此是错误的.

错解2错误的原因也是没有考虑原函数在 $x=0$ 处的连续性.

［正确解法］前面同错解2，只需再加上下列步骤即可：

因为函数 $f(x)$ 在 $x=0$ 处连续，所以

$$\lim_{x\to0^-}(x+x^2+C_1)=\lim_{x\to0^+}(\mathrm{e}^x+C_2)$$

即 $C_1=1+C_2$. 令 $C_2=C$，则 $C_1=1+C$.

故
$$\int f(x)\mathrm{d}x=\begin{cases}x+x^2+1+C,&x<0\\ \mathrm{e}^x+C,&x\geqslant0\end{cases}$$

例5　求 $\int\dfrac{\mathrm{d}x}{(2-x)\sqrt{1-x}}$.

［错解］令 $\sqrt{1-x}=t$，则 $x=1-t^2$，

因此
$$\int \frac{\mathrm{d}x}{(2-x)\sqrt{1-x}} = \int \frac{-2t\,\mathrm{d}t}{(1+t^2)t} = -2\int \frac{1}{1+t^2}\mathrm{d}t =$$
$$-2\arctan t + C$$

[错解分析]上述解法错在没有把计算结果"$-2\arctan t + C$"中的 t 用 $\sqrt{1-x}$ 代回.因为不定积分 $\int \frac{\mathrm{d}x}{(2-x)\sqrt{1-x}}$ 的积分变量是 x,根据不定积分的概念可知,该不定积分应该是以 x 为自变量的函数的集合,因此最终结果应该是 x 的函数,所以需要把函数族"$-2\arctan t + C$"中的变量 t 用 $\sqrt{1-x}$ 代回,而上述解法忽略了这一步,因此是错误的.

[正确解法]步骤同上,只需再加一步,即
$$\int \frac{\mathrm{d}x}{(2-x)\sqrt{1-x}} = \int \frac{-2t\,\mathrm{d}t}{(1+t^2)t} = -2\arctan t + C = -2\arctan\sqrt{1-x} + C$$

温馨提示:利用第二类换元积分法求不定积分时,最后必须将变量代回.

例 6　求 $\int \mathrm{e}^x\cos x\,\mathrm{d}x$.

[错解]
$$\int \mathrm{e}^x\cos x\,\mathrm{d}x = \int \mathrm{e}^x\mathrm{d}\sin x = \mathrm{e}^x\sin x - \int \sin x\,\mathrm{d}\mathrm{e}^x =$$
$$\mathrm{e}^x\sin x - \int \sin x\,\mathrm{e}^x\mathrm{d}x = \mathrm{e}^x\sin x + \int \mathrm{e}^x\mathrm{d}\cos x =$$
$$\mathrm{e}^x\sin x + \mathrm{e}^x\cos x - \int \cos x\,\mathrm{d}\mathrm{e}^x =$$
$$\mathrm{e}^x\sin x + \mathrm{e}^x\cos x - \int \mathrm{e}^x\cos x\,\mathrm{d}x$$

移项可得
$$\int \mathrm{e}^x\cos x\,\mathrm{d}x = \frac{\mathrm{e}^x\sin x + \mathrm{e}^x\cos x}{2}$$

[错解分析]上述解法在"$\int \mathrm{e}^x\cos x\,\mathrm{d}x = \frac{\mathrm{e}^x\sin x + \mathrm{e}^x\cos x}{2}$"这一步存在错误.上述解法认为等式"$\int \mathrm{e}^x\cos x\,\mathrm{d}x = \mathrm{e}^x\sin x + \mathrm{e}^x\cos x - \int \mathrm{e}^x\cos x\,\mathrm{d}x$"两端的不定积分 $\int \mathrm{e}^x\cos x\,\mathrm{d}x$ 是一样的,实质上这两个不定积分之间还相差一个任意常数 C_1.具体原因是:由分部积分公式的来源——两个函数乘积的微分公式 $u\,\mathrm{d}v = \mathrm{d}(uv) - v\,\mathrm{d}u$,可得
$$\int u\,\mathrm{d}v = \int \mathrm{d}(uv) - \int v\,\mathrm{d}u = uv + C - \int v\,\mathrm{d}u \qquad (1)$$

由于不定积分 $\int v\,\mathrm{d}u$ 中也含有任意常数,所以将式(1)最右端的任意常数 C 并入不定积分 $\int v\,\mathrm{d}u$ 中,可得公式 $\int u\,\mathrm{d}v = uv - \int v\,\mathrm{d}u$.利用上述公式可知,式子
$$\int \mathrm{e}^x\cos x\,\mathrm{d}x = \mathrm{e}^x\sin x + \mathrm{e}^x\cos x - \int \mathrm{e}^x\cos x\,\mathrm{d}x$$

右端的不定积分 $\int \mathrm{e}^x\cos x\,\mathrm{d}x$ 虽然形式上与左端的不定积分 $\int \mathrm{e}^x\cos x\,\mathrm{d}x$ 一样,但右端的

$\int e^x \cos x \, dx$ 中实质包含着前两项 $e^x \sin x + e^x \cos x$ 所并入的任意常数 C_1,若要认为它与左端的 $\int e^x \cos x \, dx$ 相同,应该把它多包含的任意常数 C_1 退还出来,从而有 $\int e^x \cos x \, dx = e^x \sin x + e^x \cos x + C_1 - \int e^x \cos x \, dx$,此时该等式两端的不定积分才可以看作是相同的,于是有 $\int e^x \cos x \, dx = \dfrac{e^x \sin x + e^x \cos x}{2} + C$,其中 $C = \dfrac{C_1}{2}$.上述解法忽略了等式右端的 $\int e^x \cos x \, dx$ 所含有的任意常数 C_1,因此是错误的.

[正确解法] 前面步骤同错解,只需把最后一步"$\int e^x \cos x \, dx = \dfrac{e^x \sin x + e^x \cos x}{2}$",修改成

$$\int e^x \cos x \, dx = \dfrac{e^x \sin x + e^x \cos x}{2} + C$$

即可.

> **温馨提示**:应用不定积分的分部积分法(即 $\int u \, dv = uv - \int v \, du$)求不定积分时,分部积分法可以多次使用.需要注意的是,多次使用时,所选 u 的类型必须一致.另外,多次使用分部积分法时,等式的右端有可能出现所求的不定积分,这时移项就可以求出所求的不定积分,本题就是这种情况.切记,移项后,等式的右端要加上任意常数 C.

例7　一曲线过点 $(e^2, 3)$,且在任一点处的切线的斜率等于该点横坐标的倒数,求该曲线的方程.

[错解] 设曲线方程为 $y = f(x)$,由题意知 $y' = \dfrac{1}{x}$,则有 $y = \ln|x| + C$.又因为曲线过点 $(e^2, 3)$,所以 $\ln|e^2| + C = 3$,可得 $C = 1$.故曲线方程为 $y = \ln|x| + 1$.

[错解分析] 上述解法在"曲线方程为 $y = \ln|x| + 1$"这一步存在错误.因为根据题目条件"曲线过点 $(e^2, 3)$",可以判断出方程 $y = \ln|x| + C$ 中的自变量 x 是大于零的,但是上述解法中忽略了这一点,因此是错误的.

[正确解法] 解题步骤同错解,只需将结论"故曲线方程为 $y = \ln|x| + 1$"修改为"故曲线方程为 $y = \ln x + 1$"即可.

第五章　定　积　分

在定积分内容的学习中,出现了一个新的函数类型——积分上限函数(也称为变上限的定积分).由于微积分学的研究对象是函数,因此积分上限函数在微积分学中的地位非常重要.在微积分学中,只要是与函数有关的内容,积分上限函数都可以作为一个"活跃分子"参与其中,例如,函数的极限运算、函数的导数运算、函数的积分运算、函数的极值和最值运算、微分方程求解等.在这些运算中,经常要用到积分上限函数的导数,因此,积分上限函数导数的计算就成了微积分学中最重要的内容之一.很多学生往往对求积分上限函数的导数这一问题感到束手无策,经常出错.此外,学生在计算定积分的过程中也经常出错,其常见错误类型主要有:利用牛顿-莱布尼茨公式计算定积分时,忽略被积函数在积分区间上连续这个前提条件;利用换元积分法计算定积分时,定积分的积分限没有换成相应于新变量的积分限等.

例 1　证明 $\lim\limits_{n\to\infty}\displaystyle\int_0^1\dfrac{x^n}{1+x}\mathrm{d}x=0$.

[错解] 由积分中值定理可知,至少存在一点 $\xi\in(0,1)$,使得

$$\int_0^1\frac{x^n}{1+x}\mathrm{d}x=\frac{\xi^n}{1+\xi}$$

由于 $0\leqslant\xi\leqslant1$,所以 $\lim\limits_{n\to\infty}\xi^n=0$.因此

$$\lim\limits_{n\to\infty}\int_0^1\frac{x^n}{1+x}\mathrm{d}x=\lim\limits_{n\to\infty}\frac{\xi^n}{1+\xi}=0$$

[错解分析] 上述解法中有两处错误:第一,积分中值定理中的中值 ξ 的取值范围写错了,应该是 $0\leqslant\xi\leqslant1$,而不是 $0<\xi<1$;第二,认为 ξ 是确定的数值.一般来说,积分中值定理中的中值 ξ 依赖于被积函数和积分区间,本题中,当 n 不同时,被积函数也就不同,从而 ξ 也就不同,即 ξ 随着 n 的变化而变化,因此应该写成 $\xi(n)$.

[正确解法] 本题利用定积分的性质和夹逼准则来求解.

由于 $0\leqslant x\leqslant1$,可得 $0\leqslant\dfrac{x^n}{1+x}\leqslant x^n$,则

$$0\leqslant\int_0^1\frac{x^n}{1+x}\mathrm{d}x\leqslant\int_0^1 x^n\mathrm{d}x=\frac{1}{n+1}$$

又因为 $\lim\limits_{n\to\infty}\dfrac{1}{n+1}=0$,由夹逼准则可得

$$\lim\limits_{n\to\infty}\int_0^1\frac{x^n}{1+x}\mathrm{d}x=0$$

例 2　设 $\Phi(x)=\displaystyle\int_0^x\dfrac{\sin t}{t}\mathrm{d}t$,求 $\Phi'(0)$.

[错解]因为 $\Phi'(x) = \dfrac{\sin x}{x}$，显然 $\Phi'(x)$ 在 $x=0$ 处无定义，因此 $\Phi'(0)$ 不存在.

[错解分析]上述解法在"显然 $\Phi'(x)$ 在 $x=0$ 处无定义，因此 $\Phi'(0)$ 不存在"这一步存在错误.当函数 $\Phi(x)$ 在点 $x=x_0$ 处可导，即 $\Phi'(x_0)$ 存在时，一般有两种方法求 $\Phi'(x_0)$：第一种方法是利用导数的定义；第二种方法是先求出导函数 $\Phi'(x)$，再把点 $x=x_0$ 代入.需要注意的是第二种方法成立的前提条件是 $\Phi'(x)$ 在点 $x=x_0$ 处有定义.但是，绝对不能由 $\Phi'(x)$ 在点 $x=x_0$ 处没有定义，得出 $\Phi'(x_0)$ 不存在的结论，此时 $\Phi'(x_0)$ 也可能存在，只是需要用导数的定义来判断.上述解法用错误的理论来解题，因此是错误的.

[正确解法]本题需要利用导数的定义求解.

$$\Phi'(0) = \lim_{x \to 0} \frac{\Phi(x) - \Phi(0)}{x - 0} = \lim_{x \to 0} \frac{\displaystyle\int_0^x \frac{\sin t}{t} \mathrm{d}t - \int_0^0 \frac{\sin t}{t} \mathrm{d}t}{x} \xlongequal{\text{洛必达法则}} \lim_{x \to 0} \frac{\sin x}{x} = 1$$

> **温馨提示**：积分上限函数（也称为变上限的定积分）作为一种新型函数在微积分学中的地位非常重要.在微积分学中，只要是与函数有关的内容，积分上限函数都可以作为一个活跃分子参与其中，而且积分上限函数导数的计算尤为重要.其实，积分上限函数依然是函数，所以函数的求导方法都适合积分上限函数，如分段函数在分界点处的导数要用导数的定义求解，抽象函数在连续点处的导数必须用导数的定义求解等.

例3　设 $\Phi(x) = \displaystyle\int_1^{x^2} \frac{\sin t}{t} \mathrm{d}t$，求 $\Phi'(x)$.

[错解]利用公式 $\dfrac{\mathrm{d}}{\mathrm{d}x} \displaystyle\int_a^x f(t)\mathrm{d}t = f(x)$，得 $\Phi'(x) = \dfrac{\sin x}{x}$.

[错解分析]上述解法将" $\dfrac{\mathrm{d}}{\mathrm{d}x} \displaystyle\int_a^x f(t)\mathrm{d}t = f(x)$ "用错了.因为该公式成立的前提条件之一是积分上限只是 x.但是，对函数 $\Phi(x) = \displaystyle\int_1^{x^2} \frac{\sin t}{t} \mathrm{d}t$ 来说，其积分上限是 x^2，并不是 x，所以不能直接利用上述公式求解，因此上述解法是错误的.

[正确解法]函数 $\Phi(x) = \displaystyle\int_1^{x^2} \frac{\sin t}{t} \mathrm{d}t$ 是由 $f(u) = \displaystyle\int_1^u \frac{\sin t}{t} \mathrm{d}t$ 和 $u = x^2$ 所组成的复合函数，需要利用复合函数的链式法则来求导，即

$$\Phi'(x) = \frac{\mathrm{d}f(u)}{\mathrm{d}u} \cdot \frac{\mathrm{d}u}{\mathrm{d}x} = \frac{\sin u}{u} \cdot (x^2)' = \frac{\sin x^2}{x^2} \cdot 2x = \frac{2\sin x^2}{x}$$

> **温馨提示**：函数 $\displaystyle\int_1^{x^2} \frac{\sin t}{t} \mathrm{d}t$ 属于 $\Phi(x) = \displaystyle\int_a^{h(x)} f(t)\mathrm{d}t$ 型的积分上限函数，该类型积分上限函数的导数直接利用复合函数求导法则即可求解，即
>
> $$\Phi'(x) = \frac{\mathrm{d}}{\mathrm{d}x} \int_a^{h(x)} f(t)\mathrm{d}t = f[h(x)] \cdot h'(x)$$

例 4 设 $\varPhi(x) = \displaystyle\int_0^x \sin x\, \mathrm{e}^{-t^2}\, \mathrm{d}t$,求 $\varPhi'(x)$.

[错解] 利用公式 $\dfrac{\mathrm{d}}{\mathrm{d}x}\displaystyle\int_a^x f(t)\mathrm{d}t = f(x)$,可得 $\varPhi'(x) = \sin x\, \mathrm{e}^{-x^2}$.

[错解分析] 上述解法将公式 "$\dfrac{\mathrm{d}}{\mathrm{d}x}\displaystyle\int_a^x f(t)\mathrm{d}t = f(x)$" 用错了.该公式成立的前提条件之一是被积表达式中只能含有积分变量,不能含有积分上限.当被积表达式中含有积分上限时,也就是被积表达式中含有积分上限函数的自变量时,不能直接利用上述公式.函数 $\varPhi(x) = \displaystyle\int_0^x \sin x\, \mathrm{e}^{-t^2}\, \mathrm{d}t$ 的被积表达式 "$\sin x\, \mathrm{e}^{-t^2}\, \mathrm{d}t$" 中含有积分上限 x,故不能直接利用上述公式求解,因此上述解法是错误的.

[正确解法] 本题先利用定积分的性质,把积分上限函数 $\displaystyle\int_0^x \sin x\, \mathrm{e}^{-t^2}\, \mathrm{d}t$ 化成标准型,即 $\displaystyle\int_a^x f(t)\mathrm{d}t$ 型的积分上限函数,再利用公式 $\dfrac{\mathrm{d}}{\mathrm{d}x}\displaystyle\int_a^x f(t)\mathrm{d}t = f(x)$ 求解.

因为

$$\int_0^x \sin x\, \mathrm{e}^{-t^2}\, \mathrm{d}t = \sin x \int_0^x \mathrm{e}^{-t^2}\, \mathrm{d}t$$

所以

$$\varPhi'(x) = \frac{\mathrm{d}}{\mathrm{d}x}\left[\sin x \int_0^x \mathrm{e}^{-t^2}\, \mathrm{d}t\right] = \cos x \int_0^x \mathrm{e}^{-t^2}\, \mathrm{d}t + \sin x\, \mathrm{e}^{-x^2}$$

温馨提示:函数 $\displaystyle\int_0^x \sin x\, \mathrm{e}^{-t^2}\, \mathrm{d}t$ 属于 $\varPhi(x) = \displaystyle\int_a^{h(x)} g(x)f(t)\mathrm{d}t$ 型的积分上限函数.对该类型的积分上限函数来说,其自变量是 x,积分变量是 t.那么,对该类型的积分上限函数求导时,考虑到积分上限函数是特殊的定积分,所以先利用定积分的性质将其转化成被积表达式中只含有积分变量型的积分上限函数,再求导,具体理论及求导方法如下:

对函数 $\varPhi(x) = \displaystyle\int_a^{h(x)} g(x)f(t)\mathrm{d}t$ 来说,自变量是 x,对定积分 $\displaystyle\int_a^{h(x)} g(x)f(t)\mathrm{d}t$ 来说,积分变量是 t,因此对定积分 $\displaystyle\int_a^{h(x)} g(x)f(t)\mathrm{d}t$ 来说,被积函数 $g(x)f(t)$ 中的函数 $g(x)$ 是"常数",可以利用定积分的性质,即"设 k 为常数,则 $\displaystyle\int_a^b kf(x)\mathrm{d}x = k\int_a^b f(x)\mathrm{d}x$",先把这个"常数" $g(x)$ 提到积分号外,即 $\varPhi(x) = g(x)\displaystyle\int_a^{h(x)} f(t)\mathrm{d}t$.注意,对函数 $\varPhi(x) = g(x)\displaystyle\int_a^{h(x)} f(t)\mathrm{d}t$ 来说,$g(x)$ 不是"常数",而是"变量",是 x 的函数,因此需要利用两个函数乘积的求导法则(即 $[uv]' = u'v + uv'$)来求导,故

$$\frac{\mathrm{d}\varPhi}{\mathrm{d}x} = \frac{\mathrm{d}}{\mathrm{d}x}\left[g(x)\int_a^{h(x)} f(t)\mathrm{d}t\right] = g'(x)\int_a^{h(x)} f(t)\mathrm{d}t + g(x)f[h(x)]h'(x)$$

例 5 设 $\varPhi(x) = \displaystyle\int_0^x (x-t)t^2\, \mathrm{d}t$,求 $\varPhi'(x)$.

[错解] 利用公式 $\dfrac{\mathrm{d}}{\mathrm{d}x}\displaystyle\int_a^x f(t)\mathrm{d}t = f(x)$,可得 $\varPhi'(x) = (x-x)x^2 = 0$.

［错解分析］上述解法将公式"$\dfrac{\mathrm{d}}{\mathrm{d}x}\displaystyle\int_a^x f(t)\mathrm{d}t = f(x)$"用错了,原因同例4.

［正确解法］本题先利用定积分的性质,把积分上限函数化成标准型,即$\displaystyle\int_a^x f(t)\mathrm{d}t$型,再利用公式$\dfrac{\mathrm{d}}{\mathrm{d}x}\displaystyle\int_a^x f(t)\mathrm{d}t = f(x)$求解.

因为
$$\Phi(x) = \int_0^x (xt^2 - t^3)\mathrm{d}t = \int_0^x xt^2\mathrm{d}t - \int_0^x t^3\mathrm{d}t = x\int_0^x t^2\mathrm{d}t - \int_0^x t^3\mathrm{d}t$$

所以
$$\Phi'(x) = \left(x\int_0^x t^2\mathrm{d}t\right)' - \left(\int_0^x t^3\mathrm{d}t\right)' =$$
$$(x)'\int_0^x t^2\mathrm{d}t + x\left(\int_0^x t^2\mathrm{d}t\right)' - x^3 =$$
$$\int_0^x t^2\mathrm{d}t + x \cdot x^2 - x^3 = \int_0^x t^2\mathrm{d}t.$$

> **温馨提示**:函数$\displaystyle\int_0^x (x-t)t^2\mathrm{d}t$属于$\Phi(x) = \displaystyle\int_a^{h(x)}[g(x)-m(t)]f(t)\mathrm{d}t$型的积分上限函数.该类型的积分上限函数的求导时,先利用定积分的线性性质,即设k_1,k_2为常数,则
> $$\int_a^b [k_1 f_1(x) \pm k_2 f_2(x)]\mathrm{d}x = k_1\int_a^b f_1(x)\mathrm{d}x \pm k_2\int_a^b f_2(x)\mathrm{d}x,$$把函数$\Phi(x)$变形为
> $$\Phi(x) = g(x)\int_a^{h(x)} f(t)\mathrm{d}t - \int_a^{h(x)} m(t)f(t)\mathrm{d}t$$
> 然后再利用函数乘积及和差求导法则即可.故
> $$\frac{\mathrm{d}\Phi}{\mathrm{d}x} = \frac{\mathrm{d}}{\mathrm{d}x}\left[g(x)\int_a^{h(x)} f(t)\mathrm{d}t - \int_a^{h(x)} m(t)f(t)\mathrm{d}t\right] =$$
> $$g'(x)\int_a^{h(x)} f(t)\mathrm{d}t + g(x)f[h(x)]h'(x) - m[h(x)]f[h(x)]h'(x)$$

例6　设$\Phi(x) = \displaystyle\int_a^x \sin(x-t)^2\mathrm{d}t$,求$\Phi'(x)$.

［错解］利用公式$\dfrac{\mathrm{d}}{\mathrm{d}x}\displaystyle\int_a^x f(t)\mathrm{d}t = f(x)$,可得$\Phi'(x) = \sin(x-x)^2 = 0$.

［错解分析］上述解法将公式"$\dfrac{\mathrm{d}}{\mathrm{d}x}\displaystyle\int_a^x f(t)\mathrm{d}t = f(x)$"用错了,原因例4.

［正确解法］本题需要先利用定积分的换元积分法将其转化成被积表达式中只含有积分变量的积分上限函数,然后再求导.

令$u = x - t$,则$t = x - u$,$\mathrm{d}t = -\mathrm{d}u$,且当$t = a$时,$u = x - a$;当$t = x$时,$u = 0$,于是
$$\Phi(x) = \int_a^x \sin(x-t)^2\mathrm{d}t = \int_{x-a}^0 \sin u^2(-1)\mathrm{d}u = \int_0^{x-a} \sin u^2\mathrm{d}u$$

故
$$\Phi'(x) = \frac{\mathrm{d}}{\mathrm{d}x}\int_0^{x-a} \sin u^2\mathrm{d}u = \sin(x-a)^2$$

温馨提示:函数 $\int_a^x \sin(x-t)^2 \mathrm{d}t$ 属于 $\Phi(x)=\int_a^x f(x-t)\mathrm{d}t, \Phi(x)=\int_a^x f(xt)\mathrm{d}t$ 等类型的积分上限函数.这类积分上限函数的特点是被积函数中含有积分上限函数的自变量,并且自变量不能和积分变量直接分离开.那么,对该类型积分上限函数求导时,先利用定积分的换元积分法,将其转化成被积表达式中只含有积分变量的积分上限函数,然后利用公式 $\dfrac{\mathrm{d}}{\mathrm{d}x}\int_a^{h(x)} f(t)\mathrm{d}t = f[h(x)] \cdot h'(x)$ 求导即可.

例 7 设 $\Phi(x)=\int_0^1 f(x+t)\mathrm{d}t$,且函数 $f(x)$ 连续,求 $\Phi'(x)$.

[错解] 因为 $\Phi(x)$ 为定积分,所以 $\Phi'(x)=0$.

[错解分析] 上述解法把函数 $\Phi(x)$ 误认为是定积分了,其实 $\Phi(x)$ 是以 x 为自变量的积分上限函数,只是不是标准型,即不是 $\int_a^x f(t)\mathrm{d}t$ 型的积分上限函数而已.

[正确解法] 本题需要先利用定积分的换元积分法把其转化成标准型的积分上限函数,然后再求导.

令 $u=x+t$,则 $t=u-x$,$\mathrm{d}t=\mathrm{d}u$,当 $t=0$ 时,$u=x$;当 $t=1$ 时,$u=1+x$,于是

$$\Phi(x)=\int_0^1 f(x+t)\mathrm{d}t = \int_x^{1+x} f(u)\mathrm{d}u$$

故

$$\Phi'(x)=f(1+x)-f(x)$$

温馨提示:函数 $\int_x^{1+x} f(u)\mathrm{d}u$ 属于 $\Phi(x)=\int_{h(x)}^{g(x)} f(t)\mathrm{d}t$ 型的积分上限函数.对该类型的积分上限函数求导时,先利用定积分的性质 $\int_a^b f(x)\mathrm{d}x = \int_a^c f(x)\mathrm{d}x + \int_c^b f(x)\mathrm{d}x$,把函数 $\Phi(x)$ 变形为

$$\Phi(x)=\int_{h(x)}^a f(t)\mathrm{d}t + \int_a^{g(x)} f(t)\mathrm{d}t = \int_a^{g(x)} f(t)\mathrm{d}t - \int_a^{h(x)} f(t)\mathrm{d}t$$

然后利用函数差的求导法则(即 $[u(x)-v(x)]' = u'(x)-v'(x)$)即可.

故

$$\dfrac{\mathrm{d}}{\mathrm{d}x}\int_{h(x)}^{g(x)} f(t)\mathrm{d}t = \dfrac{\mathrm{d}}{\mathrm{d}x}\int_a^{g(x)} f(t)\mathrm{d}t - \dfrac{\mathrm{d}}{\mathrm{d}x}\int_a^{h(x)} f(t)\mathrm{d}t =$$
$$f[g(x)] \cdot g'(x) - f[h(x)] \cdot h'(x)$$

例 8 设函数 $y=f(x)$ 由方程 $\int_0^y e^t \mathrm{d}t + \int_0^x \cos t \,\mathrm{d}t = 0$ 所确定,求 $\dfrac{\mathrm{d}y}{\mathrm{d}x}$.

[错解] 方程 $\int_0^y e^t \mathrm{d}t + \int_0^x \cos t \,\mathrm{d}t = 0$ 两边同时求导,得

$$e^y + \cos x = 0 \tag{1}$$

式(1)两边同时求导,得

$$e^y \dfrac{\mathrm{d}y}{\mathrm{d}x} - \sin x = 0$$

所以
$$\frac{\mathrm{d}y}{\mathrm{d}x}=\frac{\sin x}{\mathrm{e}^{y}}$$

［错解分析］上述解法在"方程 $\int_{0}^{y}\mathrm{e}^{t}\mathrm{d}t+\int_{0}^{x}\cos t\,\mathrm{d}t=0$ 两边同时求导,得 $\mathrm{e}^{y}+\cos x=0$"这一步存在错误.因为方程 $\int_{0}^{y}\mathrm{e}^{t}\mathrm{d}t+\int_{0}^{x}\cos t\,\mathrm{d}t=0$ 确定了 y 是 x 的函数,所以积分上限函数 $\int_{0}^{y}\mathrm{e}^{t}\mathrm{d}t$ 中的上限 y 实质是 x 的函数,即 $\int_{0}^{y}\mathrm{e}^{t}\mathrm{d}t$ 是复合函数,需要利用复合函数的求导法则来求导,但是上述解法忽略了 y 是 x 的函数,把 y 看成了自变量,因此上述步骤是错误的.

［正确解法］方程 $\int_{0}^{y}\mathrm{e}^{t}\mathrm{d}t+\int_{0}^{x}\cos t\,\mathrm{d}t=0$ 两边同时关于 x 求导,得
$$\mathrm{e}^{y}\cdot\frac{\mathrm{d}y}{\mathrm{d}x}+\cos x=0$$

故
$$\frac{\mathrm{d}y}{\mathrm{d}x}=-\frac{\cos x}{\mathrm{e}^{y}}$$

例 9　设 $f(x)=\begin{cases}x^{2}+1, & 0\leqslant x\leqslant 1\\ 2x, & 1<x\leqslant 2\end{cases}$,求 $\Phi(x)=\int_{0}^{x}f(t)\mathrm{d}t$.

［错解］当 $0\leqslant x\leqslant 1$ 时,有 $\Phi(x)=\int_{0}^{x}(t^{2}+1)\mathrm{d}t=\frac{1}{3}x^{3}+x$;

当 $1<x\leqslant 2$ 时,有 $\Phi(x)=\int_{0}^{x}2t\,\mathrm{d}t=x^{2}$.所以
$$\Phi(x)=\begin{cases}\dfrac{1}{3}x^{3}+x, & 0\leqslant x\leqslant 1\\[2mm] x^{2}, & 1<x\leqslant 2\end{cases}$$

［错解分析］上述解法在"当 $1<x\leqslant 2$ 时, $\Phi(x)=\int_{0}^{x}2t\,\mathrm{d}t$"这一步存在错误.因为 $\int_{0}^{x}f(t)\mathrm{d}t$ 中的积分变量 t 的取值范围是 $[0,x]$,当 $1<x\leqslant 2$ 时,积分变量 t 的取值范围并不是 $[1,2]$,函数 $f(t)$ 的表达式不是 $2t$,所以上述步骤是错误的.

［正确解法］当 $0\leqslant x\leqslant 1$ 时,有 $\Phi(x)=\int_{0}^{x}(t^{2}+1)\mathrm{d}t=\frac{1}{3}x^{3}+x$;

当 $1<x\leqslant 2$ 时,有　$\Phi(x)=\int_{0}^{1}f(t)\mathrm{d}t+\int_{1}^{x}f(t)\mathrm{d}t=$
$$\int_{0}^{1}(t^{2}+1)\mathrm{d}t+\int_{1}^{x}2t\,\mathrm{d}t=$$
$$\frac{1}{3}t^{3}\Big|_{0}^{1}+1+t^{2}\Big|_{1}^{x}=x^{2}+\frac{1}{3}$$

综上　$\Phi(x)=\begin{cases}\dfrac{1}{3}x^{3}+x, & 0\leqslant x\leqslant 1\\[2mm] x^{2}+\dfrac{1}{3}, & 1<x\leqslant 2\end{cases}$

例 10　计算 $\int_{0}^{2}\dfrac{\mathrm{d}x}{(1-x)^{2}}$.

[错解] 因为 $\left(\dfrac{1}{1-x}\right)' = \dfrac{1}{(1-x)^2}$，所以由牛顿-莱布尼茨公式，得

$$\int_0^2 \frac{\mathrm{d}x}{(1-x)^2} = \frac{1}{1-x}\bigg|_0^2 = \frac{1}{1-2} - \frac{1}{1-0} = -2$$

[错解分析] 上述解法在"由牛顿-莱布尼茨公式，得 $\int_0^2 \dfrac{\mathrm{d}x}{(1-x)^2} = \dfrac{1}{1-x}\bigg|_0^2$"这一步存在错误.因为牛顿-莱布尼茨公式 $\int_a^b f(x)\mathrm{d}x = F(b) - F(a)$ 成立的条件是被积函数 $f(x)$ 在积分区间 $[a,b]$ 上连续,本题中的被积函数 $f(x) = \dfrac{1}{(1-x)^2}$ 在区间 $[0,2]$ 上不连续,因此不能利用牛顿-莱布尼茨公式求解,因此上述步骤是错误的.

[正确解法] 该积分实际是反常积分，$x=1$ 是瑕点,因此本题应该运用反常积分的相关知识进行求解.

因为 $\lim\limits_{x\to 1}\dfrac{1}{(1-x)^2} = \infty$,所以 $x=1$ 为瑕点.除点 $x=1$ 外,$f(x) = \dfrac{1}{(1-x)^2}$ 在 $[0,2]$ 上连续,因此由瑕积分的定义,得

$$\int_0^2 \frac{\mathrm{d}x}{(1-x)^2} = \int_0^1 \frac{\mathrm{d}x}{(1-x)^2} + \int_1^2 \frac{\mathrm{d}x}{(1-x)^2}$$

因为

$$\int_0^1 \frac{\mathrm{d}x}{(1-x)^2} = \frac{1}{1-x}\bigg|_0^1 = \lim_{x\to 1^-}\frac{1}{1-x} - 1 = +\infty$$

所以积分 $\int_0^1 \dfrac{\mathrm{d}x}{(1-x)^2}$ 发散,因此原积分 $\int_0^2 \dfrac{\mathrm{d}x}{(1-x)^2}$ 发散.

例 11 计算 $\int_0^\pi \sqrt{\sin x - \sin^3 x}\,\mathrm{d}x$.

[错解]
$$\int_0^\pi \sqrt{\sin x - \sin^3 x}\,\mathrm{d}x = \int_0^\pi \sqrt{\sin x(1-\sin^2 x)}\,\mathrm{d}x =$$
$$\int_0^\pi \sqrt{\sin x}\,\cos x\,\mathrm{d}x = \int_0^\pi \sqrt{\sin x}\,\mathrm{d}\sin x =$$
$$\frac{2}{3}\sin^{\frac{3}{2}}x\bigg|_0^\pi = 0$$

[错解分析] 上述解法在"$\int_0^\pi \sqrt{\sin x(1-\sin^2 x)}\,\mathrm{d}x = \int_0^\pi \sqrt{\sin x}\,\cos x\,\mathrm{d}x$"这一步.因为在区间 $[0,\pi]$ 内,$\cos x$ 的取值有正有负,上述解法忽视了 $\cos x$ 的取值范围,所以是错误的.

[正确解法]
$$\int_0^\pi \sqrt{\sin x - \sin^3 x}\,\mathrm{d}x = \int_0^\pi \sqrt{\sin x\,\cos^2 x}\,\mathrm{d}x =$$
$$\int_0^{\frac{\pi}{2}} \sqrt{\sin x}\,\cos x\,\mathrm{d}x - \int_{\frac{\pi}{2}}^\pi \sqrt{\sin x}\,\cos x\,\mathrm{d}x =$$
$$\frac{2}{3}\sin^{\frac{3}{2}}x\bigg|_0^{\frac{\pi}{2}} - \frac{2}{3}\sin^{\frac{3}{2}}x\bigg|_{\frac{\pi}{2}}^\pi = \frac{4}{3}$$

例 12 计算 $\int_1^4 \dfrac{1}{1+\sqrt{5-x}}\mathrm{d}x$.

[错解 1]令$\sqrt{5-x}=t$,则$x=5-t^2$,$\mathrm{d}x=-2t\,\mathrm{d}t$.

可得
$$\int_1^4\frac{1}{1+\sqrt{5-x}}\mathrm{d}x=\int_1^4\frac{-2t}{1+t}\mathrm{d}t=-2(3-\ln5+\ln2)$$

[错解 2]令$\sqrt{5-x}=t$,则$x=5-t^2$,$\mathrm{d}x=-2t\,\mathrm{d}t$.因为$1\leqslant x\leqslant4$,所以$1\leqslant t\leqslant2$.

故
$$\int_1^4\frac{1}{1+\sqrt{5-x}}\mathrm{d}x=\int_1^2\frac{-2t}{1+t}\mathrm{d}t=-2(1-\ln3+\ln2)$$

[错解分析]错解 1 在"$\int_1^4\frac{1}{1+\sqrt{5-x}}\mathrm{d}x=\int_1^4\frac{-2t}{1+t}\mathrm{d}t$"这一步存在错误.在利用定积分的换元积分法时,如果用$x=\varphi(t)$把原来的积分变量x代换成新积分变量t时,积分限也要换成相应于新积分变量t的积分限.上述解法没有把换元后积分变量的积分限换成新积分变量的积分限,因此是错误的.

错解 2 在"令$\sqrt{5-x}=t$,则$\int_1^4\frac{1}{1+\sqrt{5-x}}\mathrm{d}x=\int_1^2\frac{-2t}{1+t}\mathrm{d}t$"这一步存在错误.原因同错解 1.在利用定积分的换元积分法时,如果用$x=\varphi(t)$把原来的积分变量x代换成新积分变量t时,换元后的定积分的积分下限是原来定积分下限对应的参数t的值,积分上限是原来定积分上限对应的参数t的值,并不是下限对应小的参数值,上限对应大的参数值,即换元后定积分的下限未必小于上限.上述解法没有把积分变量的积分限换成对应的新积分变量的积分限,因此是错误的.

[正确解法]令$\sqrt{5-x}=t$,则$x=5-t^2$,$\mathrm{d}x=-2t\,\mathrm{d}t$,且当$x=1$时,$t=2$;当$x=4$时,$t=1$.故

$$\int_1^4\frac{1}{1+\sqrt{5-x}}\mathrm{d}x=\int_2^1\frac{-2t}{1+t}\mathrm{d}t=2\int_1^2\frac{t}{1+t}\mathrm{d}t=$$
$$2\int_1^2\frac{t+1-1}{1+t}\mathrm{d}t=2\int_1^2\left(1-\frac{1}{1+t}\right)\mathrm{d}t=$$
$$2-2\ln(1+t)\Big|_1^2=2-2\ln3+2\ln2$$

温馨提示:应用定积分的换元积分法求定积分时,不但积分变量、被积函数要换,定积分的积分上下限也要换,可以用"牵一发而动全身"来形容定积分的换元积分法,切记"换元必换限""配元(即凑微分)不换限".

例 13　设$f(x)=\begin{cases}1+x^2,&x<0\\\mathrm{e}^{-x},&x\geqslant0\end{cases}$,求$\int_{-1}^2f(x-1)\mathrm{d}x$.

[错解]
$$\int_{-1}^2f(x-1)\mathrm{d}x=\int_{-1}^0f(x-1)\mathrm{d}x+\int_0^2f(x-1)\mathrm{d}x=$$
$$\int_{-1}^0[1+(x-1)^2]\mathrm{d}x+\int_0^2\mathrm{e}^{-(x-1)}\mathrm{d}x=$$
$$\frac{10}{3}+\mathrm{e}-\frac{1}{\mathrm{e}}$$

[错解分析] 上述解法在"$\int_0^2 f(x-1)\mathrm{d}x = \int_0^2 \mathrm{e}^{-(x-1)}\mathrm{d}x$"这一步存在错误.因为定积分 $\int_0^2 f(x-1)\mathrm{d}x$ 中的积分变量 x 的取值范围是 $[0,2]$,此时 $x-1$ 的取值范围是 $[-1,1]$.所以,当 $-1 \leqslant x-1 \leqslant 1$ 时,函数 $f(x-1)$ 的表达式并不是 $\mathrm{e}^{-(x-1)}$,因此上述步骤错误.

[正确解法] 本题先利用定积分的换元积分法把 $\int_{-1}^2 f(x-1)\mathrm{d}x$ 化成 $\int_{-2}^1 f(t)\mathrm{d}t$ 的形式,再利用定积分关于积分区间的可加性和牛顿-莱布尼茨公式计算.

令 $x-1=t$,则 $x=t+1$,$\mathrm{d}x=\mathrm{d}t$,且当 $x=-1$ 时,$t=-2$;当 $x=2$ 时,$t=1$.

故
$$\int_{-1}^2 f(x-1)\mathrm{d}x = \int_{-2}^1 f(t)\mathrm{d}t =$$
$$\int_{-2}^0 f(t)\mathrm{d}t + \int_0^1 f(t)\mathrm{d}t =$$
$$\int_{-2}^0 (1+t^2)\mathrm{d}t + \int_0^1 \mathrm{e}^{-t}\mathrm{d}t =$$
$$2 + \frac{1}{3}t^3 \Big|_{-2}^0 - \mathrm{e}^{-t}\Big|_0^1 = \frac{17}{3} - \frac{1}{\mathrm{e}}$$

例 14 计算 $\displaystyle\int_{-\infty}^{+\infty} \frac{x}{1+x^2}\mathrm{d}x$.

[错解] 因为被积函数 $f(x) = \dfrac{x}{1+x^2}$ 在对称区间 $(-\infty,+\infty)$ 上为奇函数,所以该积分值为 0.

[错解分析] 上述解法用错了对称性.根据反常积分的概念,$\displaystyle\int_{-\infty}^{+\infty} \frac{x}{1+x^2}\mathrm{d}x$ 是由两个反常积分 $\displaystyle\int_{-\infty}^{c} \frac{x}{1+x^2}\mathrm{d}x$ 和 $\displaystyle\int_{c}^{+\infty} \frac{x}{1+x^2}\mathrm{d}x$(其中 c 为任意取定的常数)组成的,而 $\displaystyle\int_{-\infty}^{c} \frac{x}{1+x^2}\mathrm{d}x = \lim_{b\to-\infty}\int_b^c \frac{x}{1+x^2}\mathrm{d}x$,$\displaystyle\int_c^{+\infty} \frac{x}{1+x^2}\mathrm{d}x = \lim_{a\to+\infty}\int_c^a \frac{x}{1+x^2}\mathrm{d}x$,显然两个变量 a,b 的变化趋势是不一样的,因此是不能用对称性来简化计算的.

[正确解法] 因为
$$\int_{-\infty}^{+\infty} \frac{x}{1+x^2}\mathrm{d}x = \int_{-\infty}^{0} \frac{x}{1+x^2}\mathrm{d}x + \int_0^{+\infty} \frac{x}{1+x^2}\mathrm{d}x$$

且
$$\int_{-\infty}^0 \frac{x}{1+x^2}\mathrm{d}x = \frac{1}{2}\ln(1+x^2)\Big|_{-\infty}^0 = \frac{1}{2}\ln 1 - \lim_{x\to-\infty}\frac{1}{2}\ln(1+x^2) =$$
$$-\lim_{x\to-\infty}\frac{1}{2}\ln(1+x^2) = \infty$$

所以反常积分 $\displaystyle\int_{-\infty}^0 \frac{x}{1+x^2}\mathrm{d}x$ 发散.

因此反常积分 $\displaystyle\int_{-\infty}^{+\infty} \frac{x}{1+x^2}\mathrm{d}x$ 发散.

温馨提示:定积分 $\int_{-a}^{a} f(x)\mathrm{d}x$ 可以利用奇偶函数在对称区间上的积分性质来简化计算,
即如果 $f(x)$ 在区间 $[-a,a]$ 上连续,则 $\int_{-a}^{a} f(x)\mathrm{d}x = \begin{cases} 2\int_{0}^{a} f(x)\mathrm{d}x, & f(-x)=f(x) \\ 0, & f(-x)=-f(x) \end{cases}$.但
是反常积分不具有上述性质,反常积分不能应用上述方法简化计算.

例 15 计算 $\int_{1}^{+\infty} \dfrac{1}{x(x+1)}\mathrm{d}x$.

[错解 1] $\int_{1}^{+\infty} \dfrac{1}{x(x+1)}\mathrm{d}x = \int_{1}^{+\infty} \left(\dfrac{1}{x} - \dfrac{1}{x+1}\right)\mathrm{d}x = \int_{1}^{+\infty} \dfrac{1}{x}\mathrm{d}x - \int_{1}^{+\infty} \dfrac{1}{1+x}\mathrm{d}x$

且
$$\int_{1}^{+\infty} \dfrac{1}{x}\mathrm{d}x = \ln x \Big|_{1}^{+\infty} =$$
$$\lim_{x\to+\infty} \ln x - \ln 1 = \infty$$

即反常积分 $\int_{1}^{+\infty} \dfrac{1}{x}\mathrm{d}x$ 发散,因此 $\int_{1}^{+\infty} \dfrac{1}{x(x+1)}\mathrm{d}x$ 发散.

[错解 2] $\int_{1}^{+\infty} \dfrac{1}{x(x+1)}\mathrm{d}x = \int_{1}^{+\infty} \left(\dfrac{1}{x} - \dfrac{1}{x+1}\right)\mathrm{d}x =$
$$[\ln x - \ln(1+x)] \Big|_{1}^{+\infty} =$$
$$\lim_{x\to+\infty} [\ln x - \ln(1+x)] - (\ln 1 - \ln 2)$$

由于 $\lim\limits_{x\to+\infty} [\ln x - \ln(1+x)] = \infty - \infty$,故 $\int_{1}^{+\infty} \dfrac{1}{x(x+1)}\mathrm{d}x$ 发散.

[错解分析] 错解 1 在" $\int_{1}^{+\infty} \left(\dfrac{1}{x} - \dfrac{1}{x+1}\right)\mathrm{d}x = \int_{1}^{+\infty} \dfrac{1}{x}\mathrm{d}x - \int_{1}^{+\infty} \dfrac{1}{1+x}\mathrm{d}x$ "这一步存在错误.
因为公式" $\int_{a}^{+\infty} [f(x) \pm g(x)]\mathrm{d}x = \int_{a}^{+\infty} f(x)\mathrm{d}x \pm \int_{a}^{+\infty} g(x)\mathrm{d}x$ "成立的前提条件是
$\int_{a}^{+\infty} f(x)\mathrm{d}x$ 和 $\int_{a}^{+\infty} g(x)\mathrm{d}x$ 都收敛,所以当 $\int_{a}^{+\infty} f(x)\mathrm{d}x$ 和 $\int_{a}^{+\infty} g(x)\mathrm{d}x$ 都发散时, $\int_{a}^{+\infty} [f(x) \pm g(x)]\mathrm{d}x$ 未必发散,因此解法 1 是错误的.

错解 2 在" $\lim\limits_{x\to+\infty} [\ln x - \ln(1+x)] = \infty - \infty$ "这一步存在错误.只有当 $\lim f(x)$ 和 $\lim g(x)$
都存在时,公式 $\lim\limits_{x\to\infty}[f(x) \pm g(x)] = \lim\limits_{x\to\infty} f(x) \pm \lim\limits_{x\to\infty} g(x)$ 才成立.注意,这里的极限存在是指
极限值为确定的实数,不能为 ∞,$+\infty$ 和 $-\infty$.错解 2 忽略了公式的使用条件,因此是错误的.

[正确解法] 本题有两种解法.

解法 1:利用错解 2 的求解方法,只需将错解 2 中错误的步骤修改如下:
$$\int_{1}^{+\infty} \dfrac{1}{x(x+1)}\mathrm{d}x = \cdots\cdots = \lim_{x\to+\infty} [\ln x - \ln(1+x)] - (\ln 1 - \ln 2) =$$
$$\lim_{x\to+\infty} \ln \dfrac{x}{1+x} + \ln 2 =$$

$$\lim_{x \to +\infty} \ln \frac{1}{\frac{1}{x} + 1} + \ln 2 =$$

$$\ln 1 + \ln 2 = \ln 2$$

解法 2：利用凑微分法求解.

$$\int_1^{+\infty} \frac{1}{x(x+1)} \mathrm{d}x = \int_1^{+\infty} \frac{1}{x^2 \left(1 + \frac{1}{x}\right)} \mathrm{d}x =$$

$$-\int_1^{+\infty} \frac{1}{1 + \frac{1}{x}} \mathrm{d}\left(1 + \frac{1}{x}\right) =$$

$$-\ln\left(1 + \frac{1}{x}\right) \Big|_1^{+\infty} =$$

$$-\lim_{x \to +\infty} \ln\left(1 + \frac{1}{x}\right) + \ln 2 =$$

$$-\ln 1 + \ln 2 = \ln 2$$

温馨提示：反常积分的本质是极限，其性质和极限是一样的，即如果 $\int_a^{+\infty} f(x)\mathrm{d}x$ 和 $\int_a^{+\infty} g(x)\mathrm{d}x$ 都收敛，则 $\int_a^{+\infty} [f(x) \pm g(x)]\mathrm{d}x$ 必收敛；如果 $\int_a^{+\infty} f(x)\mathrm{d}x$ 和 $\int_a^{+\infty} g(x)\mathrm{d}x$ 中一个收敛、一个发散，则 $\int_a^{+\infty} [f(x) \pm g(x)]\mathrm{d}x$ 必发散；如果 $\int_a^{+\infty} f(x)\mathrm{d}x$ 和 $\int_a^{+\infty} g(x)\mathrm{d}x$ 都发散，则 $\int_a^{+\infty} [f(x) \pm g(x)]\mathrm{d}x$ 未必发散.上述性质对瑕积分同样成立.

例 16 设 $f(x)$ 在 $[-a, a](a > 0)$ 上具有连续的二阶导数，$f(0) = 0$,证明至少存在一点 $\xi \in [-a, a]$,使得 $\int_{-a}^a f(x)\mathrm{d}x = \frac{1}{3} a^3 f''(\xi)$.

[错解] $f(x)$ 在 $x = 0$ 处的一阶泰勒公式为

$$f(x) = f(0) + f'(0)x + \frac{f''(\xi)}{2!} x^2 = f'(0)x + \frac{f''(\xi)}{2!} x^2$$

其中,ξ 介于 x 与 0 之间.则有

$$\int_{-a}^a f(x)\mathrm{d}x = \int_{-a}^a \left[f'(0)x + \frac{f''(\xi)}{2!} x^2\right]\mathrm{d}x =$$

$$0 + \int_{-a}^a \frac{f''(\xi)}{2!} x^2 \mathrm{d}x = \frac{f''(\xi)}{2!} \int_{-a}^a x^2 \mathrm{d}x = \frac{f''(\xi)}{2!} \cdot \frac{1}{3} x^3 \Big|_{-a}^a =$$

$$\frac{1}{3} a^3 f''(\xi)$$

[错解分析] 上述解法在 "$\int_{-a}^a \frac{f''(\xi)}{2!} x^2 \mathrm{d}x = \frac{f''(\xi)}{2!} \cdot \frac{1}{3} x^3 \Big|_{-a}^a$" 这一步存在错误,因为这里

的 ξ 是介于 x 与 0 之间的,定积分 $\int_{-a}^{a}\dfrac{f''(\xi)}{2!}x^2\mathrm{d}x$ 中的积分变量 $x\in[-a,a]$,即变量 x 是变化

的,所以定积分 $\int_{-a}^{a}\dfrac{f''(\xi)}{2!}x^2\mathrm{d}x$ 中的 ξ 也是随着 x 变化而变化的变量,而不是常量,因此 $f''(\xi)$

也是变量,不能把 $f''(\xi)$ 作为常数从积分号中提出来,故上述步骤是错误的.

[正确解法] $f(x)$ 在 $x=0$ 处的一阶泰勒公式为

$$f(x)=f(0)+f'(0)x+\frac{f''(\eta)}{2!}x^2=f'(0)x+\frac{f''(\eta)}{2!}x^2$$

其中,η 介于 x 与 0 之间.则有

$$\int_{-a}^{a}f(x)\mathrm{d}x=\int_{-a}^{a}\left[f'(0)x+\frac{f''(\eta)}{2!}x^2\right]\mathrm{d}x=$$

$$0+\int_{-a}^{a}\frac{f''(\eta)}{2!}x^2\mathrm{d}x=$$

$$\frac{1}{2}\int_{-a}^{a}f''(\eta)x^2\mathrm{d}x$$

由于 $f(x)$ 在 $[-a,a]$ 上具有连续的二阶导数,即 $f''(x)$ 在 $[-a,a]$ 上连续,所以由闭区间上连续函数的最值定理可知,函数 $f''(x)$ 在 $[-a,a]$ 上必有最大值和最小值,即一定存在 m 和 M,使得对任意的 $x\in[-a,a]$,都有 $m\leqslant f''(x)\leqslant M$,故 $m\leqslant f''(\eta)\leqslant M$,因此 $mx^2\leqslant x^2f''(\eta)\leqslant Mx^2$.由定积分的性质,得

$$\frac{1}{2}\int_{-a}^{a}mx^2\mathrm{d}x\leqslant\frac{1}{2}\int_{-a}^{a}x^2f''(\eta)\mathrm{d}x\leqslant\frac{1}{2}\int_{-a}^{a}Mx^2\mathrm{d}x$$

又因为

$$\frac{1}{2}\int_{-a}^{a}mx^2\mathrm{d}x=\frac{1}{2}\cdot2m\int_{0}^{a}x^2\mathrm{d}x=\frac{m}{3}x^3\bigg|_{0}^{a}=\frac{1}{3}ma^3$$

同理

$$\frac{1}{2}\int_{-a}^{a}Mx^2\mathrm{d}x=\frac{1}{3}Ma^3$$

所以

$$\frac{1}{3}ma^3\leqslant\frac{1}{2}\int_{-a}^{a}x^2f''(\eta)\mathrm{d}x\leqslant\frac{1}{3}Ma^3$$

即

$$\frac{1}{3}ma^3\leqslant\int_{-a}^{a}f(x)\mathrm{d}x\leqslant\frac{1}{3}Ma^3$$

因为 $a>0$,所以 $\dfrac{3}{a^3}>0$,上式各项同乘以 $\dfrac{3}{a^3}$,得

$$m\leqslant\frac{3}{a^3}\int_{-a}^{a}f(x)\mathrm{d}x\leqslant M$$

又因为 $f''(x)$ 在 $[-a,a]$ 上连续,所以由闭区间上连续函数的介值定理知,至少存在一点 $\xi\in[-a,a]$,使得

$$f''(\xi)=\frac{3}{a^3}\int_{-a}^{a}f(x)\mathrm{d}x$$

即

$$\int_{-a}^{a}f(x)\mathrm{d}x=\frac{1}{3}a^3f''(\xi)$$

第六章 定积分的应用

应用定积分理论解决几何、物理中的一些问题时,不仅需要掌握计算这些几何、物理量的公式,更要理解和掌握运用元素法将一个量表达成为定积分的分析方法.学生在应用元素法时,往往会忽略"所求量要具有可加性"这个前提条件,从而导致错误.

例1 求星形线 $x^{\frac{2}{3}} + y^{\frac{2}{3}} = a^{\frac{2}{3}}$ 在第一象限的部分与两个坐标轴所围成的平面图形的面积.

[错解] 因为面积 $A = \int_0^a y(x)\mathrm{d}x$,且星形线的参数方程为 $\begin{cases} x = a\cos^3 t \\ y = a\sin^3 t \end{cases} \left(0 \leqslant t \leqslant \dfrac{\pi}{2}\right)$,

所以

$$A = \int_0^a y(x)\mathrm{d}x = \int_0^{\frac{\pi}{2}} a\sin^3 t\,\mathrm{d}a\cos^3 t = -\frac{3}{32}\pi a^2$$

[错解分析] 上述解法在 "$\int_0^a y(x)\mathrm{d}x = \int_0^{\frac{\pi}{2}} a\sin^3 t\,\mathrm{d}a\cos^3 t$" 这一步存在错误.因为在进行定积分的换元时,将定积分的上下限弄颠倒了.

[正确解法] 由于面积元素 $\mathrm{d}A = y(x)\mathrm{d}x$,所以所求面积为 $A = \int_0^a y(x)\mathrm{d}x$.

又因为星形线的参数方程为 $\begin{cases} x = a\cos^3 t \\ y = a\sin^3 t \end{cases} \left(0 \leqslant t \leqslant \dfrac{\pi}{2}\right)$

故

$$A = \int_0^a y(x)\mathrm{d}x = \int_{\frac{\pi}{2}}^0 a\sin^3 t\,\mathrm{d}a\cos^3 t =$$

$$3a^2 \int_0^{\frac{\pi}{2}} \sin^4 t\,\cos^2 t\,\mathrm{d}t = 3a^2 \int_0^{\frac{\pi}{2}} (\sin^4 t - \sin^6 t)\mathrm{d}t =$$

$$3a^2 \left(\frac{3}{4} \times \frac{1}{2} \times \frac{\pi}{2} - \frac{5}{6} \times \frac{3}{4} \times \frac{1}{2} \times \frac{\pi}{2}\right) = \frac{3}{32}\pi a^2$$

例2 设有一长度为 l,线密度为 μ 的均匀细直棒,在其中垂线上距 a 单位处有一质量为 m 的质点 M,试计算该细棒对质点 M 的引力(其中引力系数为 k).

[错解] 以细棒所在直线为 x 轴,以细棒的中垂线为 y 轴建立如图 6.1 所示的平面直角坐标系,则细棒上小段 $[x, x+\mathrm{d}x]$ 对质点 M 的引力大小为

$$\mathrm{d}F = k\,\frac{m\mu}{a^2 + x^2}\mathrm{d}x$$

则细棒对质点 M 的引力为

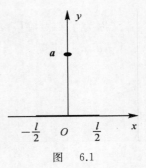

图 6.1

$$F = \int_{-\frac{l}{2}}^{\frac{l}{2}} k \, \frac{m\mu}{a^2 + x^2} \mathrm{d}x = \frac{2km\mu}{a} \arctan \frac{l}{2a}$$

[错解分析]上述解法在"$F = \int_{-\frac{l}{2}}^{\frac{l}{2}} k \, \dfrac{m\mu}{a^2 + x^2} \mathrm{d}x$"这一步存在错误.因为用定积分解决问题时,该问题必须要具有可加性.可加性的含义是:假设所求的量为 U,且 U 是一个与变量(如 x)的变化区间 $[a, b]$ 有关的量,如果把区间 $[a, b]$ 分成许多部分区间,则 U 相应地分成许多部分量,且 U 等于部分量之和.本题中,引力是矢量(也称为向量),不具有可加性,因此不能直接用定积分来求引力.在用定积分计算引力时,必须将积分表达式建立在引力的各分量上.

[正确解法]以细棒所在直线为 x 轴,以细棒的中垂线为 y 轴建立如图 6.2 所示的平面直角坐标系,则细棒上小段 $[x, x + \mathrm{d}x]$ 对质点 M 的引力大小为

$$\mathrm{d}F = k \, \frac{m\mu}{a^2 + x^2} \mathrm{d}x$$

故水平分力元素为

$$\mathrm{d}F_x = \mathrm{d}F \sin\alpha = km\mu \, \frac{x}{(a^2 + x^2)^{\frac{3}{2}}} \mathrm{d}x$$

水平分力为

$$F_x = \int_{-\frac{l}{2}}^{\frac{l}{2}} km\mu \, \frac{x}{(a^2 + x^2)^{\frac{3}{2}}} \mathrm{d}x = 0$$

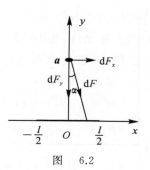

图　6.2

而垂直分力元素为

$$\mathrm{d}F_y = -\mathrm{d}F \cos\alpha = -km\mu \, \frac{a}{(a^2 + x^2)^{\frac{3}{2}}} \mathrm{d}x$$

垂直分力为

$$
\begin{aligned}
F_y &= -\int_{-\frac{l}{2}}^{\frac{l}{2}} km\mu \, \frac{a}{(a^2 + x^2)^{\frac{3}{2}}} \mathrm{d}x = \\
&\quad -2km\mu a \int_{0}^{\frac{l}{2}} \frac{\mathrm{d}x}{(a^2 + x^2)^{\frac{3}{2}}} = \\
&\quad -2km\mu a \left[\frac{x}{a^2 \sqrt{a^2 + x^2}} \right] \Bigg|_{0}^{\frac{l}{2}} = \\
&\quad -\frac{2km\mu l}{a} \, \frac{1}{\sqrt{4a^2 + l^2}}
\end{aligned}
$$

故细棒对质点 M 的引力大小为 $F = \dfrac{2km\mu l}{a} \, \dfrac{1}{\sqrt{4a^2 + l^2}}$,方向为与细棒垂直且指向细棒.

第七章　微　分　方　程

　　微分方程是最有利于培养学生综合应用所学数学知识解决实际问题能力的知识点,微分方程是解决实际问题的重要工具,因此,熟练掌握几类微分方程的求解方法是本章内容学习的基本要求.学生在求解微分方程时常见的错误类型主要有:求通解时忽略通解中"独立的任意常数的个数与方程的阶数相同"这个条件;对需要先建立微分方程再求解的题目往往忽视题目中所隐藏的条件;求特解时,混淆特解的概念,所求特解并非题目中所要求的特解;忽视特征方程的使用条件,乱用特征方程等.

　　例 1　微分方程都有通解吗?

　　[错解]是的.

　　[错解分析]上述解法错误地理解了微分方程与其通解的关系.

　　[正确解法]并不是所有的微分方程都存在通解.例如,微分方程 $|y'|+y^2=0$ 只有一个解 $y=0$.

　　例 2　微分方程的通解一定包含方程所有的特解吗?

　　[错解]因为含有独立的任意常数的个数与微分方程的阶数相同的解称为微分方程的通解,确定了通解中任意常数的解称为微分方程的特解,所以特解都是通过把微分方程通解中的任意常数确定后得到的,因此微分方程的通解一定包含方程所有的特解.

　　[错解分析]上述解法有两处错误:第一,把微分方程的特解的概念理解错了,不含任意常数的解称为微分方程的特解;第二,把微分方程的通解与特解的关系理解错了,并非所有的特解都是通过把通解中的任意常数确定后得到的,微分方程的通解并非包含方程所有的特解,因此上述理解是错误的.

　　[正确解法]微分方程的通解未必包含微分方程所有的特解.例如,$y=0$ 是微分方程 $y'^2-4y=0$ 的一个特解,但是该特解并没包含在微分方程的通解 $y=(x+C)^2$ 中.

> **温馨提示**:微分方程的通解未必包含方程所有的特解,但是线性微分方程的通解包含方程所有的特解.

　　例 3　求微分方程 $x\dfrac{\mathrm{d}y}{\mathrm{d}x}-y\ln y=0$ 的通解.

　　[错解]分离变量,得

$$\frac{\mathrm{d}y}{y\ln y}=\frac{\mathrm{d}x}{x}$$

上式两边同时取不定积分,得

$$\ln|\ln y|=\ln|x|+C$$

即 $\ln y=\mathrm{e}^{\ln|x|+C}=|x|\mathrm{e}^C$,故方程的通解为 $y=\mathrm{e}^{|x|\mathrm{e}^C}=\mathrm{e}^{\pm x\cdot\mathrm{e}^C}=\mathrm{e}^{Cx}$.

　　[错解分析]上述解法有两处错误:第一,在"$\ln|\ln y|=\ln|x|+C$,所以 $\ln y=\mathrm{e}^{\ln|x|+C}$"这

一步存在错误,这步解法忽略了 $\ln y$ 的取值范围,由已知条件"$\ln|\ln y|=\ln|x|+C$",得到的结论应是"$\ln y=\pm \mathrm{e}^{\ln|x|+C}$",因此上述步骤是错误的;第二,在"$\mathrm{e}^{\pm x\mathrm{e}^{C}}=\mathrm{e}^{Cx}$"这一步存在错误.因为式子左右两端的任意常数"$C$"取值不同,不是同一个"$C$",所以不能用同一个字母"$C$"来表示,因此上述步骤是错误的.

[正确解法]本题可以有两种方法求解.

方法 1:利用分离变量法求解.

分离变量,得
$$\frac{\mathrm{d}y}{y\ln y}=\frac{\mathrm{d}x}{x}$$

上式两边同时取不定积分,得
$$\int \frac{\mathrm{d}y}{y\ln y}=\int \frac{\mathrm{d}x}{x}$$

即
$$\ln|\ln y|=\ln|x|+C_1 \quad \text{(其中 } C_1 \text{ 为任意常数)}$$

则有 $\ln y=\pm \mathrm{e}^{\ln|x|+C_1}=\pm x\mathrm{e}^{C_1}$,故 $y=\mathrm{e}^{\pm x\mathrm{e}^{C_1}}=\mathrm{e}^{x(\pm \mathrm{e}^{C_1})}=\mathrm{e}^{C_2 x}$,其中 $C_2=\pm \mathrm{e}^{C_1}\neq 0$.

又因为 $y=1$ 也是方程的解,如果令 $C_2=0$,则 $y=1$ 就包含在通解中,因此方程的通解为 $y=\mathrm{e}^{Cx}$,其中 C 为任意常数.

方法 2:把该方程看成是一阶齐次线性微分方程,直接利用一阶齐次线性微分方程的通解公式求解.

原方程可变形为
$$\frac{\mathrm{d}x}{\mathrm{d}y}-\frac{x}{y\ln y}=0$$

该微分方程是关于 x 的一阶齐次线性微分方程,利用其通解公式可得方程的通解为
$$x=C\mathrm{e}^{\int \frac{\mathrm{d}y}{y\ln y}}=C\mathrm{e}^{\int \frac{\mathrm{d}\ln y}{\ln y}}=C\mathrm{e}^{\ln\ln y}=C\ln y$$

温馨提示:1. 求解可分离变量的微分方程时,分离变量后,等式两边同时取不定积分时,千万不能把任意常数放到最后一步再加.例如,例 3 中,如果将求解过程改为 $\ln|\ln y|=\ln|x|$,从而求得通解为 $y=\mathrm{e}^{\pm x}+C$,就会得到错误结果.

2. 关于 x 的一阶线性微分方程的标准型方程为 $\dfrac{\mathrm{d}x}{\mathrm{d}y}+P(y)x=Q(y)$,其通解为
$$x=\mathrm{e}^{-\int P(y)\mathrm{d}y}\left(\int Q(y)\mathrm{e}^{\int P(y)\mathrm{d}y}\mathrm{d}y+C\right)$$
利用上述通解公式求微分方程的通解时,公式中的每个不定积分只需求出一个原函数即可.

3. 可分离变量的微分方程的求解难点在于任意常数 C 的写法,写法不同,可能导致求解过程和复杂度不同,也有可能导致通解的形式不同.例如,例 3 中如果将求解步骤"$\ln|\ln y|=\ln|x|+C_1$"改成"$\ln|\ln y|=\ln|x|+\ln|C_1|$",则这时的 C_1 为任意非零常数,且化简过程就变成了 $\ln|\ln y|=\ln|C_1 x| \Rightarrow \ln y=C_1 x \Rightarrow y=\mathrm{e}^{C_1 x}$.显然,这个求解过程比解法 1 简单.因此,在应用分离变量法求解微分方程时,可根据方程的特点灵活地书写任意常数.

例 4 设 $y = e^{2x}$ 是微分方程 $y'' + py' + 6y = 0$ 的一个解,求此方程的通解.

[错解] 所给方程的特征方程为 $r^2 + pr + 6 = 0$,由题意可知 $r = 2$ 是特征方程的一个根,根据一元二次方程根与系数的关系可得特征方程的另一个根为 $r = 3$,所以方程的通解为

$$y = C_1 e^{2x} + C_2 e^{3x}$$

[错解分析] 上述解法在"所给方程的特征方程是 $r^2 + pr + 6 = 0$"这一步存在错误.因为只有常系数线性微分方程才有特征方程,这里并不能确定 p 为常数,也不能确定微分方程是否为线性的,所以不能直接应用特征方程、特征根的方法求通解,因此上述解法是错误的.

[正确解法] 本题应该先根据微分方程的解的概念,把函数 $y = e^{2x}$ 代入到方程 $y'' + py' + 6y = 0$ 中,求出未知量 p,再根据方程的类型采用相应的方法求其通解.

把 $y = e^{2x}$ 代入到微分方程 $y'' + py' + 6y = 0$ 中并化简,得 $(4 + 2p + 6)e^{2x} = 0$.因为 $e^{2x} \neq 0$,所以 $10 + 2p = 0$,故 $p = -5$.因此原微分方程就是 $y'' - 5y' + 6y = 0$.显然该微分方程是二阶常系数齐次线性微分方程,其特征方程为 $r^2 - 5r + 6 = 0$,特征根为 $r_1 = 2, r_2 = 3$,故微分方程的通解为

$$y = C_1 e^{2x} + C_2 e^{3x}$$

例 5 求微分方程 $y'' - 4y = 0$ 的通解.

[错解 1] 该微分方程的特征方程为 $r^2 - 4r = 0$,特征根为 $r_1 = 0, r_2 = 4$,因此该微分方程的通解为

$$y = C_1 + C_2 e^{4x}$$

[错解 2] 该微分方程的特征方程为 $r^2 - 4 = 0$,特征根为 $r_1 = -2, r_2 = 2$,因此该微分方程的通解为

$$C_1 e^{-2x} + C_2 e^{2x}$$

[错解分析] 错解 1 在"该微分方程的特征方程为 $r^2 - 4r = 0$"这一步存在错误.因为该微分方程的特征方程为"$r^2 - 4 = 0$",所以上述步骤是错误的.

错解 2 在"该微分方程的通解为 $C_1 e^{-2x} + C_2 e^{2x}$"这一步存在错误.因为微分方程的解、通解以及特解都是函数,所以必须写成函数的形式.例如,以 x, y 表示的微分方程的解要么写成显函数 $y = f(x)$ 或 $x = h(y)$ 的形式,要么用隐函数 $\varphi(x, y) = 0$ 来表示.错解 2 求出的"$C_1 e^{-2x} + C_2 e^{2x}$"不是函数,因此"$C_1 e^{-2x} + C_2 e^{2x}$"不能称为方程的通解,故上述步骤是错误的.

[正确解法] 只需将错解 2 中的结论"该微分方程的通解为 $C_1 e^{-2x} + C_2 e^{2x}$"改为"该微分方程的通解为 $y = C_1 e^{-2x} + C_2 e^{2x}$"即可.

温馨提示: 学生在写二阶常系数齐次线性微分方程的特征方程时经常会出错,尤其是遇到非标准型(称 $y'' + py' + qy = 0$ 为标准型的二阶常系数齐次线性微分方程,其中 p, q 为常数)的微分方程时就束手无策,而且错误百出.其实,只要掌握和熟记特征方程的形成技巧就不会出错,其形成方式是将所给微分方程中的 y'' 换成 r^2,将 y' 换成 r,将 y 换成 1,其它系数和符号都保持不变,这样得到的方程就是特征方程.

例 6 求微分方程 $y''' + y'' = 0$ 的通解.

[错解] 该微分方程的特征方程为 $r^3 + r^2 = 0$,即 $r^2(1 + r) = 0$.特征根为 $r_1 = 0, r_2 = -1$,因此所求微分方程的通解为

$$y = C_1 + C_2 e^{-x}$$

［错解分析］由于题目所给微分方程是三阶微分方程，按照微分方程通解的概念，其通解中应该含有三个独立的任意常数，但是上述解法所得解 $y=C_1+C_2\mathrm{e}^{-x}$ 中只含有两个独立的任意常数，因此函数 $y=C_1+C_2\mathrm{e}^{-x}$ 并不是所求微分方程的通解.上述解法在"特征根为 $r_1=0$，$r_2=-1$"这一步存在错误.因为根据代数学知识——n 次方程有 n 个根（重根按重数计算），方程 $r^3+r^2=0$ 是三次方程，它应该有 3 个根，但是上述解法只求出了两个根，忽略了 $r=0$ 是二重根这个事实，因此是错误的.

［正确解法］该微分方程的特征方程为 $r^3+r^2=0$，即 $r^2(1+r)=0$.特征根为 $r_1=r_2=0$，$r_3=-1$，因此所求微分方程的通解为

$$y=C_1+C_2x+C_3\mathrm{e}^{-x}$$

温馨提示：学生在学习过程中，求出的通解所含独立的任意常数的个数与方程的阶数不相同这种错误经常出现，出现这种错误的主要原因是学生忽略了对微分方程的通解概念的理解.在教学过程中，教师要重视基本概念的教学，创造条件帮助学生理解和掌握基本概念.

例 7　已知函数 $f(x)$ 具有一阶连续导数，且满足方程 $f(x)=x^2+\int_0^x f(t)\mathrm{d}t$，求 $f(x)$.

［错解］等式 $f(x)=x^2+\int_0^x f(t)\mathrm{d}t$ 两边同时关于 x 求导，得

$$f'(x)=2x+f(x)$$

即
$$f'(x)-f(x)=2x \tag{1}$$

方程（1）是一阶线性微分方程，利用一阶线性微分方程的通解公式，得

$$f(x)=\mathrm{e}^{\int \mathrm{d}x}\left(\int 2x\,\mathrm{e}^{-\int \mathrm{d}x}\,\mathrm{d}x+C\right)=$$

$$\mathrm{e}^x\left(\int 2x\,\mathrm{e}^{-x}\,\mathrm{d}x+C\right)=$$

$$\mathrm{e}^x\left(-2x\,\mathrm{e}^{-x}+2\int \mathrm{e}^{-x}\,\mathrm{d}x+C\right)=$$

$$\mathrm{e}^x\left(-2x\,\mathrm{e}^{-x}-2\mathrm{e}^{-x}+C\right)=$$

$$C\mathrm{e}^x-2x-2$$

［错解分析］上述解法求解不彻底.该解法只求出了满足条件的函数族，其实，这里的 $f(x)$ 只有一个，本题实质上属于初值问题，其中初始条件 $f(0)=0$ 隐藏在题目中，故还需要把 $f(0)=0$ 代入通解 $f(x)=C\mathrm{e}^x-2x-2$ 中，解出常数 C.上述解法忽视了 $f(0)=0$ 这个初始条件，因此是错误的.

［正确解法］前面步骤同错解，只需在求出 $f(x)=C\mathrm{e}^x-2x-2$ 的基础上补充下列步骤即可：

把 $x=0$ 代入方程 $f(x)=x^2+\int_0^x f(t)\mathrm{d}t$ 中，得 $f(0)=0$.

把 $f(0)=0$ 代入通解 $f(x)=Ce^x-2x-2$ 中,解得 $C=2$,故得

$$f(x)=2(e^x-x-1)$$

温馨提示: 当未知函数 $f(x)$ 出现在积分号内,而积分限与 x 有关时,一般都要通过对 x 求导转化为微分方程求解 $f(x)$.特别要注意的是,这类题目往往是初值问题,且初始条件就隐含在方程之中,需要从方程中找出来.

例 8 已知微分方程 $y''+P(x)y'+Q(x)y=f(x)$ 有三个特解 $y_1=x$,$y_2=e^x$,$y_3=e^{2x}$,求该方程满足初始条件 $y(0)=1$,$y'(0)=3$ 的特解.

[错解] 该微分方程的通解为

$$y=C_1e^x+C_2e^{2x}+x$$

把 $y(0)=1$,$y'(0)=3$ 代入上述通解中,解得 $C_1=0$,$C_2=1$.

因此该微分方程的特解为 $\qquad y=e^{2x}+x$

[错解分析] 上述解法在"该微分方程的通解为 $y=C_1e^x+C_2e^{2x}+x$"这一步存在错误.因为函数 $y=C_1e^x+C_2e^{2x}+x$ 并不是微分方程的 $y''+P(x)y'+Q(x)y=f(x)$ 的解,更不是方程的通解.根据齐次线性微分方程解的结构,若 $y_1(x)$、$y_2(x)$ 是二阶齐次线性微分方程 $y''+P(x)y'+Q(x)y=0$ 的两个线性无关的特解,则 $y=C_1y_1(x)+C_2y_2(x)$ 一定是方程的通解.本题中,$y_2=e^x$,$y_3=e^{2x}$ 是非齐次方程的特解,不是对应齐次方程的特解,故 $Y=C_1e^x+C_2e^{2x}$ 并不是齐次方程的通解,因此上述解法是错误的.其实,y_2-y_3 才是对应齐次方程的特解.

[正确解法] 因为 $y_1=x$,$y_2=e^x$,$y_3=e^{2x}$ 是方程 $y''+P(x)y'+Q(x)y=f(x)$ 线性无关的特解,所以 y_2-y_1 和 y_3-y_1 是齐次线性微分方程 $y''+P(x)y'+Q(x)y=0$ 线性无关的两个特解.依据齐次线性微分方程解的结构可知,方程 $y''+P(x)y'+Q(x)y=0$ 的通解为

$$Y=C_1(y_2-y_1)+C_2(y_3-y_1)$$

其中 C_1,C_2 是任意常数.

由二阶非齐次线性微分方程解的结构,可得方程 $y''+P(x)y'+Q(x)y=f(x)$ 的通解为

$$y=Y+y_1=C_1(e^x-x)+C_2(e^{2x}-x)+x$$

又因为 $y(0)=1$,$y'(0)=3$,所以有

$$\begin{cases} y(0)=C_1+C_2=1 \\ y'(0)=C_2+1=3 \end{cases}$$

解上述方程组,得 $C_1=-1$,$C_2=2$.

因此,方程 $y''+P(x)y'+Q(x)y=f(x)$ 满足初始条件的特解为

$$y=2e^{2x}-e^x$$

温馨提示: 1. 若函数 $y_1(x)$,$y_2(x)$ 是二阶非齐次线性微分方程

$$y''+P(x)y'+Q(x)y=f(x)$$

的两个解,则 $y=\pm[y_1(x)-y_2(x)]$ 是其对应的齐次线性微分方程

$$y''+P(x)y'+Q(x)y=0$$

的解.

2. 若函数 $y_1(x), y_2(x), y_3(x)$ 是二阶非齐次线性微分方程

$$y'' + P(x)y' + Q(x)y = f(x)$$

的三个线性无关的特解,则该微分方程的通解可以表示为

$$y = C_1[y_1(x) - y_2(x)] + C_2[y_1(x) - y_3(x)] + y_i(x)$$

或者

$$y = C_1[y_1(x) - y_2(x)] + C_2[y_2(x) - y_3(x)] + y_i(x)$$

或者

$$y = C_1[y_1(x) - y_3(x)] + C_2[y_2(x) - y_3(x)] + y_i(x)$$

其中 $i = 1, 2, 3$.

例 9　求微分方程 $y'' - 2y' - 3y = 8e^{3x}$ 满足 $y|_{x=0} = 0, y'|_{x=0} = 1$ 的特解.

[错解]该微分方程所对应的齐次方程为

$$y'' - 2y' - 3y = 0$$

该齐次方程的特征方程为 $r^2 - 2r - 3 = 0$,特征根为 $r_1 = -1, r_2 = 3$.由于 $\lambda = 3$ 是特征方程的单根,所以设 $y^* = xae^{3x}$ 是非齐次方程 $y'' - 2y' - 3y = 8e^{3x}$ 的一个特解,其中 a 是待定系数.

把 $y^* = xae^{3x}$ 代入方程 $y'' - 2y' - 3y = 4e^{3x}$ 并整理,得 $4a = 8$,则 $a = 2$.因此,所求的微分方程的特解为 $y^* = 2xe^{3x}$.

[错解分析]上述解法把微分方程满足初始条件的特解的概念理解错了.要求微分方程满足一定条件的特解,需要先求出微分方程的通解,再把已知条件代入,确定出通解中任意常数的值,就可得到方程满足条件的特解.上述解法用待定系数法所求出的特解 $y^* = 2xe^{3x}$ 只是该微分方程的特解之一,该特解是否满足所给初始条件是不知道的,因此上述解法是错误的.

[正确解法]本题应先求出微分方程的通解,再利用初始条件确定特解.

该微分方程所对应的齐次方程为

$$y'' - 2y' - 3y = 0$$

该齐次方程的特征方程为 $r^2 - 2r - 3 = 0$,特征根为 $r_1 = -1, r_2 = 3$.

因此,该齐次方程的通解为　　　$Y = C_1 e^{-x} + C_2 e^{3x}$

由于 $\lambda = 3$ 是特征方程的单根,因此设 $y^* = xae^{3x}$ 是非齐次方程 $y'' - 2y' - 3y = 8e^{3x}$ 的一个特解,其中 a 是待定系数.

把 $y^* = xae^{3x}$ 代入微分方程 $y'' - 2y' - 3y = 8e^{3x}$,整理可得 $4a = 8$,则有 $a = 2$.故得微分方程 $y'' - 2y' - 3y = 8e^{3x}$ 的一个特解为

$$y^* = 2xe^{3x}$$

因此,微分方程 $y'' - 2y' - 3y = 8e^{3x}$ 的通解为

$$y = Y + y^* = C_1 e^{-x} + C_2 e^{3x} + 2xe^{3x}$$

又因为 $y|_{x=0} = 0, y'|_{x=0} = 1$,可得

$$\begin{cases} y|_{x=0} = C_1 + C_2 = 0 \\ y'|_{x=0} = -C_1 + 3C_2 + 2 = 1 \end{cases}$$

解上述方程组,得 $C_1 = \dfrac{1}{4}, C_2 = -\dfrac{1}{4}$,因此所求微分方程的特解为

$$y = \frac{1}{4}e^{-x} - \frac{1}{4}e^{3x} + 2xe^{3x}$$

第八章　向量代数与空间解析几何

在平面解析几何中,通过坐标把平面上的点与一对有次序的数对应起来,把平面上的图形和方程对应起来,从而可以用代数方法来研究几何问题.空间解析几何也是按照类似的方法建立起来的.正如平面解析几何的知识对学习一元函数微积分不可缺少一样,空间解析几何知识对学习多元函数微积分也是必不可少的.例如,曲面的方程及其图形的描绘、曲面在坐标面上的投影是积分学中三重积分和曲面积分的基础.在学习过程中,学生常出现概念性的错误,例如,与已知非零向量平行的单位向量有两个,但是学生往往忽略了与已知向量方向相反的单位向量;在求平面、直线方程时,经常将平面方程写成直线方程,将直线方程写成平面方程;认为两条直线垂直时它们一定有交点等.

例 1　设向量 $a=(3,5,8)$,$b=(2,-4,-7)$,求向量 $c=2a+b$ 在 x 轴上的投影及分向量.

[错解] 因为 $c=2a+b=(8,6,9)$,所以向量 c 在 x 轴上的投影及分向量都是 8.

[错解分析] 上述解法在"向量 c 在 x 轴上的投影及分向量都是 8"这一步存在错误,因为向量在坐标轴上的分向量是向量,向量在坐标轴上的投影是一个数,上述解法混淆了这两个概念,因此是错误的.

[正确解法] 由 $c=2a+b=(8,6,9)$,可得向量 c 在 x 轴上的投影是 8,在 x 轴上的分向量是 $8i$.

> **温馨提示**:向量 $a=(a_x,a_y,a_z)$ 在三个坐标轴上的投影分别是 a_x,a_y,a_z;在三个坐标轴上的分量分别是 $a_x i,a_y j,a_z k$.

例 2　设向量 $a=(2,-1,-2)$,求与向量 a 平行的单位向量 b.

[错解]
$$b=\frac{a}{|a|}=\frac{1}{3}(2,-1,-2)$$

[错解分析] 上述解法的求解过程不完整.因为与向量 a 平行的单位向量有两个,其中一个是与向量 a 同方向的单位向量,另外一个是与向量 a 反方向的单位向量,上述解法只求出了与向量 a 同方向的单位向量,忽略了与向量 a 反方向的单位向量,所以是错误的.

[正确解法]
$$b=\pm\frac{a}{|a|}=\pm\frac{1}{3}(2,-1,-2)$$

> **温馨提示**:若两个非零向量方向相同或者相反,则称这两个向量平行.因此,与非零向量 $a=(a_x,a_y,a_z)$ 平行的单位向量为
> $$\pm\frac{a}{|a|}=\pm\frac{1}{\sqrt{a_x^2+a_y^2+a_z^2}}(a_x,a_y,a_z)$$

例 3　设向量 $a=(2,-3,6)$,$b=(-1,2,-2)$,求向量 a,b 的夹角平分线上的单位向量.

[错解]令 $c=a+b=(1,-1,4)$，则所求向量为

$$c^0=\frac{c}{|c|}=\frac{1}{\sqrt{18}}(1,-1,4)$$

[错解分析]依据向量加法的平行四边形法则，若 $|a|=|b|$，则 $a+b$ 就是向量 a 和 b 夹角平分线上的一个向量.而对于一般的向量 a,b，向量 $\frac{a}{|a|}+\frac{b}{|b|}$ 才是它们夹角平分线上的一个向量.上述解法忽略了 $|a|=|b|$ 这个条件，因此是错误的.

[正确解法]令 $c=\frac{a}{|a|}+\frac{b}{|b|}=\frac{1}{21}(-1,5,4)$，则所求向量为

$$c^0=\frac{c}{|c|}=\frac{\sqrt{42}}{42}(-1,5,4)$$

例4 已知 $a\cdot b=2$ 且 $|a|=2,|b|=\sqrt{2}$，求 $|a\times b|$.

[错解]设向量 a,b 的夹角为 θ，其中 $\theta\in[0,\frac{\pi}{2}]$.

因为 $a\cdot b=|a||b|\cos\theta=2$，所以 $\cos\theta=\frac{\sqrt{2}}{2}$，可得 $\theta=\frac{\pi}{4}$.

故 $$|a\times b|=||a||b|\sin\theta|=\left|2\times\sqrt{2}\times\frac{\sqrt{2}}{2}\right|=2$$

[错解分析]上述解法有两处错误：第一，在"$\theta\in\left[0,\frac{\pi}{2}\right]$"这一步存在错误.因为两个向量夹角的取值范围是 $[0,\pi]$；第二，在"$|a\times b|=||a||b|\sin\theta|$"这一步存在错误，因为 $|a\times b|=|a||b|\sin\theta$.上述两处错误都属概念性错误，说明对概念不理解或者对概念不熟悉.在学习过程中一定要注重对基本概念、基本定理的学习和理解.

[正确解法]设向量 a,b 的夹角为 θ，其中 $\theta\in[0,\pi]$.

因为 $a\cdot b=|a||b|\cos\theta=2$，所以 $\cos\theta=\frac{\sqrt{2}}{2}$，可得 $\theta=\frac{\pi}{4}$.

故 $$|a\times b|=|a||b|\sin\theta=2\times\sqrt{2}\times\frac{\sqrt{2}}{2}=2$$

例5 设 $|a|=4,|b|=3,(a\overset{\wedge}{,}b)=\frac{\pi}{6}$，求以向量 $a+2b$ 和 $a-3b$ 为邻边的平行四边形的面积 S.

[错解] $S=|(a+2b)\times(a-3b)|=|a\times a-3a\times b+2b\times a-6b\times b|$

因为 $a\times b=b\times a$，所以 $S=|a\times b|=|a||b|\sin(a\overset{\wedge}{,}b)=4\times3\times\frac{1}{2}=6$.

[错解分析]上述解法在"因为 $a\times b=b\times a$，所以 $S=|a\times b|$"这一步存在错误.因为 $a\times b$ 与 $b\times a$ 不相等，$a\times b$ 与 $b\times a$ 这两个向量的模相等但是方向相反，即 $a\times b=-b\times a$，所以上述步骤是错误的.

[正确解法] $S=|(a+2b)\times(a-3b)|=|a\times a-3a\times b+2b\times a-6b\times b|$

由于 $a \times b = -b \times a$,则有

$$S = |-5a \times b| = 5|a||b|\sin(\overset{\wedge}{a,b}) = 5 \times 4 \times 3 \times \frac{1}{2} = 30$$

例 6 设向量 $a = (2,4,-1), b = (0,-1,1)$,求同时垂直于 a, b 的单位向量.

[错解] 令
$$c = a \times b = \begin{vmatrix} i & j & k \\ 2 & 4 & -1 \\ 0 & -1 & 1 \end{vmatrix} = 3i - 2j - 2k$$

则所求向量为

$$c^0 = \frac{c}{|c|} = \frac{1}{\sqrt{17}}(3,-2,-2)$$

[错解分析] 同时垂直于 a, b 的单位向量有两个,它们的方向是相反的,上述解法只求出了与 $a \times b$ 方向相同的单位向量,忽略了与 $a \times b$ 方向相反的单位向量,因此是错误的.

[正确解法] 本题用两种方法求解.

方法 1:设所求的单位向量为 e^0,则 e^0 平行于 $a \times b$,可得

$$e^0 = \pm \frac{a \times b}{|a \times b|} = \pm \frac{1}{\sqrt{17}}(3,-2,-2)$$

方法 2:设所求的单位向量为 $e^0 = (x,y,z)$,则 $e^0 \cdot a = 0, e^0 \cdot b = 0$,即

$$\begin{cases} 2x + 4y - z = 0 \\ -y + z = 0 \\ x^2 + y^2 + z^2 = 1 \end{cases} \tag{1}$$

解方程组(1),有 $x = -\frac{3}{\sqrt{17}}, y = \frac{2}{\sqrt{17}}, z = \frac{2}{\sqrt{17}}$ 或 $x = \frac{3}{\sqrt{17}}, y = -\frac{2}{\sqrt{17}}, z = -\frac{2}{\sqrt{17}}$.

故
$$e^0 = \pm \frac{1}{\sqrt{17}}(3,-2,-2)$$

例 7 设向量 $a + 3b$ 垂直于向量 $7a - 5b$,向量 $a - 4b$ 垂直于向量 $7a - 2b$,求向量 a, b 的夹角 θ.

[错解] 根据题意,得

$$\begin{cases} (a + 3b) \cdot (7a - 5b) = 0 \\ (a - 4b) \cdot (7a - 2b) = 0 \end{cases}$$

即
$$\begin{cases} 7|a|^2 + 16a \cdot b - 15|b|^2 = 0 & \tag{1} \\ 7|a|^2 - 30a \cdot b + 8|b|^2 = 0 & \tag{2} \end{cases}$$

式(1)−式(2),有 $\qquad\qquad\qquad 2a \cdot b = |b|^2$

可得 $\qquad\qquad\qquad 2|a||b|\cos\theta = |b|^2$

因此 $\qquad\qquad\qquad \theta = \arccos \frac{|b|}{2|a|}$

[错解分析] 上述解法步骤是正确的,但是求解不彻底,即没求出 θ 具体的值.

[正确解法] 前面步骤同错解,解出 $2a \cdot b = |b|^2$ 之后,将 $2a \cdot b = |b|^2$ 代入方程组中任意

一个式子中,解出 $|\boldsymbol{a}|$ 与 $|\boldsymbol{b}|$ 的关即可.

不妨将其代入式(1),可得 $|\boldsymbol{a}|=|\boldsymbol{b}|$.

故
$$\theta=\arccos\frac{|\boldsymbol{b}|}{2|\boldsymbol{a}|}=\arccos\frac{1}{2}=\frac{\pi}{3}$$

例8　一直线与直线 $L_1:\dfrac{x-1}{3}=\dfrac{y}{2}=\dfrac{z+1}{1}$ 垂直,与直线 $L_2:\dfrac{x}{2}=y=\dfrac{z}{-1}$ 相交,并且过点 $A(1,2,1)$,求此直线的方程.

[错解]设所求直线与直线 L_1 的交点为 $B(3t+1,2t,t-1)$,则所求直线的方向向量 $\boldsymbol{s}//\overrightarrow{BA}$,且向量 $\overrightarrow{BA}$ 垂直于直线 L_1 的方向向量 $\boldsymbol{s}_1=(3,2,1)$,故 $\overrightarrow{BA}\cdot\boldsymbol{s}_1=0$,即
$$(3t,2t-2,t-2)\cdot(3,2,1)=0$$

解之得
$$t=\frac{3}{7}$$

故
$$\overrightarrow{BA}=\left(\frac{9}{7},-\frac{8}{7},-\frac{11}{7}\right)=\frac{1}{7}(9,-8,-11)$$

取 $\boldsymbol{s}=(9,-8,-11)$,则所求直线方程为
$$\frac{x-1}{9}=\frac{y-2}{-8}=\frac{z-1}{-11}$$

[错解分析]上述解法在"设所求直线与直线 L_1 的交点为 $B(3t+1,2t+1,t-1)$"这一步存在错误.因为两条直线垂直可以是异面垂直也可以是共面垂直,当两条直线异面垂直时,这两条直线没有交点,只有两条直线共面垂直时才有交点,即当两条直线垂直时,这两条直线未必有交点,上述解法忽视了这一点,"随心所欲"地认为两条直线垂直一定存在交点,因此是错误的.

[正确解法]设所求直线与 L_2 的交点为 $B(2t,t,-t)$,则所求直线的方向向量 $\boldsymbol{s}//\overrightarrow{BA}$.又因为所求直线与 L_1 垂直,所以向量 $\overrightarrow{BA}$ 与直线 L_1 的方向向量 $\boldsymbol{s}_1=(3,2,1)$ 垂直,所以 $\overrightarrow{BA}\cdot\boldsymbol{s}_1=0$,即
$$(2t-1,t-2,-t-1)\cdot(3,2,1)=0$$

解之得
$$t=\frac{8}{7}$$

故
$$\overrightarrow{BA}=\left(\frac{9}{7},-\frac{6}{7},-\frac{15}{7}\right)=\frac{3}{7}(3,-2,-5)$$

取 $\boldsymbol{s}=(3,-2,-5)$,则所求直线方程为
$$\frac{x-1}{3}=\frac{y-2}{-2}=\frac{z-1}{-5}$$

例9　求经过直线 $L:\begin{cases}x+5y+z=0\\x-z+4=0\end{cases}$,且与平面 $x-4y-8z+12=0$ 的夹角为 $\dfrac{\pi}{4}$ 的平面方程.

[错解]设过直线 L 的平面束方程为

$$x + 5y + z + \lambda(x - z + 4) = 0$$

即

$$(1 + \lambda)x + 5y + (1 - \lambda)z + 4\lambda = 0$$

则所求平面的法向量为

$$\boldsymbol{n}_1 = (1 + \lambda, 5, 1 - \lambda)$$

已知平面 $x - 4y - 8z + 12 = 0$ 的法向量为

$$\boldsymbol{n}_2 = (1, -4, -8)$$

可得

$$\cos \frac{\pi}{4} = \frac{\boldsymbol{n}_1 \cdot \boldsymbol{n}_2}{|\boldsymbol{n}_1||\boldsymbol{n}_2|} = \frac{1 + \lambda - 20 - 8(1 - \lambda)}{9\sqrt{(1 + \lambda)^2 + 25 + (1 - \lambda)^2}}$$

解之得

$$\lambda = -\frac{3}{4}$$

故所求平面方程为

$$\left(1 - \frac{3}{4}\right)x + 5y + \left(1 + \frac{3}{4}\right)z - 3 = 0$$

即

$$x + 20y + 7z - 12 = 0$$

[错解分析] 上述解法有两处错误:第一,在"$\cos \dfrac{\pi}{4} = \dfrac{\boldsymbol{n}_1 \cdot \boldsymbol{n}_2}{|\boldsymbol{n}_1||\boldsymbol{n}_2|}$"这一步存在错误.因为两平面之间的夹角为它们的法向量夹角的锐角,所以两平面的夹角余弦公式是 $\cos\theta = \dfrac{|\boldsymbol{n}_1 \cdot \boldsymbol{n}_2|}{|\boldsymbol{n}_1||\boldsymbol{n}_2|}$;第二,利用平面束 $x + 5y + z + \lambda(x - z + 4) = 0$ 求平面方程时,这个平面束不包括平面 $x - z + 4 = 0$,须对该平面单独讨论,上述解法忽略了这一点,因此是错误的.

[正确解法] 前面步骤同错解,只需从 $\cos \dfrac{\pi}{4} = \dfrac{\boldsymbol{n}_1 \cdot \boldsymbol{n}_2}{|\boldsymbol{n}_1||\boldsymbol{n}_2|}$ 开始改成下面步骤即可.

$$\cos \frac{\pi}{4} = \frac{|\boldsymbol{n}_1 \cdot \boldsymbol{n}_2|}{|\boldsymbol{n}_1||\boldsymbol{n}_2|} = \frac{|1 + \lambda - 20 - 8(1 - \lambda)|}{9\sqrt{(1 - \lambda)^2 + 25 + (1 + \lambda)^2}}$$

解之得

$$\lambda = -\frac{3}{4}$$

故所求平面方程为

$$\left(1 - \frac{3}{4}\right)x + 5y + \left(1 + \frac{3}{4}\right)z - 3 = 0$$

即

$$x + 20y + 7z - 12 = 0$$

设平面 $x - z + 4 = 0$ 与平面 $x - 4y - 8z + 12 = 0$ 的夹角为 θ,因为平面 $x - z + 4 = 0$ 的法向量为 $\boldsymbol{n}_3 = (1, 0, -1)$,则

$$\cos\theta = \frac{|\boldsymbol{n}_2 \cdot \boldsymbol{n}_3|}{|\boldsymbol{n}_2||\boldsymbol{n}_3|} = \frac{|1 + 8|}{9\sqrt{1 + 1}} = \frac{\sqrt{2}}{2}$$

得 $\theta = \dfrac{\pi}{4}$,则平面 $x - z + 4 = 0$ 也满足条件,故所求平面方程为

$$x + 20y + 7z - 12 = 0 \text{ 或 } x - z + 4 = 0$$

温馨提示：如果把过直线 $L:\begin{cases} A_1x + B_1y + C_1z + D_1 = 0 \\ A_2x + B_2y + C_2z + D_2 = 0 \end{cases}$ 的平面束方程设为

$$A_1x + B_1y + C_1z + D_1 + \lambda(A_2x + B_2y + C_2z + D_2) = 0$$

则上述平面束缺少平面 $A_2x + B_2y + C_2z + D_2 = 0$，解题时就有可能出现漏解的情况. 因此必须进行补救，补救的办法有两个：第一种方法是对平面 $A_2x + B_2y + C_2z + D_2 = 0$ 单独讨论；第二种方法是直接将平面束设为

$$\lambda(A_1x + B_1y + C_1z + D_1) + \mu(A_2x + B_2y + C_2z + D_2) = 0$$

例 10　求直线 $\dfrac{x-1}{0} = \dfrac{y}{1} = \dfrac{z}{1}$ 绕 z 轴旋转所得旋转面的方程.

［错解］依据 yOz 平面上的曲线 $f(y,z) = 0$ 绕 z 轴旋转的曲面方程为

$$f(\pm\sqrt{x^2 + y^2}, z) = 0$$

可得旋转曲面为

$$x^2 + y^2 = z^2$$

［错解分析］上述解法将公式用错了. 因为公式（即 yOz 平面上的曲线 $f(y,z) = 0$ 绕 z 轴旋转的曲面方程为 $f(\pm\sqrt{x^2 + y^2}, z) = 0$）是针对平面曲线绕该曲线所在的坐标面中的坐标轴旋转时所形成曲面的写法，而本题所给直线是空间直线，不是平面曲线，所以不能直接利用上述公式求解，因此上述解法是错误的.

［正确解法］本题依据下面的原理进行求解：曲面上任意一点绕直线旋转一周形成圆周，该圆周上任意一点到圆心的距离都相等.

设点 $P(x,y,z)$ 是直线 $\dfrac{x-1}{0} = \dfrac{y}{1} = \dfrac{z}{1}$ 上任意一点，则点 $P(x,y,z)$ 绕 z 轴旋转时，点 $P(x,y,z)$ 到圆心 $(0,0,z)$ 的距离的二次方为 $x^2 + y^2$.

又因为点 $P(x,y,z)$ 满足直线方程，所以点 $P(x,y,z)$ 又可以写成 $(1,z,z)$，且点 $(1,z,z)$ 到圆心 $(0,0,z)$ 的距离的二次方为 $1 + z^2$，可得 $x^2 + y^2 = 1 + z^2$，故所求的旋转曲面方程为

$$x^2 + y^2 = 1 + z^2$$

第九章　多元函数微分法及其应用

多元函数微分学是由一元函数微分学推广发展而来的,它们之间存在许多相同之处,例如,多元函数连续的概念、多元函数取得极值的必要条件、多元函数的可微性与连续性之间的关系等,都与一元函数是一样的.再比如,偏导数的实质是一元函数求导,一元函数求导法则和求导公式可以直接用来求偏导数.因此,在学习的过程中,可以采用类比学习法(类比是根据两个不同的对象的某些方面,如特征、属性、关系等的相同或相似,推出它们在其他方面也可能相同或相似的思维形式,是思维过程中由特殊到特殊的推理,是一种寻找真理和发现真理的基本而重要的手段,也是数学方法中最重要、最基本的方法之一).当然,在"类比"的过程中更要关注多元函数微分学与一元函数微分学的差异,例如,导数的记号 $\dfrac{\mathrm{d}y}{\mathrm{d}x}$ 可以看作函数的微分 $\mathrm{d}y$ 与自变量的微分 $\mathrm{d}x$ 之商,但是,偏导数的记号 $\dfrac{\partial z}{\partial x}$ 却是一个整体,不能看作分子与分母之商.

例 1　求函数 $z = \dfrac{1}{\sqrt{x+y-1}} + \ln(x-y)$ 的定义域.

[错解 1] 依题意有
$$\begin{cases} x+y-1 > 0 & (1) \\ x-y > 0 & (2) \end{cases}$$

式(1)＋式(2),得 $2x-1>0$,即 $x > \dfrac{1}{2}$.

所以函数的定义域为 $x > \dfrac{1}{2}$ 的一切实数.

[错解 2] 依题意有
$$\begin{cases} x+y-1 > 0 & (1) \\ x-y > 0 & (2) \end{cases}$$

式(1)＋式(2),得 $2x-1>0$,即 $x > \dfrac{1}{2}$;

式(1)－式(2),得 $2y-1>0$,即 $y > \dfrac{1}{2}$.

所以函数的定义域为 $\left\{ (x,y) \left| x > \dfrac{1}{2}, y > \dfrac{1}{2} \right. \right\}$.

[错解分析] 错解 1 有两处错误:第一,求解不完整.多元函数 $u=f(x)$ 的自然定义域是:使 $f(x)$ 有意义的变元 x 的值所组成的点集.函数 $z = \dfrac{1}{\sqrt{x+y-1}} + \ln(x-y)$ 的自然定义域是使式子 $x-y-1>0$ 和 $x-y>0$ 同时成立的点 (x,y) 的集合.错解 1 只求出了使 $x+y-1>0$ 和 $x-y>0$ 同时成立的 x 的取值范围,并没有求出使 $x+y-1>0$ 和 $x-y>0$ 同时成立的 (x,y),因此错解 1 是错误的.其实,在求多元函数自然定义域的过程中,错解 1 中的"式(1)

＋式(2)，得 $2x-1>0$，即 $x>\dfrac{1}{2}$"这个步骤纯属"画蛇添足".第二，求出的定义域的表述方式
" $x>\dfrac{1}{2}$ 的一切实数"是错误的，因为二元函数的定义域是平面上的点集，必须用
" $\{(x,y)\,|\,(x,y)$ 具有性质 $P\}$ "的形式来表示.

错解2有两处错误：第一，在"式(1)＋式(2)，得 $2y-1>0$，即 $y>\dfrac{1}{2}$"这一步存在错误，因
为该不等式不成立.第二处错误与错解1的第一处错误类似.

　　[正确解法]依题意有
$$\begin{cases} x+y-1>0 & (1) \\ x-y>0 & (2) \end{cases}$$
由式(1)得 $y>1-x$；由式(2)得 $y<x$.

　　因此该函数的定义域为 $\{(x,y)\,|\,1-x<y<x\}$.

　　例 2　求函数 $u=\ln(y-x^2)+\sqrt{1-x^2-y}+\sin z$ 的定义域.

　　[错解]依题意有
$$\begin{cases} y-x^2>0 & (1) \\ 1-x^2-y\geqslant 0 & (2) \end{cases}$$
由式(1)得 $y>x^2$；由式(2)得 $y\leqslant 1-x^2$.

　　因此该函数的定义域为 $\{(x,y)\,|\,x^2<y\leqslant 1-x^2\}$.

　　[错解分析]上述解法在"该函数的定义域为 $\{(x,y)\,|\,x^2<y\leqslant 1-x^2\}$"这一步存在错
误.因为这个点集是二维平面上的点集，但是函数 u 是三元函数，其定义域应该是三维空间上
的点集，而不是二维平面上的点集，上述解法忽略了函数 u 的自变量 z 所满足的条件，所以是
错误的.

　　[正确解法]依题意有
$$\begin{cases} y-x^2>0 & (1) \\ 1-x^2-y\geqslant 0 & (2) \\ z\in\mathbf{R} \end{cases}$$
由式(1)得 $y>x^2$；由式(2)得 $y\leqslant 1-x^2$.

　　因此该函数的定义域为 $\{(x,y,z)\,|\,x^2<y\leqslant 1-x^2,z\in\mathbf{R}\}$.

　　例 3　求 $\lim\limits_{(x,y)\to(0,0)}\dfrac{\sin xy}{x}$.

　　[错解]　$\lim\limits_{(x,y)\to(0,0)}\dfrac{\sin xy}{x}=\lim\limits_{(x,y)\to(0,0)}\left[\dfrac{\sin xy}{xy}\cdot y\right]=1\times 0=0$

　　[错解分析]上述解法在" $\lim\limits_{(x,y)\to(0,0)}\dfrac{\sin xy}{x}=\lim\limits_{(x,y)\to(0,0)}\left[\dfrac{\sin xy}{xy}\cdot y\right]$ "这一步存在错误. 因为
$\lim\limits_{(x,y)\to(0,0)}\dfrac{\sin xy}{x}$ 只允许不考虑 y 轴($x=0$)上的点，而 $\lim\limits_{(x,y)\to(0,0)}\left[\dfrac{\sin xy}{xy}\cdot y\right]$ 既允许不考虑 y 轴
($x=0$)上的点，又允许不考虑 x 轴($y=0$)上的点，所以由 $\lim\limits_{(x,y)\to(0,0)}\left[\dfrac{\sin xy}{xy}\cdot y\right]=0$ 不能断定
$\lim\limits_{(x,y)\to(0,0)}\dfrac{\sin xy}{x}=0$，故上述步骤是错误的.

[正确解法]本题利用夹逼准则来求解.由于

$$0 \leqslant \left|\frac{\sin xy}{x}\right| \leqslant \left|\frac{xy}{x}\right| = |y|, \text{且} \lim_{(x,y)\to(0,0)}|y|=0$$

所以由夹逼准则可得 $\lim\limits_{(x,y)\to(0,0)}\dfrac{\sin xy}{x}=0$

例 4 求 $\lim\limits_{(x,y)\to(0,1)}(1+xy)^{\frac{1}{x}}$.

[错解 1] $\lim\limits_{(x,y)\to(0,1)}(1+xy)^{\frac{1}{x}}=\lim\limits_{x\to0}(1+x)^{\frac{1}{x}}=\mathrm{e}$

[错解 2] $\lim\limits_{(x,y)\to(0,1)}(1+xy)^{\frac{1}{x}}=\lim\limits_{(x,y)\to(0,1)}(1+x)^{\frac{1}{x}}=\mathrm{e}$

[错解分析]错解 1 在" $\lim\limits_{(x,y)\to(0,1)}(1+xy)^{\frac{1}{x}}=\lim\limits_{x\to0}(1+x)^{\frac{1}{x}}$"这一步存在错误.因为该步骤实际上是先让 $y\to1$ 求极限,再让 $x\to0$ 求极限,即用累次极限 $\lim\limits_{x\to0}\lim\limits_{y\to1}(1+xy)^{\frac{1}{x}}$ 来求二重极限 $\lim\limits_{(x,y)\to(0,1)}(1+xy)^{\frac{1}{x}}$,但是累次极限 $\lim\limits_{x\to0}\lim\limits_{y\to1}(1+xy)^{\frac{1}{x}}$ 与二重极限 $\lim\limits_{(x,y)\to(0,1)}(1+xy)^{\frac{1}{x}}$ 是不一样的,累次极限的本质是一元函数求极限,所以 $\lim\limits_{x\to0}\lim\limits_{y\to1}(1+xy)^{\frac{1}{x}}$ 存在不能得到 $\lim\limits_{(x,y)\to(0,1)}(1+xy)^{\frac{1}{x}}$ 也存在的结论,因此错解 1 是错误的.

错解 2 在" $\lim\limits_{(x,y)\to(0,1)}(1+xy)^{\frac{1}{x}}=\lim\limits_{(x,y)\to(0,1)}(1+x)^{\frac{1}{x}}$"这一步存在错误.因为这一步是先将 $y=1$ 代入到表达式" $(1+xy)^{\frac{1}{x}}$"中了,在求极限的过程中,如果出现了"非零常数因子",可以先把这个"非零常数因子"提出来,但是这里的" xy"既不是"因子",也不是"非零常数",所以是不能先将 $y=1$ 代入的,故错解 2 是错误的.另外,错解 2 本质上也是用累次极限 $\lim\limits_{x\to0}\lim\limits_{y\to1}(1+xy)^{\frac{1}{x}}$ 来求二重极限 $\lim\limits_{(x,y)\to(0,1)}(1+xy)^{\frac{1}{x}}$,从这个方面来说,错解 2 也是错误的.

[正确解法]本题用两种方法求解.

方法 1:利用重要极限.

$$\lim_{(x,y)\to(0,1)}(1+xy)^{\frac{1}{x}}=\lim_{(x,y)\to(0,1)}(1+xy)^{\frac{1}{xy}\cdot y}=\mathrm{e}$$

方法 2:利用对数法.

$$\lim_{(x,y)\to(0,1)}(1+xy)^{\frac{1}{x}}=\lim_{(x,y)\to(0,1)}\mathrm{e}^{\frac{1}{x}\ln(1+xy)}=\mathrm{e}^{\lim\limits_{(x,y)\to(0,1)}\frac{\ln(1+xy)}{x}}=\mathrm{e}^{\lim\limits_{(x,y)\to(0,1)}\frac{xy}{x}}=\mathrm{e}^{\lim\limits_{(x,y)\to(0,1)}y}=\mathrm{e}$$

温馨提示:二重极限 $\lim\limits_{(x,y)\to(x_0,y_0)}f(x,y)$ 与累次极限 $\lim\limits_{x\to x_0}\lim\limits_{y\to y_0}f(x,y)$ 及 $\lim\limits_{y\to y_0}\lim\limits_{x\to x_0}f(x,y)$ 是不同的,累次极限的本质都是一元函数求极限,在累次极限中自变量 x 趋于 x_0 以及自变量 y 趋于 y_0 的方式都只有两种,并且路径都是射线.但是,二重极限 $\lim\limits_{(x,y)\to(x_0,y_0)}f(x,y)$ 中自变量 (x,y) 趋于 (x_0,y_0) 的方式是任意的,路径也是任意的,因此由 $\lim\limits_{x\to x_0}\lim\limits_{y\to y_0}f(x,y)$ 和 $\lim\limits_{y\to y_0}\lim\limits_{x\to x_0}f(x,y)$ 存在不能得到 $\lim\limits_{(x,y)\to(x_0,y_0)}f(x,y)$ 也存在的结论;同样,也不能由 $\lim\limits_{(x,y)\to(x_0,y_0)}f(x,y)$ 存在,得到 $\lim\limits_{x\to x_0}\lim\limits_{y\to y_0}f(x,y)$ 和 $\lim\limits_{y\to y_0}\lim\limits_{x\to x_0}f(x,y)$ 都存在的结论.注意,如果这三者都存在的话,则这三者一定相等.

例 5 求 $\lim\limits_{(x,y)\to(0,0)} \dfrac{xy}{x+y}$.

[错解 1] 因为 $\lim\limits_{\substack{(x,y)\to(0,0)\\y=x}} \dfrac{xy}{x+y} = \lim\limits_{x\to0} \dfrac{x^2}{x+x} = \lim\limits_{x\to0} \dfrac{x}{2} = 0$,所以 $\lim\limits_{(x,y)\to(0,0)} \dfrac{xy}{x+y} = 0$.

[错解 2] 因为 $\lim\limits_{\substack{(x,y)\to(0,0)\\y=kx}} \dfrac{xy}{x+y} = \lim\limits_{x\to0} \dfrac{kx^2}{x+kx} = \lim\limits_{x\to0} \dfrac{kx}{1+k} = 0$,所以 $\lim\limits_{(x,y)\to(0,0)} \dfrac{xy}{x+y} = 0$.

[错解分析] 上述两种解法均错在用特殊路径法来求二元函数的极限(也叫二重极限)了. 只有当点 (x,y) 沿任意路径、任意方式趋于 (x_0,y_0) 时,极限 $\lim\limits_{(x,y)\to(x_0,y_0)} f(x,y)$ 都存在并且相等,才能说明极限 $\lim\limits_{(x,y)\to(x_0,y_0)} f(x,y)$ 是存在的.即便点 (x,y) 沿着所有的直线 $y=kx$ 趋于 (x_0,y_0) 时,极限 $\lim\limits_{\substack{(x,y)\to(x_0,y_0)\\y=kx}} f(x,y)$ 都存在并且相等,也不能说明 $\lim\limits_{(x,y)\to(x_0,y_0)} f(x,y)$ 是存在的,因此上述解法是错误的.

[正确解法] 极限 $\lim\limits_{(x,y)\to(0,0)} \dfrac{xy}{x+y}$ 是不存在的,现在用特殊路径法来说明.

当点 (x,y) 沿着 $y=x$ 趋于 $(0,0)$ 时,

$$\lim\limits_{\substack{(x,y)\to(0,0)\\y=x}} \dfrac{xy}{x+y} = \lim\limits_{x\to0} \dfrac{x^2}{x+x} = \lim\limits_{x\to0} \dfrac{x}{2} = 0$$

又当点 (x,y) 沿着 $y=x^2-x$ 趋于 $(0,0)$ 时,

$$\lim\limits_{\substack{(x,y)\to(0,0)\\y=x^2-x}} \dfrac{xy}{x+y} = \lim\limits_{x\to0} \dfrac{x(x^2-x)}{x^2} = \lim\limits_{x\to0}(x-1) = -1$$

故极限 $\lim\limits_{(x,y)\to(0,0)} \dfrac{xy}{x+y}$ 不存在.

温馨提示:1. 判断二重极限 $\lim\limits_{(x,y)\to(x_0,y_0)} f(x,y)$ 不存在的方法通常有两种:方法 1,让点 (x,y) 沿着与 k 有关的曲线 l 趋于点 (x_0,y_0),极限 $\lim\limits_{\substack{(x,y)\to(x_0,y_0)\\(x,y)\in l}} f(x,y)$ 与 k 有关;方法 2,找出点 (x,y) 趋于点 (x_0,y_0) 的两种方式,通常是找过点 (x_0,y_0) 的两条不同曲线 l_1 和 l_2,使 $\lim\limits_{\substack{(x,y)\to(x_0,y_0)\\(x,y)\in l_1}} f(x,y) \ne \lim\limits_{\substack{(x,y)\to(x_0,y_0)\\(x,y)\in l_2}} f(x,y)$.

2. 常用的求二重极限的方法有夹逼准则、等价无穷小代换、极限的四则运算法则和函数的连续性等.不能应用特殊路径法求二重极限,特殊路径法最重要的作用是说明二重极限不存在.

例 6 求 $\lim\limits_{(x,y)\to(0,0)} \dfrac{x^2y}{x^2+y^2}$.

[错解] 因为 $x^2+y^2 \geqslant 2xy$,所以 $\dfrac{1}{x^2+y^2} \leqslant \dfrac{1}{2xy}$,因此 $0 \leqslant \left|\dfrac{x^2y}{x^2+y^2}\right| \leqslant \left|\dfrac{x^2y}{2xy}\right| = \left|\dfrac{x}{2}\right|$.

又因为 $\lim\limits_{(x,y)\to(0,0)} \dfrac{|x|}{2} = 0$,所以由夹逼准则可知 $\lim\limits_{(x,y)\to(0,0)} \dfrac{x^2y}{x^2+y^2} = 0$.

[错解分析]上述解法在"$\dfrac{1}{x^2+y^2}\leqslant\dfrac{1}{2xy}$"这一步存在错误.该不等式是不一定成立的,当

$xy>0$ 时,$\dfrac{1}{x^2+y^2}\leqslant\dfrac{1}{2xy}$ 成立;当 $xy<0$ 时,$\dfrac{1}{x^2+y^2}\geqslant\dfrac{1}{2xy}$;当 $xy=0$ 时,式子 $\dfrac{1}{2xy}$ 没意义.

上述解法"想当然"地认为不等式 $\dfrac{1}{x^2+y^2}\leqslant\dfrac{1}{2xy}$ 成立,因此是错误的.

[正确解法]本题只能用夹逼准则求解,有两种放缩不等式的方法.

方法1:因为 $x^2+y^2\geqslant 2xy$,所以 $|xy|\leqslant\dfrac{x^2+y^2}{2}$,因此

$$0\leqslant\left|\dfrac{x^2y}{x^2+y^2}\right|=\dfrac{|xy||x|}{x^2+y^2}\leqslant\dfrac{|x|\dfrac{x^2+y^2}{2}}{x^2+y^2}=\dfrac{|x|}{2}$$

又 $\lim\limits_{(x,y)\to(0,0)}\dfrac{|x|}{2}=0$,所以由夹逼准则可得 $\lim\limits_{(x,y)\to(0,0)}\dfrac{x^2y}{x^2+y^2}=0$.

方法2:因为 $$0\leqslant\left|\dfrac{x^2y}{x^2+y^2}\right|=\left|\dfrac{x^2}{x^2+y^2}\right||y|\leqslant|y|$$

又 $\lim\limits_{(x,y)\to(0,0)}|y|=0$,所以由夹逼准则可得 $\lim\limits_{(x,y)\to(0,0)}\dfrac{x^2y}{x^2+y^2}=0$.

例7 设 $f(x,y)=x^2e^{y^3}+(x-1)\arcsin\dfrac{y}{x}$,求 $f_y(1,0)$.

[错解]因为 $f(1,y)=e^{y^3}$,所以 $f_y(1,0)=\dfrac{df(1,y)}{dy}=3y^2e^{y^3}$.

[错解分析]上述解法在"$f_y(1,0)=\dfrac{df(1,y)}{dy}$"这一步存在错误.因为 $f_y(1,0)$ 应该等于

$\dfrac{df(1,y)}{dy}\Big|_{y=0}$,所以上述解法是错误的.

[正确解法]因为 $f(1,y)=e^{y^3}$,所以 $f_y(1,0)=\dfrac{df(1,y)}{dy}\Big|_{y=0}=3y^2e^{y^3}\big|_{y=0}=0$.

例8 设 $f(x,y)=\sqrt[3]{x^3-y}$,求 $f_x(0,0)$.

[错解1]因为二元函数 $f(x,y)$ 关于 x 求偏导数时,y 为常数,所以有

$$f_x(x,y)=\dfrac{1}{3}(x^3)^{-\frac{2}{3}}\cdot 3x^2=1$$

故 $f_x(0,0)=1$.

[错解2]因为 $f_x(x,y)=\dfrac{1}{3}(x^3-y)^{-\frac{2}{3}}\cdot 3x^2=\dfrac{x^2}{\sqrt[3]{(x^3-y)^2}}$,且函数 $f_x(x,y)$ 在点 $(0,0)$ 处无定义,所以 $f_x(0,0)$ 不存在.

[错解分析]错解1在"$f_x(x,y)=\dfrac{1}{3}(x^3)^{-\frac{2}{3}}\cdot 3x^2$"这一步存在错误.尽管关于 x 求偏导数时,要把 y 视为"常数",但是这个"常数"是不能忽略掉的,错解1把 y 忽略掉了,因此是错误的.

错解2在"函数 $f_x(x,y)$ 在点 $(0,0)$ 处无定义,所以 $f_x(0,0)$ 不存在"这一步存在错误.因

为不能由偏导函数 $f_x(x,y)$ 在点 (x_0,y_0) 处无定义得到偏导数 $f_x(x_0,y_0)$ 不存在的结论,此时 $f_x(x_0,y_0)$ 是否存在,需要应用偏导数的定义来判断,因此错解 2 是错误的.

[正确解法] 本题有两种解法.

解法 1:利用偏导数的定义.

$$f_x(0,0) = \lim_{x \to 0} \frac{f(x,0) - f(0,0)}{x} = \lim_{x \to 0} \frac{\sqrt[3]{x^3}}{x} = \lim_{x \to 0} \frac{x}{x} = 1$$

解法 2:先代值再求导.

因为 $f(x,0) = \sqrt[3]{x^3} = x$,所以 $f_x(0,0) = \dfrac{\mathrm{d}f(x,0)}{\mathrm{d}x} \Big|_{x=0} = 1$.

温馨提示:偏导数的实质是一元函数求导,所以求函数在一点的偏导数时,通常有下列三种方法:

方法 1:先求导,再代值.即先利用一元函数的求导公式、求导法则求出偏导函数,然后再把该点的值代入即可.需要注意的是,利用此方法时,偏导函数必须在该点有意义,如果偏导函数在该点无意义,则不能断定函数在该点的偏导数不存在,此时需要应用偏导数的定义来判断、计算.

方法 2:先代值,再求导.求 $f_x(x_0,y_0)$ 时,先把 $y=y_0$ 代入函数表达式 $f(x,y)$ 中,得到关于 x 的一元函数 $f(x,y_0)$,然后利用一元函数求导公式、求导法则求出导函数 $\dfrac{\mathrm{d}f(x,y_0)}{\mathrm{d}x}$,再把 $x=x_0$ 代入导函数 $\dfrac{\mathrm{d}f(x,y_0)}{\mathrm{d}x}$ 中,即可得 $f_x(x_0,y_0)$.类似地,如果要求 $f_y(x_0,y_0)$,先把 $x=x_0$ 代入到 $f(x,y)$ 中,得到关于 y 的一元函数 $f(x_0,y)$,然后求出导函数 $\dfrac{\mathrm{d}f(x_0,y)}{\mathrm{d}y}$,再把 $y=y_0$ 代入导函数 $\dfrac{\mathrm{d}f(x_0,y)}{\mathrm{d}y}$ 中即可.用这种方法求比较复杂的显函数在一点的偏导数往往可以起到事半功倍的效果.例如, 设 $f(x,y,z) = (z - a^{xy})\sin\ln x^2$,求 $f_x(1,0,2)$.先把 $y=0,z=2$ 代入函数表达式中得 $f(x,0,2) = \sin\ln x^2$,因此 $f_x(1,0,2) = \dfrac{\mathrm{d}f(x,0,2)}{\mathrm{d}x} \Big|_{x=1} = \dfrac{2}{x}\cos\ln x^2 \Big|_{x=1} = 2$.这道题目把用先代值再求导的方法求偏导数的简单之美体现得淋漓尽致.本题如果先求出偏导函数再代值的话则比较麻烦,具体求解过程不再赘述.需要注意的是,利用先代值再求导的方法时,必须明确先代的是谁的值,否则容易出错.

方法 3:利用偏导数的定义来求解.一般地,分段函数在分界点处的偏导数及高阶偏导数都需要用定义来求.

另外,当使用一元函数求导法则、求导公式求出的偏导函数在所给点无意义,而恰好又要求所给点处的偏导数时,应使用偏导数的定义或先代值再求导的方法进行计算.

例 9　设函数 $f(x,y) = \begin{cases} x^2\dfrac{x^2-y^2}{x^2+y^2}, & x^2+y^2 \neq 0 \\ 0, & x^2+y^2 = 0 \end{cases}$,求 $f_x(0,0)$.

[错解 1] 因为 $f_x(x,y) = \dfrac{2x(x^4 + 2x^2y^2 - y^4)}{(x^2+y^2)^2}$,显然函数 $f_x(x,y)$ 在点 $(0,0)$ 处无定

义,所以 $f_x(0,0)$ 不存在.

[错解 2] 因为 $f(x,0)=x^2 \dfrac{x^2-0^2}{x^2+0^2}=x^2$,所以 $f_x(0,0)=\dfrac{\mathrm{d}f(x,0)}{\mathrm{d}x}\Big|_{x=0}=2x\Big|_{x=0}=0$.

[错解分析] 错解 1 在"函数 $f_x(x,y)$ 在点 $(0,0)$ 处无定义,所以 $f_x(0,0)$ 不存在"这一步存在错误.错误的原因与例题 8 错解 2 的原因一样,这里不再赘述.

错解 2 的求解结果是正确的,但是求解步骤是错误的.因为 $f(x,0)=x^2$ 是从函数表达式 $f(x,y)=x^2\dfrac{x^2-y^2}{x^2+y^2}$ 中令 $y=0$ 得到的,但是 $f(x,y)=x^2\dfrac{x^2-y^2}{x^2+y^2}$ 成立的前提条件是 $x\neq 0$ 并且 $y\neq 0$,即 x 和 y 不能同时为零,所以导数 $\dfrac{\mathrm{d}f(x,0)}{\mathrm{d}x}=2x$ 只能在 $x\neq 0$ 的前提下才能成立,因此不能在表达式 $\dfrac{\mathrm{d}f(x,0)}{\mathrm{d}x}=2x$ 中令 $x=0$ 来求 $f_x(0,0)$,故上述解法是错误的.

[正确解法] 本题用偏导数的定义来求解,即

$$f_x(0,0)=\lim_{\Delta x\to 0}\frac{f(\Delta x,0)-f(0,0)}{\Delta x}=\lim_{\Delta x\to 0}\frac{(\Delta x)^2-0}{\Delta x}=\lim_{\Delta x\to 0}\Delta x=0$$

温馨提示:分段函数在分界点处的偏导数只能用偏导数的定义来求解,即便偏导函数 $f_x(x,y)$ 在分界点 (x_0,y_0) 处有意义,偏导数也必须用定义来求解.

例 10 设函数 $f(x,y)=\begin{cases}\dfrac{x^3y}{x^2+y^2}, & (x,y)\neq(0,0) \\ 0, & (x,y)=(0,0)\end{cases}$,求 $f_{yy}(0,0)$.

[错解] 因为 $f_y(x,y)=\dfrac{x^3(x^2+y^2)-x^3y\cdot 2y}{(x^2+y^2)^2}=\dfrac{x^5-x^3y^2}{(x^2+y^2)^2}$

所以 $f_y(0,y)=0$,故得 $f_{yy}(0,0)=\dfrac{\mathrm{d}f_y(0,0)}{\mathrm{d}y}\Big|_{y=0}=0$

[错解分析] 上述解法在"$f_{yy}(0,0)=\dfrac{\mathrm{d}f_y(0,0)}{\mathrm{d}y}\Big|_{y=0}$"这一步存在错误.因为 $f_y(0,y)=0$ 是从偏导数表达式 $f_y(x,y)=\dfrac{x^5-x^3y^2}{(x^2+y^2)^2}$ 中令 $x=0$ 得到的,但是 $f_y(x,y)=\dfrac{x^5-x^3y^2}{(x^2+y^2)^2}$ 成立的前提条件是 $y\neq 0$ 并且 $x\neq 0$,即 x 和 y 不能同时为零,所以导数 $\dfrac{\mathrm{d}f_y(0,0)}{\mathrm{d}y}$ 只能在 $y\neq 0$ 的前提下才能成立,因此不能在表达式 $\dfrac{\mathrm{d}f_y(0,0)}{\mathrm{d}y}$ 中令 $y=0$ 来求 $f_{yy}(0,0)$,故上述解法是错误的.

[正确解法] 本题用高阶偏导数的定义来求解.

因为 $f_y(0,0)=\lim_{\Delta y\to 0}\dfrac{f(0,\Delta y)-f(0,0)}{\Delta y}=\lim_{\Delta y\to 0}\dfrac{0-0}{\Delta y}=0$

且当 $(x,y)\neq(0,0)$ 时,有

$$f_y(x,y)=\frac{x^3(x^2+y^2)-x^3y\cdot 2y}{(x^2+y^2)^2}=\frac{x^5-x^3y^2}{(x^2+y^2)^2}$$

故 $$f_{yy}(0,0)=\lim_{\Delta y\to 0}\frac{f_y(0,\Delta y)-f_y(0,0)}{\Delta y}=\lim_{\Delta y\to 0}\frac{0-0}{\Delta y}=0$$

> **温馨提示:** 1. 分段函数在分界点处的高阶偏导数只能用偏导数的定义来求解.
>
> 2. 本题中的错解其实是求解二元函数 $z=f(x,y)$ 在一点处的二阶偏导数的一种非常巧妙的方法. 例如, 要求 $f_{xy}(x_0,y_0)$, 注意到偏导数的实质是一元函数求导, 结合二阶偏导数的概念可知 $f_{xy}(x_0,y_0)=\dfrac{\mathrm{d}f_x(x_0,y)}{\mathrm{d}y}\Big|_{y=y_0}$. 因此, 可以先求出一阶偏导函数 $f_x(x,y)$, 再把 $x=x_0$ 代入到 $f_x(x,y)$ 中得到 $f_x(x_0,y)$, 然后对一元函数 $f_x(x_0,y)$ 关于变量 y 求导得到 $\dfrac{\mathrm{d}f_x(x_0,y)}{\mathrm{d}y}$ 的表达式, 最后把 $y=y_0$ 的值代入 $\dfrac{\mathrm{d}f_x(x_0,y)}{\mathrm{d}y}$ 的表达式中即可. 需要注意的是, 这种方法的使用条件是 $\dfrac{\mathrm{d}f_x(x_0,y)}{\mathrm{d}y}$ 在点 (x_0,y_0) 处要有意义. 这种方法也可以求二元函数在一点处的 n 阶偏导数的值, 只需先将一个变量的值代入到 $n-1$ 阶偏导函数中, 再求导即可. 使用这种解法求解函数在一点处的高阶偏导数时, 一定要明确先代的是谁的值, 否则容易出错.
>
> 3. 求多元函数在一点处的高阶纯偏导数的值(高阶纯偏导数是指函数关于一个变量的高阶偏导数, 如函数 $z=f(x,y)$ 关于 x 的 n 阶纯偏导数是 $\dfrac{\partial^n f(x,y)}{\partial x^n}$, 关于 y 的 n 阶纯偏导数是 $\dfrac{\partial^n f(x,y)}{\partial y^n}$), 还可以用下列方法求, 这里以二元函数为例进行说明:
>
> 注意到 $\dfrac{\partial^n f(x,y)}{\partial x^n}\Big|_{(x_0,y_0)}=\dfrac{\mathrm{d}^n f(x,y_0)}{\mathrm{d}x^n}\Big|_{x=x_0}$, 所以可以先将 $y=y_0$ 的值代入函数表达式 $f(x,y)$ 中, 得到关于 x 的一元函数 $f(x,y_0)$, 然后利用一元函数求导公式和求导法则求出一元函数 $f(x,y_0)$ 的 n 阶导函数 $\dfrac{\mathrm{d}^n f(x,y_0)}{\mathrm{d}x^n}$, 再把 $x=x_0$ 代入 $\dfrac{\mathrm{d}^n f(x,y_0)}{\mathrm{d}x^n}$ 中即可. 类似地, 因为 $\dfrac{\partial^n f(x,y)}{\partial y^n}\Big|_{(x_0,y_0)}=\dfrac{\mathrm{d}^n f(x_0,y)}{\mathrm{d}y^n}\Big|_{y=y_0}$, 所以求解 $\dfrac{\partial^n f(x,y)}{\partial y^n}\Big|_{(x_0,y_0)}$ 时, 可以先将 $x=x_0$ 的值代入函数表达式 $f(x,y)$ 中, 得到关于 y 的一元函数 $f(x_0,y)$, 然后利用一元函数求导公式和求导法则求出一元函数 $f(x_0,y)$ 的 n 阶导函数 $\dfrac{\mathrm{d}^n f(x_0,y)}{\mathrm{d}y^n}$, 再把 $y=y_0$ 代入 $\dfrac{\mathrm{d}^n f(x_0,y)}{\mathrm{d}y^n}$ 中即可. 需要注意的是, 这种方法的使用条件是 n 阶导函数 $\dfrac{\mathrm{d}^n f(x,y_0)}{\mathrm{d}x^n}$ 或 $\dfrac{\mathrm{d}^n f(x_0,y)}{\mathrm{d}y^n}$ 在点 (x_0,y_0) 处要有意义.

例 11 求函数 $z=(1+xy)^y$ 对 y 的偏导数.

[错解 1] $\dfrac{\partial z}{\partial y}=(1+xy)^y\cdot\ln(1+xy)\cdot x=x\,(1+xy)^y\ln(1+xy)$

[错解 2] $$\dfrac{\partial z}{\partial y}=y\,(1+xy)^{y-1}x=xy\,(1+xy)^{y-1}$$

[错解 3] $\dfrac{\partial z}{\partial y} = (e^{y\ln(1+xy)})' = (1+xy)^y\left[\ln(1+xy) + \dfrac{yx}{1+xy}\right]$

[错解分析]错解 1 错在把函数 $z=(1+xy)^y$ 看成指数函数来求导了,错解 2 错在把函数 $z=(1+xy)^y$ 看成幂函数来求导了.实质上,对自变量 y 来说,函数 $z=(1+xy)^y$ 是幂指函数.对幂指函数求导,既不能只看成幂函数求导,也不能只看成指数函数求导,要把其分别看成幂函数和指数函数进行求导,然后再把两个导数加起来即可得到幂指函数的导数,因此上述解法都是错误的.

错解 3 在“$\dfrac{\partial z}{\partial y}=[e^{y\ln(1+xy)}]'$”这一步存在错误.因为符号“$[e^{y\ln(1+xy)}]'$”用错了,尽管偏导数的实质是一元函数求导,但是不能用符号 $[f(x,y)]'$ 来表示偏导数,所以解法是错误的.

[正确解法]本题有两种求解方法.

方法 1:利用对数求导法.

等式 $z=(1+xy)^y$ 两边同时取对数,得

$$\ln z = y\ln(1+xy) \tag{1}$$

式(1)两边同时关于 y 求偏导,得

$$\frac{1}{z}\cdot\frac{\partial z}{\partial y} = \ln(1+xy) + y\frac{1}{1+xy}\cdot x$$

故得 $\dfrac{\partial z}{\partial y} = z\left[\ln(1+xy)+\dfrac{xy}{1+xy}\right] = (1+xy)^y\left[\ln(1+xy)+\dfrac{xy}{1+xy}\right]$

方法 2:先利用公式 $a^b=e^{b\ln a}$ 对函数进行恒等变形,再利用复合函数的求导法则进行求导.

因为 $z=e^{y\ln(1+xy)}$

所以 $\dfrac{\partial z}{\partial y} = e^{y\ln(1+xy)}\left[\ln(1+xy)+y\dfrac{1}{1+xy}\cdot x\right] = (1+xy)^y\left[\ln(1+xy)+\dfrac{xy}{1+xy}\right]$

例 12 设函数 $v=\varphi(x,y)$ 在点 (x,y) 处具有偏导数,$z=f(x,v)$ 在点 (x,v) 处具有连续偏导数,求 $\dfrac{\partial z}{\partial x}$.

[错解] $\dfrac{\partial z}{\partial x} = \dfrac{\partial z}{\partial x} + \dfrac{\partial z}{\partial v}\cdot\dfrac{\partial v}{\partial x}$

[错解分析]上述解法在偏导数符号的应用上出现错误.等式 $\dfrac{\partial z}{\partial x}=\dfrac{\partial z}{\partial x}+\dfrac{\partial z}{\partial v}\cdot\dfrac{\partial v}{\partial x}$ 左端中的 $\dfrac{\partial z}{\partial x}$ 与等式右端的 $\dfrac{\partial z}{\partial x}$ 含义是不同的.左端中的 $\dfrac{\partial z}{\partial x}$ 是把 $z=f(x,\varphi(x,y))$ 中的 y 看成常数,关于 x 求导;右端中的 $\dfrac{\partial z}{\partial x}$ 是把 $z=f(x,v)$ 中的 v 看成常数,关于 x 求导,因此两个 $\dfrac{\partial z}{\partial x}$ 的含义不同.在一个式子中,不能用同一个符号来表示不同意义的偏导数,这样容易混淆,因此上述解法是错误的.

[正确解法] $\dfrac{\partial z}{\partial x} = \dfrac{\partial f}{\partial x}+\dfrac{\partial f}{\partial v}\cdot\dfrac{\partial v}{\partial x} = f'_1 + f'_2\varphi'_1$

> **温馨提示**：尽管二元函数 $z=f(x,y)$ 关于 x 的偏导数的五种记号：$\frac{\partial z}{\partial x}$，$\frac{\partial f}{\partial x}$，$z_x$，$f_x(x,y)$ 和 $f_1'(x,y)$ 是一样的，但是，对抽象复合函数求偏导数尤其是求高阶偏导数，最好用 $f_1'(x,y)$，$f_2'(x,y)$ 这两种形式的记号.因为这种记号简洁也不容易混淆，且在抽象复合函数的高阶偏导数中更能体现出这种符号的简洁美.

例 13　设函数 $z=f(x+y,xy)$，其中 f 具有二阶连续偏导数，求 $\frac{\partial^2 z}{\partial x \partial y}$.

［错解］令 $u=x+y$，$v=xy$，则

$$\frac{\partial z}{\partial x}=f_1'+f_2'\cdot y=f_1'+yf_2'$$

故得

$$\frac{\partial^2 z}{\partial x \partial y}=\frac{\partial f_1'}{\partial y}+f_2'+y\cdot\frac{\partial f_2'}{\partial y}=f_{12}''+f_2'+yxf_{22}''$$

［错解分析］上述解法关于一阶偏导数的求解是正确的，但是对二阶偏导数的计算是错误的.因为在求 $\frac{\partial f_1'}{\partial y}$ 和 $\frac{\partial f_2'}{\partial y}$ 时，把 f_1' 和 f_2' 的复合结构弄错了.函数 f_1' 和 f_2' 的复合结构与函数 $f(x+y,xy)$ 的复合结构是完全一样的，它们仍然都是以 u、v 为中间变量，以 x、y 为自变量的复合函数，上述解法没有考虑函数 f_1' 和 f_2' 的复合结构，因此是错误的.

［正确解法］因为 $\quad \dfrac{\partial z}{\partial x}=f_1'+f_2'\cdot y=f_1'+yf_2'$

所以

$$\frac{\partial^2 z}{\partial x \partial y}=\frac{\partial f_1'}{\partial y}+f_2'+y\cdot\frac{\partial f_2'}{\partial y}=f_{11}''+f_{12}''\cdot x+f_2'+y(f_{21}''+f_{22}''\cdot x)=$$
$$f_{11}''+xf_{12}''+f_2'+yf_{21}''+xyf_{22}''$$

又因为 f 具有二阶连续偏导数，所以 $f_{12}''=f_{21}''$.

故

$$\frac{\partial^2 z}{\partial x \partial y}=f_{11}''+(x+y)f_{12}''+f_2'+xyf_{22}''$$

> **温馨提示**：抽象复合函数的高阶偏导数的计算是多元函数微分学中的重点和难点，在计算过程中要明白并识记函数及其偏导数、高阶偏导数的复合结构是一样的.例如，本题中所求出的二阶偏导数 f_{11}''、f_{12}'' 以及 f_{22}'' 的复合结构与函数 $f(x+y,xy)$ 的复合结构也是完全一样的，它们仍然都是以 u、v 为中间变量，以 x、y 为自变量的复合函数.
>
> 　在求抽象复合函数的高阶偏导数时，题目中往往会给出二阶偏导数连续这个条件，这就意味着二阶混合偏导数是相等，因此往往需要把混合偏导数合并，本题就是这种情况.

例 14　设函数 $z=f(2xy,x^2-y^2)+g(xe^y)$，其中 f 具有一阶连续偏导数，g 可导，求 $\frac{\partial z}{\partial y}$.

［错解］

$$\frac{\partial z}{\partial y}=f_1'\cdot 2x+f_2'\cdot(-2y)+g_1'\cdot xe^y=2xf_1'-2yf_2'+xe^yg_1'$$

［错解分析］　上述解法在"$\frac{\partial z}{\partial y}=f_1'\cdot 2x+f_2'\cdot(-2y)+g_1'\cdot xe^y$"这一步存在错误，因为

这里的符号"g'_1"是错误的.符号"g'_1"的含义是"多元函数 g"关于它的第一个自变量求偏导,但是题目中的 $g(x\mathrm{e}^y)$ 是由一元函数 $g(u)$ 以及二元函数 $u=x\mathrm{e}^y$ 复合而成的二元函数. $g(x\mathrm{e}^y)$ 要关于变量 y 求偏导,应该是一元函数 $g(u)$ 先关于变量 u 求导,再乘以二元函数 $u=x\mathrm{e}^y$ 关于变量 y 的偏导数,而一元函数 $g(u)$ 关于变量 u 的导数是"$g'(u)$",而不是"g'_1",因此上述解法是错误的.

[正确解法]
$$\frac{\partial z}{\partial y}=f'_1\cdot 2x+f'_2\cdot(-2y)+g'(x\mathrm{e}^y)\cdot x\mathrm{e}^y=2xf'_1-2yf'_2+x\mathrm{e}^y g'(x\mathrm{e}^y)$$

例 15 设函数 $z=z(x,y)$ 由方程 $F(x-ay,x+bz)=0$ 所确定,求 $\dfrac{\partial z}{\partial x}$.

[错解]
$$\frac{\partial z}{\partial x}=-\frac{F_x}{F_z}=-\frac{F'_1+F'_2}{bF'_2}$$

[错解分析]上述解法虽然结果正确,但是求解步骤错误,在"$\dfrac{\partial z}{\partial x}=-\dfrac{F_x}{F_z}$"这一步存在错误.

如果隐函数 $z=z(x,y)$ 是由方程 $F(x,y,z)=0$ 所确定的,则 $\dfrac{\partial z}{\partial x}=-\dfrac{F_x}{F_z}$.只有函数 $F(x,y,z)$

是三元函数时才能直接应用公式 $\dfrac{\partial z}{\partial x}=-\dfrac{F_x}{F_z}$ 来求偏导数.题目中的函数 $F(x-ay,x+bz)$ 不

是三元函数,它是由二元函数 $F(u,v)$ 及 $u=x-ay$、$v=x+bz$ 复合而成的,故不能直接应用公式求解,因此上述解法是错误的.

[正确解法]本题有三种解法.

解法 1:公式法.

令 $G(x,y,z)=F(x-ay,x+bz)$,则
$$G_x=F'_1+F'_2,\quad G_z=F'_2 b=bF'_2$$

故
$$\frac{\partial z}{\partial x}=-\frac{G_x}{G_z}=-\frac{F'_1+F'_2}{bF'_2}$$

解法 2:利用复合函数求导法则直接求偏导.

等式 $F(x-ay,x+bz)=0$ 两边同时关于 x 求偏导,得
$$F'_1+F'_2\cdot\left(1+b\cdot\frac{\partial z}{\partial x}\right)=0$$

解之得
$$\frac{\partial z}{\partial x}=-\frac{F'_1+F'_2}{bF'_2}$$

解法 3:利用一阶全微分形式的不变性求解.

等式 $F(x-ay,x+bz)=0$ 两边同时取微分,得
$$\mathrm{d}F(x-ay,x+bz)=F'_1\mathrm{d}x-aF'_1\mathrm{d}y+F'_2\mathrm{d}x+bF'_2\mathrm{d}z=0$$

故
$$\mathrm{d}z=-\frac{F'_1\mathrm{d}x+F'_2\mathrm{d}x}{bF'_2}+\frac{aF'_1\mathrm{d}y}{bF'_2}$$

又因为
$$\mathrm{d}z=\frac{\partial z}{\partial x}\mathrm{d}x+\frac{\partial z}{\partial y}\mathrm{d}y$$

所以
$$\frac{\partial z}{\partial x}=-\frac{F'_1+F'_2}{bF'_2}$$

> **温馨提示**：一般地，隐函数的偏导数求解方法有三种，这里以方程 $F(x,y,z)=0$ 确定隐函数 $z=z(x,y)$ 为例进行说明，其他情况类似。
>
> 方法1：直接利用公式，即 $\frac{\partial z}{\partial x}=-\frac{F_x}{F_z}$ 和 $\frac{\partial z}{\partial y}=-\frac{F_y}{F_z}$。使用公式时需要注意以下三点：① 必须将所给方程化为 $F(x,y,z)=0$ 的形式，得到三元函数 $F(x,y,z)$；② 求 F_x、F_y、F_z 时，变量 x、y、z 是相互独立的，它们之间相互无关，谁都不是谁的函数，即在求 F_x 时，要视 y、z 为"常数"；求 F_y 时，要视 x、z 为"常数"；求 F_z 时，要视 x、y 为"常数"；③ 代入公式时不要漏掉负号，分子分母不要弄颠倒。
>
> 方法2：利用复合函数求导法则对方程 $F(x,y,z)=0$ 两边直接关于变量 x 或 y 求偏导。使用此方法时，变量 x、y、z 之间是有关系的，而不是彼此独立的，即如果求 $\frac{\partial z}{\partial x}$ 或 $\frac{\partial z}{\partial y}$，则 z 是 x、y 的函数，需要利用复合函数求导法则来求，但是此时 x 与 y 是相互独立的，它们之间没有任何关系，即谁都不是谁的函数；类似地，如果求 $\frac{\partial x}{\partial y}$ 或 $\frac{\partial x}{\partial z}$，则 x 是 y、z 的函数，y 与 z 是相互独立的，它们之间没有任何关系；如果求 $\frac{\partial y}{\partial x}$ 或 $\frac{\partial y}{\partial z}$，则 y 是 x、z 的函数，x 与 z 是相互独立的，它们之间没有任何关系。
>
> 方法3：利用一阶全微分形式的不变性求解。注意，使用一阶全微分形式的不变性时，变量 x、y、z 是相互独立的，它们之间没有任何关系，谁都不是谁的函数，它们都是自变量。

例16　设 $f(x,y,z)=x^2yz$，其中 $z=z(x,y)$ 是由方程 $e^z-xyz=e-1$ 确定的隐函数，求 $f_x(1,1,1)$。

[错解]　因为 $f_x(1,1,1)=\frac{df(x,1,1)}{dx}\big|_{x=1}$，且 $f(x,1,1)=x^2$，所以 $f_x(1,1,1)=2x\big|_{x=1}=2$。

[错解分析]　上述解法在"因为 $f_x(1,1,1)=\frac{df(x,1,1)}{dx}\big|_{x=1}$，且 $f(x,1,1)=x^2$"这一步存在错误。因为函数 $f(x,y,z)=x^2yz$ 中的 z 是 x、y 的二元函数，所以 f 实质只是以 x、y 为自变量的二元函数，因此求 $f_x(1,1,1)$ 时，不能先把 $y=1$ 和 $z=1$ 代入函数 f 中，故上述步骤是错误的。

[正确解法]　本题不能应用先代值再求导的方法求解，只能使用先求偏导函数再代值的方法进行求解。

因为 $f_x(x,y,z)=2xyz+x^2y\frac{\partial z}{\partial x}$，所以 $f_x(1,1,1)=2+\frac{\partial z}{\partial x}\big|_{(1,1,1)}$。

方程 $e^z-xyz=e-1$ 两边同时关于 x 求偏导，得
$$e^z\frac{\partial z}{\partial x}-yz-xy\frac{\partial z}{\partial x}=0 \tag{1}$$

将 $x=1, y=1$ 和 $z=1$ 代入式(1), 得 $\dfrac{\partial z}{\partial x}\Big|_{(1,1,1)}=\dfrac{1}{e-1}$.

因此
$$f_x(1,1,1)=2+\frac{1}{e-1}=\frac{2e-1}{e-1}$$

例 17 设 $y=f(x,t), t=t(x,y)$ 是由方程 $F(x,y,t)=0$ 所确定, 其中 f, F 都具有一阶连续偏导数, 求 $\dfrac{\mathrm{d}y}{\mathrm{d}x}$.

[错解] 方程 $y=f(x,t)$ 两边同时关于 x 求导, 得
$$\frac{\mathrm{d}y}{\mathrm{d}x}=\frac{\partial f}{\partial x}+\frac{\partial f}{\partial t}\frac{\partial t}{\partial x}$$

又由 $F(x,y,t)=0$, 可得 $\dfrac{\partial t}{\partial x}=-\dfrac{F_x}{F_t}$, 故 $\dfrac{\mathrm{d}y}{\mathrm{d}x}=\dfrac{\partial f}{\partial x}-\dfrac{\partial f}{\partial t}\dfrac{F_x}{F_t}$.

[错解分析] 上述解法错在没有理解 x, y 和 t 这三个变量之间的关系, 其实从变量关系图(见图9.1)可知 y 和 t 均是 x 的一元函数, 而错解中把 t 看成了二元函数, 因此是错误的.

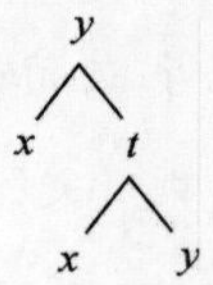

图 9.1

[正确解法] 本题有两种方法求解.

方法 1:利用隐函数组确定两个一元函数的方法求解.

方程组 $\begin{cases} y=f(x,t) \\ F(x,y,t)=0 \end{cases}$ 两边同时关于 x 求导, 得

$$\begin{cases} \dfrac{\mathrm{d}y}{\mathrm{d}x}=\dfrac{\partial f}{\partial x}+\dfrac{\partial f}{\partial t}\dfrac{\mathrm{d}t}{\mathrm{d}x} & (1) \\[2mm] \dfrac{\partial F}{\partial x}+\dfrac{\partial F}{\partial y}\dfrac{\mathrm{d}y}{\mathrm{d}x}+\dfrac{\partial F}{\partial t}\dfrac{\mathrm{d}t}{\mathrm{d}x}=0 & (2) \end{cases}$$

由式(2) 解得
$$\frac{\mathrm{d}t}{\mathrm{d}x}=-\frac{\dfrac{\partial F}{\partial x}+\dfrac{\partial F}{\partial y}\dfrac{\mathrm{d}y}{\mathrm{d}x}}{\dfrac{\partial F}{\partial t}} \qquad (3)$$

把式(3) 代入式(1), 得
$$\frac{\mathrm{d}y}{\mathrm{d}x}=\frac{\dfrac{\partial f}{\partial x}\dfrac{\partial F}{\partial t}-\dfrac{\partial f}{\partial t}\dfrac{\partial F}{\partial x}}{\dfrac{\partial f}{\partial t}\dfrac{\partial F}{\partial y}+\dfrac{\partial F}{\partial t}}$$

方法 2:利用一阶全微分形式的不变性求解.

方程组 $\begin{cases} y=f(x,t) \\ F(x,y,t)=0 \end{cases}$ 两边同时取微分, 得
$$\begin{cases} \mathrm{d}y=\mathrm{d}f(x,t) \\ \mathrm{d}F(x,y,t)=0 \end{cases}$$

即
$$\begin{cases} \mathrm{d}y=\dfrac{\partial f}{\partial x}\mathrm{d}x+\dfrac{\partial f}{\partial t}\mathrm{d}t \\[2mm] \dfrac{\partial F}{\partial x}\mathrm{d}x+\dfrac{\partial F}{\partial y}\mathrm{d}y+\dfrac{\partial F}{\partial t}\mathrm{d}t=0 \end{cases} \qquad (1)$$

方程组(1)两边同时除以 $\mathrm{d}x$,得

$$\begin{cases} \dfrac{\mathrm{d}y}{\mathrm{d}x} = \dfrac{\partial f}{\partial x} + \dfrac{\partial f}{\partial t}\dfrac{\mathrm{d}t}{\mathrm{d}x} \\[3mm] \dfrac{\partial F}{\partial x} + \dfrac{\partial F}{\partial y}\dfrac{\mathrm{d}y}{\mathrm{d}x} + \dfrac{\partial F}{\partial t}\dfrac{\mathrm{d}t}{\mathrm{d}x} = 0 \end{cases}$$

解上述方程组即可.

例 18 设函数 $f(x,y) = \begin{cases} \dfrac{xy}{\sqrt{x^2+y^2}}, & (x,y) \neq (0,0) \\[3mm] 0, & (x,y) = (0,0) \end{cases}$,求 $f(x,y)$ 在 $(0,0)$ 点处沿方向 $l = i + j$ 的方向导数.

［错解］方向导数 $\left.\dfrac{\partial f}{\partial l}\right|_{(0,0)} = f_x(0,0)\cos\alpha + f_y(0,0)\cos\beta$

且 $f_x(0,0) = \lim\limits_{\Delta x \to 0}\dfrac{f(\Delta x,0) - f(0,0)}{\Delta x} = \lim\limits_{\Delta x \to 0}\dfrac{0-0}{\Delta x} = 0$

同理 $f_y(0,0) = 0$.

又 $\cos\alpha = \cos\beta = \dfrac{\sqrt{2}}{2}$,由上述公式可得方向导数 $\left.\dfrac{\partial f}{\partial l}\right|_{(0,0)} = 0$.

［错解分析］上述解法在公式"$\left.\dfrac{\partial f}{\partial l}\right|_{(0,0)} = f_x(0,0)\cos\alpha + f_y(0,0)\cos\beta$"的应用上出现错误.因为该公式成立的前提条件是函数 $f(x,y)$ 在 $(0,0)$ 点处可微,但是本题中的函数 $f(x,y)$ 在 $(0,0)$ 点处是不可微的,所以不能应用公式来求方向导数,因此上述解法是错误的.

［正确解法］本题应用方向导数的定义来计算.

由题意可知,方向 $l = i + j$ 的方向余弦 $\cos\alpha = \cos\beta = \dfrac{\sqrt{2}}{2}$,则由方向导数的定义可知,所求的方向导数为

$$\left.\frac{\partial f}{\partial l}\right|_{(0,0)} = \lim_{\rho \to 0^+}\frac{f(\rho\cos\alpha, \rho\cos\beta) - f(0,0)}{\rho} =$$

$$\lim_{\rho \to 0^+}\frac{\dfrac{\rho\cos\alpha\,\rho\cos\beta}{\sqrt{(\rho\cos\alpha)^2 + (\rho\cos\beta)^2}} - 0}{\rho} =$$

$$\lim_{\rho \to 0^+}\frac{\dfrac{1}{2}\rho^2}{\rho} = \frac{1}{2}$$

> 　　**温馨提示**:计算函数 $z = f(x, y)$ 在点 $P_0(x_0, y_0)$ 处沿方向 l 的方向导数时,需注意以下两点:
>
> 　　(1) 当函数 $z = f(x, y)$ 在 $P_0(x_0, y_0)$ 点处可微分时,函数在该点沿任意方向 l 的方向导数都存在,且
>
> $$\frac{\partial f}{\partial l}\bigg|_{(x_0, y_0)} = f_x(x_0, y_0)\cos\alpha + f_y(x_0, y_0)\cos\beta$$
>
> 其中 $\cos\alpha, \cos\beta$ 为方向 l 的方向余弦.
>
> 　　(2) 当函数 $z = f(x, y)$ 在 $P_0(x_0, y_0)$ 点处不可微时,若方向导数存在,此时只能用方向导数的定义来求方向导数.

例 19　讨论函数 $z = f(x, y) = \begin{cases} \dfrac{xy}{\sqrt{x^2 + y^2}}, & x^2 + y^2 \neq 0 \\ 0, & x^2 + y^2 = 0 \end{cases}$ 在 $(0, 0)$ 点处的可微性.

　　[错解 1] 因为

$$f_x(0, 0) = \lim_{\Delta x \to 0} \frac{f(\Delta x, 0) - f(0, 0)}{\Delta x} = 0$$

$$f_y(0, 0) = \lim_{\Delta y \to 0} \frac{f(0, \Delta y) - f(0, 0)}{\Delta y} = 0$$

即函数 $f(x, y)$ 在 $(0, 0)$ 点处的两个偏导数都存在,所以函数 $f(x, y)$ 在 $(0, 0)$ 点处可微.

　　[错解 2] 当 $(x, y) \neq (0, 0)$ 时,有

$$f_x(x, y) = \frac{y^3}{\sqrt{(x^2 + y^2)^3}}$$

则当点 (x, y) 沿着 $x = y$ 趋于 $(0, 0)$ 时,有

$$\lim_{\substack{(x, y) \to (0, 0) \\ x = y}} f_x(x, y) = \lim_{y \to 0} \frac{y^3}{\sqrt{(2y^2)^3}} = \lim_{y \to 0} \frac{y}{2\sqrt{2}\,|y|}$$

上述极限不存在,但是 $f_x(0, 0) = \lim\limits_{\Delta x \to 0} \dfrac{f(\Delta x, 0) - f(0, 0)}{\Delta x} = 0$,因此偏导函数 $f_x(x, y)$ 在 $(0, 0)$ 点不连续,故函数 $f(x, y)$ 在 $(0, 0)$ 点不可微.

　　[错解 3] 因为 $\Delta z = f(\Delta x, \Delta y) - f(0, 0) = \dfrac{\Delta x \Delta y}{\sqrt{(\Delta x)^2 + (\Delta y)^2}}$, $f_x(0, 0) = f_y(0, 0) = 0$,

所以　　$\lim\limits_{\rho \to 0} \dfrac{\Delta z - f_x(0, 0)\Delta x - f_y(0, 0)\Delta y}{\rho} = \lim\limits_{\rho \to 0} \dfrac{\Delta x \Delta y}{(\Delta x)^2 + (\Delta y)^2} = 0$

故函数 $f(x, y)$ 在 $(0, 0)$ 点可微.

　　[错解 4] 因为 $\Delta z = f(\Delta x, \Delta y) - f(0, 0) = \dfrac{\Delta x \Delta y}{\sqrt{(\Delta x)^2 + (\Delta y)^2}}$, $f_x(0, 0) = f_y(0, 0) = 0$,

所以　　$\lim\limits_{\rho \to 0} \dfrac{\Delta z - f_x(0, 0)\mathrm{d}x - f_y(0, 0)\mathrm{d}y}{\rho} = \lim\limits_{\rho \to 0} \dfrac{\Delta x \Delta y}{(\Delta x)^2 + (\Delta y)^2} \neq 0$

故函数 $f(x, y)$ 在 $(0, 0)$ 点不可微.

　　[错解分析] 错解 1 在"函数 $f(x, y)$ 在 $(0, 0)$ 点处的两个偏导数都存在,所以函数 $f(x, y)$ 在

(0,0)点处可微"这一步存在错误.因为对多元函数来说,偏导数存在不能保证函数可微,所以该解法是错误的.

错解 2 在"偏导函数 $f_x(x,y)$ 在(0,0)点不连续,因此函数 $f(x,y)$ 在(0,0)点不可微"这一步存在错误.因为一阶偏导数连续只是多元函数可微的充分不必要条件,即如果多元函数在一点的一阶偏导数连续,则多元函数在该点一定是可微的,但是,多元函数在一点可微的话,一阶偏导数在该点未必连续,所以该解法中用一阶偏导数不连续来说明函数不可微是错误的.

错解 3 在"$\lim\limits_{\rho\to0}\dfrac{\Delta x\Delta y}{(\Delta x)^2+(\Delta y)^2}=0$"这一步存在错误,因为该极限是不存在的.

错解 4 在"$\lim\limits_{\rho\to0}\dfrac{\Delta z-f_x(0,0)\mathrm{d}x-f_y(0,0)\mathrm{d}y}{\rho}$"这一步存在错误.因为只有函数可微时,自变量的增量 $\Delta x,\Delta y$ 才写成微分 $\mathrm{d}x,\mathrm{d}y$ 的形式,当不知道函数是否可微时,不能写成上述形式,所以上述步骤是错误的.

[正确解法] 因为 $\Delta z=f(\Delta x,\Delta y)-f(0,0)=\dfrac{\Delta x\Delta y}{\sqrt{(\Delta x)^2+(\Delta y)^2}}$

且

$$f_x(0,0)=\lim_{\Delta x\to0}\frac{f(\Delta x,0)-f(0,0)}{\Delta x}=\lim_{\Delta x\to0}\frac{0-0}{\Delta x}=0$$

$$f_y(0,0)=\lim_{\Delta y\to0}\frac{f(0,\Delta y)-f(0,0)}{\Delta y}=\lim_{\Delta y\to0}\frac{0-0}{\Delta y}=0$$

则有

$$\lim_{\rho\to0}\frac{\Delta z-f_x(0,0)\Delta x-f_y(0,0)\Delta y}{\rho}=\lim_{(\Delta x,\Delta y)\to(0,0)}\frac{\Delta x\Delta y}{(\Delta x)^2+(\Delta y)^2}$$

当点 $(\Delta x,\Delta y)$ 沿着直线 $\Delta y=k\Delta x$ 趋于(0,0)时,由于

$$\lim_{\substack{(\Delta x,\Delta y)\to(0,0)\\\Delta y=k\Delta x}}\frac{\Delta x\Delta y}{(\Delta x)^2+(\Delta y)^2}=\lim_{\Delta x\to0}\frac{\Delta x\cdot k\Delta x}{(\Delta x)^2+(k\Delta x)^2}=\frac{k}{1+k^2}$$

可得 $\lim\limits_{\rho\to0}\dfrac{\Delta z-f_x(0,0)\Delta x-f_y(0,0)\Delta y}{\rho}$ 不存在,故函数 $f(x,y)$ 在(0,0)点处不可微.

温馨提示:多元函数在一点处的连续性、可微性、偏导数的存在性及偏导数的连续性这四个概念间的关系如图9.2所示.

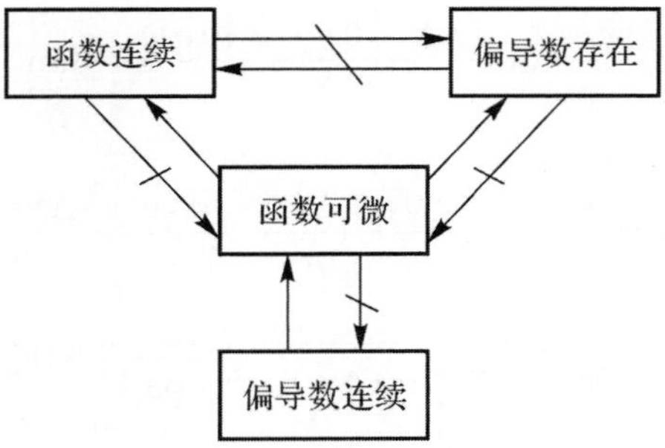

图 9.2

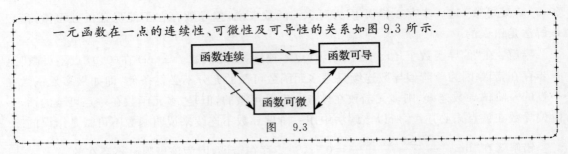

一元函数在一点的连续性、可微性及可导性的关系如图 9.3 所示.

图 9.3

例 20 讨论函数 $z=f(x,y)=\begin{cases} xy\sin\dfrac{1}{x^2+y^2}, & x^2+y^2\neq 0 \\ 0, & x^2+y^2=0 \end{cases}$ 在 $(0,0)$ 点处偏导数的连

续性.

[错解 1] $\qquad f_x(0,0)=\lim\limits_{\Delta x\to 0}\dfrac{f(\Delta x,0)-f(0,0)}{\Delta x}=\lim\limits_{\Delta x\to 0}\dfrac{0}{\Delta x}=0$

当 $(x,y)\neq(0,0)$ 时,有

$$f_x(x,y)=y\sin\frac{1}{x^2+y^2}-\frac{2x^2 y}{(x^2+y^2)^2}\cos\frac{1}{x^2+y^2}$$

故 $\qquad \lim\limits_{x\to 0}f_x(x,y)=\lim\limits_{x\to 0}\left[y\sin\dfrac{1}{x^2+y^2}-\dfrac{2x^2 y}{(x^2+y^2)^2}\cos\dfrac{1}{x^2+y^2}\right]=$

$$y\sin\frac{1}{y^2}$$

由于 $\lim\limits_{x\to 0}f_x(x,y)\neq f_x(0,0)$,因此 $f_x(x,y)$ 在 $(0,0)$ 点不连续.

同理,$f_y(x,y)$ 在 $(0,0)$ 点也不连续.

[错解 2] 因为 $\quad f_x(0,0)=\lim\limits_{\Delta x\to 0}\dfrac{f(\Delta x,0)-f(0,0)}{\Delta x}=\lim\limits_{\Delta x\to 0}\dfrac{0}{\Delta x}=0$

当 $(x,y)\neq(0,0)$ 时,有

$$f_x(x,y)=y\sin\frac{1}{x^2+y^2}-\frac{2x^2 y}{(x^2+y^2)^2}\cos\frac{1}{x^2+y^2}$$

可得 $\qquad \lim\limits_{x\to 0}f_x(x,0)=\lim\limits_{x\to 0}(0-0)=0=f_x(0,0)$

故 $f_x(x,y)$ 在 $(0,0)$ 点处连续.

同理 $f_y(x,y)$ 在 $(0,0)$ 点处也是连续的.

[错解 3] $\qquad f_x(0,0)=\lim\limits_{\Delta x\to 0}\dfrac{f(\Delta x,0)-f(0,0)}{\Delta x}=\lim\limits_{\Delta x\to 0}\dfrac{0}{\Delta x}=0$

同理,$f_y(0,0)=0$.

又因为 $\qquad \lim\limits_{\rho\to 0}\dfrac{\Delta z-f_x(0,0)\Delta x-f_y(0,0)\Delta y}{\rho}=$

$$\lim\limits_{(\Delta x,\Delta y)\to(0,0)}\frac{\Delta x\,\Delta y}{\sqrt{(\Delta x)^2+(\Delta y)^2}}\sin\frac{1}{(\Delta x)^2+(\Delta y)^2}=0$$

所以函数 $z=f(x,y)$ 在点 $(0,0)$ 处是可微的.

由可微性和偏导数连续性之间的关系可知,函数 $z=f(x,y)$ 在点 $(0,0)$ 处的两个偏导数
都是连续的.

[错解分析] 错解 1 在"由于 $\lim\limits_{x\to 0}f_x(x,y)\neq f_x(0,0)$,因此 $f_x(x,y)$ 在 $(0,0)$ 点不连续"这一步存在错误. 错解 2 在"$\lim\limits_{x\to 0}f_x(x,0)=\lim\limits_{x\to 0}(0-0)=0=f_x(0,0)$,故 $f_x(x,y)$ 在 $(0,0)$ 点处连续"这一步存在错误. 因为它们都把二元函数的一阶偏导函数在一点处的连续性这个概念弄错了,二元函数的一阶偏导函数仍然是二元函数,其连续性的概念还是二元函数连续的概念,即只有当 $\lim\limits_{(x,y)\to(0,0)}f_x(x,y)=f_x(0,0)$ 时,$f_x(x,y)$ 在 $(0,0)$ 点处才是连续的. 错解 3 把多元函数在一点处的可微性和偏导数的连续性之间的关系弄错了,如果多元函数在一点处的一阶偏导数连续,则函数在该点一定是可微的;但是,当函数在一点可微时,其一阶偏导数未必连续,即一阶偏导数连续只是函数可微的充分非必要条件.

[正确解法] 因为当 $(x,y)\neq(0,0)$ 时,有

$$f_x(x,y)=y\sin\frac{1}{x^2+y^2}-\frac{2x^2y}{(x^2+y^2)^2}\cos\frac{1}{x^2+y^2}$$

所以 $\lim\limits_{(x,y)\to(0,0)}f_x(x,y)=\lim\limits_{(x,y)\to(0,0)}\left[y\sin\frac{1}{x^2+y^2}-\frac{2x^2y}{(x^2+y^2)^2}\cos\frac{1}{x^2+y^2}\right]$

当点 (x,y) 沿着 $y=x$ 趋于 $(0,0)$ 时,由于

$$\lim\limits_{\substack{(x,y)\to(0,0)\\y=x}}f_x(x,y)=\lim\limits_{x\to 0}\left(x\sin\frac{1}{2x^2}-\frac{1}{2x}\cos\frac{1}{2x^2}\right)=-\lim\limits_{x\to 0}\frac{1}{2x}\cos\frac{1}{2x^2}$$

因为 $\lim\limits_{x\to 0}\frac{1}{x}\cos\frac{1}{2x^2}$ 不存在,所以极限 $\lim\limits_{(x,y)\to(0,0)}f_x(x,y)$ 不存在,故 $f_x(x,y)$ 在 $(0,0)$ 点处不连续. 同理 $f_y(x,y)$ 在 $(0,0)$ 点处也不连续.

例 21 设函数 $G(x,y,z)$ 具有一阶连续偏导数,求曲面 $z=G(x,y,z)$ 在点 (x,y,z) 处的一个法向量.

[错解] 因为曲面 $F(x,y,z)=0$ 的法向量是 (F_x,F_y,F_z),所以曲面 $z=G(x,y,z)$ 的法向量为 (G_x,G_y,G_z).

[错解分析] 设曲面的方程为 $F(x,y,z)=0$,则曲面的一个法向量为 (F_x,F_y,F_z). 上述结论成立的前提条件是等式 $F(x,y,z)=0$ 的一端是 0,一端是 x,y,z 的三元函数,这个三元函数对三个自变量的偏导数构成的向量才是曲面的一个法向量. 如果曲面方程不是以这种形式给出的,要先化成这种形式,再利用公式求解. 例如,若给出的曲面方程为 $z=f(x,y)$,需要先把曲面方程化成 $f(x,y)-z=0$ 的形式,然后利用结论可得曲面的一个法向量为 $(f_x,f_y,-1)$. 其实曲面 $z=G(x,y,z)$ 的一个法向量为 (G_x,G_y,G_z-1) 或 $(-G_x,-G_y,1-G_z)$,因此上述解法是错误的.

[正确解法] 令 $F(x,y,z)=G(x,y,z)-z$,则曲面的一个法向量为 (F_x,F_y,F_z),又因为 $F_x=G_x$,$F_y=G_y$,$F_z=G_z-1$,所以曲面的一个法向量为 (G_x,G_y,G_z-1).

第十章 重 积 分

在高等数学中,多元函数积分学部分共涉及六类积分:二重积分、三重积分、两类曲线积分和两类曲面积分.二重积分是多元函数积分学中的第一类积分,其他五类积分的概念、性质、计算方法都与二重积分类似.同时,三重积分和两类曲面积分的计算都要借助于二重积分,平面曲线积分通过格林公式也可转化成二重积分,因此,正确理解二重积分的概念、熟练掌握二重积分的性质及计算方法是学习多元函数积分学的基础.计算二重积分的基本方法是把二重积分转化为二次积分,即两次定积分,其关键和核心是选择恰当的坐标系、正确确定积分次序和积分限.

本章重点归纳总结了直角坐标系和极坐标系下学生在化二重积分为二次积分的过程中、交换二次积分的积分次序的过程中以及二重积分的计算过程中经常出现的错误,并给出一般的解题规律和技巧.

例 1 二重积分 $\iint\limits_{D} f(x,y)\mathrm{d}\sigma$ 的几何意义是什么?

[错解] 二重积分 $\iint\limits_{D} f(x,y)\mathrm{d}\sigma$ 在几何上表示以 D 为底,以曲面 $z=f(x,y)$ 为顶的曲顶柱体的体积.

[错解分析] 上述说法不严谨.如果在 D 上,$f(x,y)\leqslant 0$,则二重积分 $\iint\limits_{D} f(x,y)\mathrm{d}\sigma$ 表示的不是曲顶柱体的体积,而是曲顶柱体体积的负值.

[正确解法] 二重积分 $\iint\limits_{D} f(x,y)\mathrm{d}\sigma$ 在几何上表示以 D 为底,以曲面 $z=f(x,y)$ 为顶的曲顶柱体体积的代数和.特别地,如果在 D 上,$f(x,y)\geqslant 0$,则二重积分 $\iint\limits_{D} f(x,y)\mathrm{d}\sigma$ 表示以 D 为底,以曲面 $z=f(x,y)$ 为顶的曲顶柱体体积的体积;如果在 D 上,$f(x,y)\leqslant 0$,则二重积分 $\iint\limits_{D} f(x,y)\mathrm{d}\sigma$ 表示以 D 为底,以曲面 $z=f(x,y)$ 为顶的曲顶柱体积的负值.

例 2 设 $D=\{(x,y)\mid x^2+y^2\leqslant 1,x\geqslant 0,y\geqslant 0\}$,化二重积分 $\iint\limits_{D} f(x,y)\mathrm{d}\sigma$ 为直角坐标系下的二次积分.

[错解 1] $$\iint\limits_{D} f(x,y)\mathrm{d}\sigma=\int_0^1\mathrm{d}x\int_0^1 f(x,y)\mathrm{d}y$$

[错解 2] $$\iint\limits_{D} f(x,y)\mathrm{d}\sigma=\int_0^1\mathrm{d}x\int_0^{\sqrt{1-y^2}} f(x,y)\mathrm{d}y$$

[错解 3] $$\iint\limits_{D} f(x,y)\mathrm{d}\sigma=\int_0^1\mathrm{d}x\int_{\sqrt{1-x^2}}^0 f(x,y)\mathrm{d}y$$

[错解 4]
$$\iint\limits_{D} f(x,y)\mathrm{d}\sigma = \int_{0}^{\sqrt{1-y^2}}\mathrm{d}x \int_{0}^{\sqrt{1-x^2}} f(x,y)\mathrm{d}y$$

[错解分析] 错解 1 和错解 2 均将内层积分,即 $\int_{0}^{1} f(x,y)\mathrm{d}y$ 和 $\int_{0}^{\sqrt{1-y^2}} f(x,y)\mathrm{d}y$ 的积分上限写错了,其积分上限应为 $\sqrt{1-x^2}$.

错解 3 将内层积分 $\int_{\sqrt{1-x^2}}^{0} f(x,y)\mathrm{d}y$ 的积分上、下限写错了,其积分下限应该为 0、上限应该为 $\sqrt{1-x^2}$,即内层积分应该为 $\int_{0}^{\sqrt{1-x^2}} f(x,y)\mathrm{d}y$.把二重积分转化为二次积分时,不管选择哪一种积分次序,内层和外层积分的积分限都必须上限大于下限,错解 3 违反了这个原则,因此是错误的.

错解 4 将外层积分 $\int_{0}^{\sqrt{1-y^2}}\mathrm{d}x$ 的积分上限写错了,其积分上限应该为 1.把二重积分转化为二次积分时,不管选择哪一种积分次序,外层积分的积分限必须是确定的,不能为函数,也不能依赖于内层积分变量,错解 4 违反了这个原则,因此是错误的.

[正确解法] 画出积分区域 D,如图 10.1 所示,下面用两个积分次序不同的二次积分表示:

如果转化为先对 y 积分再对 x 积分的二次积分,则需要将积分域 D 表示成 X 型,此时

$$D = \left\{(x,y) \,\middle|\, 0 \leqslant y \leqslant \sqrt{1-x^2}, 0 \leqslant x \leqslant 1\right\}$$

可得

$$\iint\limits_{D} f(x,y)\mathrm{d}\sigma = \int_{0}^{1}\mathrm{d}x \int_{0}^{\sqrt{1-x^2}} f(x,y)\mathrm{d}y$$

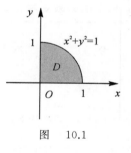

图 10.1

如果转化为先对 x 积分再对 y 积分的二次积分,则需要将积分域 D 表示成 Y 型,此时

$$D = \left\{(x,y) \,\middle|\, 0 \leqslant x \leqslant \sqrt{1-y^2}, 0 \leqslant y \leqslant 1\right\}$$

可得

$$\iint\limits_{D} f(x,y)\mathrm{d}\sigma = \int_{0}^{1}\mathrm{d}y \int_{0}^{\sqrt{1-y^2}} f(x,y)\mathrm{d}x$$

温馨提示:1. 把二重积分 $\iint\limits_{D} f(x,y)\mathrm{d}\sigma$ 转化为先对 y 积分再对 x 积分的二次积分时,内层积分的积分限的确定方法及步骤如下:

(1) 把积分区域 D 的边界曲线表示成以 y 为因变量,以 x 为自变量的函数,如例 2 中 D 的边界曲线可以表示成 $y=0$ 和 $y=\sqrt{1-x^2}$;

(2) 用平行于 y 轴的直线从下向上穿过区域 D,该直线与区域 D 的边界线相交,先交的就是 y 的下限,后交的就是 y 的上限,如例 2 中 y 的下限就是 0,上限就是 $\sqrt{1-x^2}$.

2. 如果把二重积分 $\iint\limits_{D} f(x,y)\mathrm{d}\sigma$ 转化成先对 x 积分再对 y 积分的二次积分,则内层积分的积分限的确定方法及步骤如下:

（1）把积分 D 的边界曲线表示成以 x 为因变量，以 y 为自变量的函数，如例 2 中 D 的边界曲线可以表示成 $x=0$ 和 $x=\sqrt{1-y^2}$；

（2）用平行于 x 轴的直线从左向右穿过区域 D，该直线与区域 D 的边界线相交，先交的就是 x 的下限，后交的就是 x 的上限，如例 2 中 x 的下限就是 0，上限就是 $\sqrt{1-y^2}$.

注意，如果把二重积分 $\iint\limits_{D} f(x,y)\mathrm{d}\sigma$ 转化成先对 y 积分再对 x 积分的二次积分时，一般地，y 的上、下限是 x 的函数；如果把 $\iint\limits_{D} f(x,y)\mathrm{d}\sigma$ 转化成先对 x 积分再对 y 积分的二次积分时，一般地，x 的上、下限是 y 的函数.

3. 把二重积分转化成二次积分时，不管选择哪种积分次序，都具有以下特点：

（1）内层积分和外层积分的积分限都必须上限大于下限；

（2）一般情况下，内层积分的积分限可以依赖于外层积分的积分变量，但外层积分的积分限必须是确定的，即绝不能依赖于内层积分变量.

例 3 交换二次积分 $\displaystyle\int_0^2 \mathrm{d}x \int_x^{2x} f(x,y)\mathrm{d}y$ 的积分次序.

[错解]
$$\int_0^2 \mathrm{d}x \int_x^{2x} f(x,y)\mathrm{d}y = \int_0^4 \mathrm{d}y \int_{\frac{y}{2}}^{y} f(x,y)\mathrm{d}x$$

[错解分析] 错解中二次积分 $\displaystyle\int_0^4 \mathrm{d}y \int_{\frac{y}{2}}^{y} f(x,y)\mathrm{d}x$ 的积分域与 $\displaystyle\int_0^2 \mathrm{d}x \int_x^{2x} f(x,y)\mathrm{d}y$ 的积分域不同，交换二次积分的积分次序时，应该是在同一个积分域上进行，而不能改变原来的积分域，因此上述解法是错误的.

[正确解法] 由二次积分 $\displaystyle\int_0^2 \mathrm{d}x \int_x^{2x} f(x,y)\mathrm{d}y$ 可以确定出积分区域 D 的代数方程，即 $D = \{(x,y) \mid x \leqslant y \leqslant 2x, 0 \leqslant x \leqslant 2\}$，此时 D 是 X 型的，画出积分区域 D 的图形，如图 10.2 所示.

原二次积分是先对 y 积分再对 x 积分，要交换积分次序，即将其表示成先对 x 积分再对 y 积分的二次积分，就需要将积分区域 D 表示成 Y 型，由图 10.3 可知，D 是由两部分组成，即 $D = D_1 \bigcup D_2$，其中

$$D_1 = \left\{(x,y) \,\middle|\, \frac{y}{2} \leqslant x \leqslant y, 0 \leqslant y \leqslant 2\right\}$$

$$D_2 = \left\{(x,y) \,\middle|\, \frac{y}{2} \leqslant x \leqslant 2, 2 \leqslant y \leqslant 4\right\}$$

故

$$\int_0^2 \mathrm{d}x \int_x^{2x} f(x,y)\mathrm{d}y = \int_0^2 \mathrm{d}y \int_{\frac{y}{2}}^{y} f(x,y)\mathrm{d}x + \int_2^4 \mathrm{d}y \int_{\frac{y}{2}}^{2} f(x,y)\mathrm{d}x$$

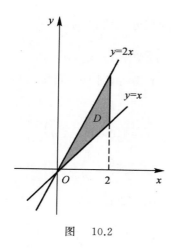

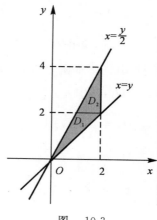

图 10.2　　　　　　　　　　　　图 10.3

> **温馨提示**:直角坐标系下交换二次积分的积分次序的一般步骤如下:
>
> **步骤 1**　由原二次积分的上下限确定出积分区域 D 的代数方程.确定方法是:由内外层积分的积分区间分别确定出内外层积分的积分变量所满足的不等式,然后将二者表示成平面点集的形式即可.例如,例 3 中内层积分的积分区间是 $[x,2x]$,且其积分变量是 y,因此可得 $x \leqslant y \leqslant 2x$;同样,由于外层积分的积分区间是 $[0,2]$,且其积分变量是 x,因此可得 $0 \leqslant x \leqslant 2$.然后将二者用平面点集的方式表示为 $\{(x,y) \mid x \leqslant y \leqslant 2x, 0 \leqslant x \leqslant 2\}$,这就是积分区域 D 的代数方程.
>
> **步骤 2**　画出积分区域 D 的图形.画积分区域图形的方法是:根据积分区域 D 的代数方程,画 4 条线,这 4 条线围成的区域就是 D 的图形.例如,如果区域 D 是 X 型,即 $D = \{(x,y) \mid \varphi_1(x) \leqslant y \leqslant \varphi_2(x), a \leqslant x \leqslant b\}$,那么需要画的这 4 条线是 $x = a$,$x = b$,$y = \varphi_1(x)$ 以及 $y = \varphi_2(x)$.类似地,如果区域 D 是 Y 型,即 $D = \{(x,y) \mid \psi_1(y) \leqslant x \leqslant \psi_2(y), c \leqslant y \leqslant d\}$,那么需要画的这 4 条线是 $y = c$,$y = d$,$x = \psi_1(y)$ 以及 $x = \psi_2(y)$.例如,例 3 中需要画的 4 条线是 $x = 0$,$x = 2$,$y = x$ 以及 $y = 2x$.
>
> **步骤 3**　将积分区域 D 按新的积分次序划分积分区域,并写出新积分次序下积分区域 D 的代数方程,然后列出相应的二次积分即可.

例 4　交换二次积分 $\displaystyle\int_0^{2a} \mathrm{d}x \int_{\sqrt{2ax-x^2}}^{\sqrt{2ax}} f(x,y)\mathrm{d}y$ 的积分次序,其中 $a > 0$.

[错解]　原式 $= \displaystyle\int_0^{2a} \mathrm{d}y \int_{\frac{y^2}{2a}}^{2a} f(x,y)\mathrm{d}x - \int_0^a \mathrm{d}y \int_{a-\sqrt{a^2-y^2}}^{a+\sqrt{a^2-y^2}} f(x,y)\mathrm{d}x$.

[错解分析]　由于被积函数 $f(x,y)$ 是抽象函数,因此无法判断 $\displaystyle\int_0^a \mathrm{d}y \int_{a-\sqrt{a^2-y^2}}^{a+\sqrt{a^2-y^2}} f(x,y)\mathrm{d}x$ 是否存在,也就是说二次积分 $\displaystyle\int_0^a \mathrm{d}y \int_{a-\sqrt{a^2-y^2}}^{a+\sqrt{a^2-y^2}} f(x,y)\mathrm{d}x$ 未必存在,故上述解法是错误的.

［正确解法］二次积分 $\int_0^{2a} \mathrm{d}x \int_{\sqrt{2ax-x^2}}^{\sqrt{2ax}} f(x,y)\mathrm{d}y$ 的积分区域 D 为

$$\left\{ (x,y) \,\middle|\, \sqrt{2ax-x^2} \leqslant y \leqslant \sqrt{2ax}, 0 \leqslant x \leqslant 2a \right\}$$

显然它是 X 型,其图形如图 10.4 所示.要将其改为 Y 型,由图 10.5 可知,D 由三部分组成,即 $D = D_1 \bigcup D_2 \bigcup D_3$,其中

$$D_1 = \left\{ (x,y) \,\middle|\, \frac{y^2}{2a} \leqslant x \leqslant a - \sqrt{a^2-y^2}, 0 \leqslant y \leqslant a \right\}$$

$$D_2 = \left\{ (x,y) \,\middle|\, a + \sqrt{a^2-y^2} \leqslant x \leqslant 2a, 0 \leqslant y \leqslant a \right\}$$

$$D_3 = \left\{ (x,y) \,\middle|\, \frac{y^2}{2a} \leqslant x \leqslant 2a, a \leqslant y \leqslant 2a \right\}$$

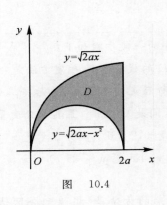

图 10.4

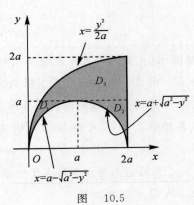

图 10.5

故

$$\int_0^{2a} \mathrm{d}x \int_{\sqrt{2ax-x^2}}^{\sqrt{2ax}} f(x,y)\mathrm{d}y =$$

$$\int_0^a \mathrm{d}y \int_{\frac{y^2}{2a}}^{a-\sqrt{a^2-y^2}} f(x,y)\mathrm{d}x + \int_0^a \mathrm{d}y \int_{a+\sqrt{a^2-y^2}}^{2a} f(x,y)\mathrm{d}x + \int_a^{2a} \mathrm{d}y \int_{\frac{y^2}{2a}}^{2a} f(x,y)\mathrm{d}x$$

例 5 交换二次积分 $\int_0^2 \mathrm{d}y \int_{2y}^{y^2} f(x,y)\mathrm{d}x$ 的积分次序.

［错解］记 $y=0, y=2, x=2y, x=y^2$ 所围区域为 D,则

$$\int_0^2 \mathrm{d}y \int_{2y}^{y^2} f(x,y)\mathrm{d}x = \iint\limits_{D} f(x,y)\mathrm{d}\sigma = \int_0^4 \mathrm{d}x \int_{\frac{x}{2}}^{\sqrt{x}} f(x,y)\mathrm{d}y$$

［错解分析］上述解法在"$\int_0^2 \mathrm{d}y \int_{2y}^{y^2} f(x,y)\mathrm{d}x = \iint\limits_{D} f(x,y)\mathrm{d}\sigma$"这一步存在错误.这个等式其实是不成立的,因为二次积分 $\int_0^2 \mathrm{d}y \int_{2y}^{y^2} f(x,y)\mathrm{d}x$ 中的内层积分 $\int_{2y}^{y^2} f(x,y)\mathrm{d}x$ 的积分下限大于积分上限,所以该二次积分不是 $f(x,y)$ 在 D 上的二重积分,而是 $f(x,y)$ 在 D 上的二重积分的相反数,即是 $-\iint\limits_{D} f(x,y)\mathrm{d}\sigma$,因此上述解法错误.

［正确解法］记 $y=0, y=2, x=2y$ 及 $x=y^2$ 这四条曲线所围成的平面闭区域为 D,并画出

其图形,如图 10.6 所示,将 D 表示成 X 型,则

$$D = \left\{ (x,y) \,\middle|\, \frac{x}{2} \leqslant y \leqslant \sqrt{x} \,, 0 \leqslant x \leqslant 4 \right\}$$

因此

$$\int_0^2 \mathrm{d}y \int_{2y}^{y^2} f(x,y)\mathrm{d}x =$$

$$-\iint\limits_D f(x,y)\mathrm{d}\sigma =$$

$$-\int_0^4 \mathrm{d}x \int_{\frac{x}{2}}^{\sqrt{x}} f(x,y)\mathrm{d}y$$

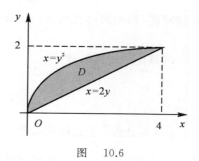

图 10.6

例 6 化二重积分 $\iint\limits_D f(x,y)\mathrm{d}\sigma$ 为直角坐标系下的二次积分,其中 D 由 $x+y=1$,$x-y=1$ 和 $x=0$ 所围成.

[错解] 因为 D 关于 x 轴对称,所以由对称性可知 $\iint\limits_D f(x,y)\mathrm{d}\sigma = 2\iint\limits_{D_1} f(x,y)\mathrm{d}\sigma$,其中 D_1 是 D 在 x 轴上方的部分,因此

$$\iint\limits_D f(x,y)\mathrm{d}\sigma = 2\int_0^1 \mathrm{d}x \int_0^{1-x} f(x,y)\mathrm{d}y$$

[错解分析] 上述解法将对称性用错了,本题是不能应用对称性的.对二重积分 $\iint\limits_D f(x,y)\mathrm{d}\sigma$ 来说,使用对称性时,不但要求积分区域 D 关于坐标轴具有对称性,还要求被积函数 $f(x,y)$ 关于变量 x 或 y 具有奇偶性.本题中只有积分区域 D 具有对称性,被积函数 $f(x,y)$ 是否关于变量 y 具有奇偶性是不知道的,而且从题目中也无法判断,因此不能应用对称性简化计算,所以上述解法是错误的.

[正确解法] 先画出积分区域 D 的图形,如图 10.7 所示.如果将二重积分转化先对 y 积分再对 x 积分的二次积分,需要将 D 表示成 X 型,则

$$D = \{(x,y) \mid x-1 \leqslant y \leqslant 1-x, 0 \leqslant x \leqslant 1\}$$

故

$$\iint\limits_D f(x,y)\mathrm{d}\sigma = \int_0^1 \mathrm{d}x \int_{x-1}^{1-x} f(x,y)\mathrm{d}y$$

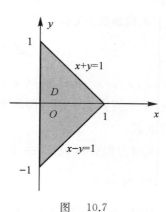

图 10.7

如果将二重积分转化先对 x 积分再对 y 积分的二次积分,需要将 D 表示成 Y 型,则 D 由两部分组成,即 $D = D_1 \bigcup D_2$,其中

$$D_1 = \{(x,y) \mid 0 \leqslant x \leqslant 1+y, -1 \leqslant y \leqslant 0\}$$

$$D_2 = \{(x,y) \mid 0 \leqslant x \leqslant 1-y, 0 \leqslant y \leqslant 1\}$$

故

$$\iint\limits_D f(x,y)\mathrm{d}\sigma = \int_{-1}^0 \mathrm{d}y \int_0^{1+y} f(x,y)\mathrm{d}x + \int_0^1 \mathrm{d}y \int_0^{1-y} f(x,y)\mathrm{d}x$$

例7 计算 $\iint\limits_{D}(x^2\sin x+y^3+2)d\sigma$，其中 D 由 $x^2+y^2=1$ 所围区域.

[错解] 令 $f(x)=x^2\sin x$，则 $f(-x)=-f(x)$，即 $f(x)=x^2\sin x$ 是奇函数，并且 D 关于 x 轴对称，则由对称性可知 $\iint\limits_{D}x^2\sin x\,d\sigma=0$.

同理 $\iint\limits_{D}y^3\,d\sigma=0$，故

$$\iint\limits_{D}(x^2\sin x+y^3+2)d\sigma=2\iint\limits_{D}d\sigma=2\pi.$$

[错解分析] 上述解法有两处错误：第一，在"$f(x)=x^2\sin x$ 是奇函数"这一步存在错误，因为二重积分 $\iint\limits_{D}f(x,y)d\sigma$ 的被积函数是二元函数 $f(x,y)$，讨论二元函数的奇偶性时，只能讨论二元函数关于哪个变量具有奇偶性，不能直接说二元函数是奇函数还是偶函数.本题中的被积函数 $x^2\sin x$ 关于变量 x 为奇函数，但是它关于变量 y 是偶函数，所以直接说"$f(x)=x^2\sin x$ 是奇函数"是不准确的.另外，错解中令 $f(x)=x^2\sin x$ 也不合适，二重积分的被积函数是二元函数，因此要用二元函数来表示，不能用一元函数来表示.第二，在"且 D 关于 x 轴对称，则由对称性可知 $\iint\limits_{D}x^2\sin x\,d\sigma=0$"这一步存在错误，因为当积分区域 D 关于 x 轴对称，被积函数 $f(x,y)$ 关于变量 y 为奇函数时，才有 $\iint\limits_{D}f(x,y)d\sigma=0$ 成立，如果被积函数 $f(x,y)$ 关于变量 x 为奇函数，未必有 $\iint\limits_{D}f(x,y)d\sigma=0$ 成立，也就是说二重积分的对称性要求积分区域的对称性和被积函数的奇偶性"相匹配"，如果二者不匹配，则不能使用对称性简化计算，所以上述步骤是错误的.

[正确解法] 先画出积分区域 D 的图形，如图 10.8 所示.因为

$$\iint\limits_{D}(x^2\sin x+y^3+2)d\sigma=\iint\limits_{D}x^2\sin x\,d\sigma+\iint\limits_{D}y^3\,d\sigma+\iint\limits_{D}2\,d\sigma$$

令 $f(x,y)=x^2\sin x$，所以 $f(-x,y)=(-x)^2\sin(-x)=-x^2\sin x=-f(x,y)$，即函数 $f(x,y)=x^2\sin x$ 关于变量 x 为奇函数.

又因为积分区域 D 关于 y 轴对称，所以由对称性可知 $\iint\limits_{D}x^2\sin x\,d\sigma=0$.

同理，被积函数 $g(x,y)=y^3$ 关于变量 y 为奇函数，又因为积分区域 D 关于 x 轴对称，所以由对称性可知 $\iint\limits_{D}y^3\,d\sigma=0$，因此 $\iint\limits_{D}(x^2\sin x+y^3+2)d\sigma=0+0+2\iint\limits_{D}d\sigma=2\pi.$

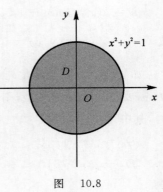

图 10.8

温馨提示:对二重积分 $\iint\limits_{D} f(x,y)\mathrm{d}\sigma$ 使用对称性时,被积函数 $f(x,y)$ 和积分区域 D 须同时满足下列三个条件:

(1) 积分区域 D 关于坐标轴具有对称性.

(2) 被积函数 $f(x,y)$ 关于变量 x 或 y 具有奇偶性.

(3) 被积函数的奇偶性和积分区域的对称性相匹配.这里的"相匹配"是指:如果积分区域 D 关于 x 轴对称,被积函数 $f(x,y)$ 要关于变量 y 具有奇偶性;如果积分区域 D 关于 y 轴对称,被积函数 $f(x,y)$ 要关于变量 x 具有奇偶性.

上述三个条件只要有一个不满足,就不能应用对称性来简化二重积分的计算.

例 8 计算 $\iint\limits_{D} y^2 \mathrm{d}\sigma$,其中 D 是由 $y=2$,$y=x$ 和 $y=2x$ 围成的闭区域.

[错解 1] $\qquad \iint\limits_{D} y^2 \mathrm{d}\sigma = \int_0^2 \mathrm{d}y \int_{\frac{y}{2}}^{y} y^2 \mathrm{d}x = \int_0^2 \mathrm{d}y\, y^2 \left(y - \frac{y}{2}\right) = \int_0^2 \frac{y^3}{2}\mathrm{d}y = 2$

[错解 2] $\qquad \iint\limits_{D} y^2 \mathrm{d}\sigma = \int_0^2 \mathrm{d}x \int_x^2 y^2 \mathrm{d}y = \int_0^2 \frac{8-x^3}{3}\mathrm{d}x = \frac{16}{3} - \frac{x^4}{12}\Big|_0^2 = 4$

[错解分析] 错解 1 在 "$\int_0^2 \mathrm{d}y \int_{\frac{y}{2}}^{y} y^2 \mathrm{d}x = \int_0^2 \mathrm{d}y\, y^2 \left(y - \frac{y}{2}\right)$" 这一步存在错误.因为二次积分 $\int_0^2 \mathrm{d}y \int_{\frac{y}{2}}^{y} y^2 \mathrm{d}x$ 的本质是 $\int_0^2 \left(\int_{\frac{y}{2}}^{y} y^2 \mathrm{d}x\right)\mathrm{d}y$,表示定积分 $\int_a^b f(x)\mathrm{d}x$ 时不能将被积函数 $f(x)$ 写在积分变量后面,即不能写成 "$\int_a^b \mathrm{d}x\, f(x)$" 的形式,这两者的含义是不同的,所以上述步骤是错误的.

错解 2 在 "$\iint\limits_{D} y^2 \mathrm{d}\sigma = \int_0^2 \mathrm{d}x \int_x^2 y^2 \mathrm{d}y$" 这一步存在错误.因为二次积分 "$\int_0^2 \mathrm{d}x \int_x^2 y^2 \mathrm{d}y$" 所表示的积分区域与二重积分 "$\iint\limits_{D} y^2 \mathrm{d}\sigma$" 的积分区域 D 不是同一个区域,所以上述步骤是错误的.错解 2 本质上想用 "先对 y 积分再对 x 积分的二次积分" 来求解二重积分 $\iint\limits_{D} y^2 \mathrm{d}\sigma$,只是将积分限弄错了.这里需要先将积分区域 D 分割成两部分,然后再确定二次积分的积分限.

[正确解法] 先画出积分区域 D 的图形,如图 10.9 所示,本题分别用两种方法求解.

方法 1:将二重积分转化成 "先对 x 积分再对 y 积分的二次积分",此时需要将 D 表示成 Y 型,则

$$D = \left\{(x,y) \,\Big|\, \frac{y}{2} \leqslant x \leqslant y, 0 \leqslant y \leqslant 2\right\}$$

故

$$\iint\limits_{D} y^2 \mathrm{d}\sigma = \int_0^2 \mathrm{d}y \int_{\frac{y}{2}}^{y} y^2 \mathrm{d}x = \int_0^2 y^2 \left(y - \frac{y}{2}\right)\mathrm{d}y = \int_0^2 \frac{y^3}{2}\mathrm{d}y = \frac{y^4}{8}\Big|_0^2 = 2$$

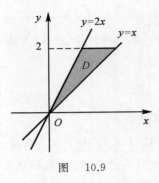

图　10.9

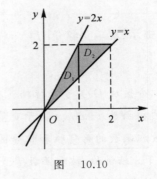

图　10.10

方法 2：将二重积分转化成"先对 y 积分再对 x 积分的二次积分"，此时需要将 D 表示成 X 型，如图 10.10 所示，D 由两部分组成，即 $D = D_1 \bigcup D_2$，其中

$$D_1 = \{(x,y) \mid x \leqslant y \leqslant 2x, 0 \leqslant x \leqslant 1\}$$
$$D_2 = \{(x,y) \mid x \leqslant y \leqslant 2, 1 \leqslant x \leqslant 2\}$$

故

$$\iint\limits_D y^2 \mathrm{d}\sigma = \int_0^1 \mathrm{d}x \int_x^{2x} y^2 \mathrm{d}y + \int_1^2 \mathrm{d}x \int_x^2 y^2 \mathrm{d}y =$$

$$\int_0^1 \frac{(2x)^3 - x^3}{3} \mathrm{d}x + \int_1^2 \frac{8 - x^3}{3} \mathrm{d}x =$$

$$\frac{7x^4}{12} \Big|_0^1 + \frac{8}{3} - \frac{x^4}{12} \Big|_1^2 =$$

$$\frac{7}{12} + \frac{8}{3} - \frac{2^4}{12} + \frac{1}{12} = 2$$

> **温馨提示**：对比本题的两种解法，不难发现方法 1 是相对简单的，方法 2 不但需要将积分区域 D 分割成两部分，而且二次积分的计算相对也比较麻烦。一般地，计算二重积分时，选择积分次序应遵循以下原则：
>
> (1) 积分区域尽量不分块；
>
> (2) 二次积分要好算。

例 9　化二次积分 $\int_0^2 \mathrm{d}x \int_x^{\sqrt{3}x} f(\sqrt{x^2 + y^2}) \mathrm{d}y$ 为极坐标系下的二次积分.

[错解 1]　$\int_0^2 \mathrm{d}x \int_x^{\sqrt{3}x} f(\sqrt{x^2 + y^2}) \mathrm{d}y = \int_{\frac{\pi}{4}}^{\frac{\pi}{3}} \mathrm{d}\theta \int_0^2 f(\rho)\rho \mathrm{d}\rho$

[错解 2]　$\int_0^2 \mathrm{d}x \int_x^{\sqrt{3}x} f(\sqrt{x^2 + y^2}) \mathrm{d}y = \int_{\frac{\pi}{4}}^{\frac{\pi}{3}} \mathrm{d}\theta \int_0^{\frac{2}{\cos\theta}} f(\sqrt{x^2 + y^2})\rho \mathrm{d}\rho$

[错解 3]　$\int_0^2 \mathrm{d}x \int_x^{\sqrt{3}x} f(\sqrt{x^2 + y^2}) \mathrm{d}y = \int_{\frac{\pi}{4}}^{\frac{\pi}{3}} \mathrm{d}\theta \int_0^{\frac{2}{\cos\theta}} f(\rho) \mathrm{d}\rho$

[错解分析] 错解 1 将内层积分" $\int_0^2 f(\rho)\rho \mathrm{d}\rho$ "的积分上限写错了，积分上限应为 $\frac{2}{\cos\theta}$.

错解 2 将内层积分" $\int_0^{\frac{2}{\cos\theta}} f(\sqrt{x^2 + y^2})\rho \mathrm{d}\rho$ "的被积函数的形式写错了，表达式

102

"$f(\sqrt{x^2+y^2})$"应为"$f(\rho)$".将直角坐标系下的二重积分转化为极坐标下的二重积分时,需要把直角坐标系下的(x,y)转化成$(\rho\cos\theta,\rho\sin\theta)$,把面积元素 $\mathrm{d}x\,\mathrm{d}y$ 转化成$\rho\,\mathrm{d}\rho\,\mathrm{d}\theta$.错解 2 没有把被积函数中的$(x,y)$转化成$(\rho\cos\theta,\rho\sin\theta)$,因此是错误的.

错解 3 将内层积分"$\int_0^{\frac{2}{\cos\theta}}f(\rho)\mathrm{d}\rho$"的被积函数的形式写错了,表达式"$f(\rho)$"应为"$f(\rho)\rho$",原因同错解 2.

[正确解法] 二次积分$\int_0^2\mathrm{d}x\int_x^{\sqrt{3}x}f(\sqrt{x^2+y^2})\mathrm{d}y$ 的积分区域 D 为

$$\left\{(x,y)\,\middle|\,x\leqslant y\leqslant\sqrt{3}x,0\leqslant x\leqslant 2\right\}$$

其图形如图 10.11 所示.在极坐标系中,D 可表示为

$$\left\{(\rho,\theta)\,\middle|\,0\leqslant\rho\leqslant\frac{2}{\cos\theta},\frac{\pi}{4}\leqslant\theta\leqslant\frac{\pi}{3}\right\}$$

故

$$\int_0^2\mathrm{d}x\int_x^{\sqrt{3}x}f(\sqrt{x^2+y^2})\mathrm{d}y=\int_{\frac{\pi}{4}}^{\frac{\pi}{3}}\mathrm{d}\theta\int_0^{\frac{2}{\cos\theta}}f(\rho)\rho\,\mathrm{d}\rho$$

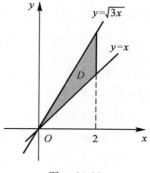

图　10.11

温馨提示:把直角坐标系下的二次积分转化成极坐标系下的二次积分的一般步骤如下:

步骤 1:由直角坐标系下的二次积分的上、下限确定出积分区域 D 的边界曲线方程.

步骤 2:画出积分区域 D 的图形.

步骤 3:将积分区域 D 的边界线表示成极坐标的形式.具体转化的方法是利用直角坐标系和极坐标系的关系,即$\begin{cases}y=\rho\cos\theta\\y=\rho\sin\theta\end{cases}$进行转化.例如,例 9 中边界线 $y=x$ 的极坐标形式是$\rho\cos\theta=\rho\sin\theta$,即 $\tan\theta=1$,因此 $\theta=\frac{\pi}{4}$;再如,边界线 $x=2$ 的极坐标形式是$\rho\cos\theta=2$,因此 $\rho=\frac{2}{\cos\theta}$.

步骤 4:确定 θ 的取值范围.根据确定出的 D 的边界线的极坐标形式中 θ 的取值来确定.例如,例 9 中 θ 的两条边界线是$\theta=\frac{\pi}{4}$ 和 $\theta=\frac{\pi}{3}$,因此 θ 的取值范围是$\left[\frac{\pi}{4},\frac{\pi}{3}\right]$.

步骤 5:确定出 ρ 的取值范围.具体方法是从极点出发做射线,让射线穿过区域 D,射线与区域 D 的边界相交,先交的就是 ρ 的下限,后交的就是 ρ 的上限,ρ 的上、下限一般是 θ 的函数.例如,例 9 中从极点出发的射线先与区域 D 的极点相交(此时 $\rho=0$),后与直线 $\rho=\frac{2}{\cos\theta}$ 相交,因此 ρ 的取值范围是$\left[0,\frac{2}{\cos\theta}\right]$.

步骤 6:按照先对 ρ 积分再对 θ 积分的积分次序写出二次积分.

例 10　计算二重积分$\iint\limits_D(x^2+y^2)\mathrm{d}\sigma$,其中 D 为 $x^2+y^2=a^2(a>0)$ 所围区域.

[错解]
$$\iint\limits_{D}(x^2+y^2)\mathrm{d}\sigma=\iint\limits_{D}a^2\mathrm{d}\sigma=a^2\cdot\pi a^2=\pi a^4$$

[错解分析] 上述解法在"$\iint\limits_{D}(x^2+y^2)\mathrm{d}\sigma=\iint\limits_{D}a^2\mathrm{d}\sigma$"这一步存在错误.因为积分域 D 是 $\{(x,y)\,|\,x^2+y^2\leqslant a^2\}$,只有在区域 D 的边界上才有 $x^2+y^2=a^2$ 成立,除了 D 的边界,其他地方的(x,y)均满足不等式 $x^2+y^2<a^2$,错解中想当然地认为在 D 上 $x^2+y^2=a^2$ 均是成立的,直接把 $x^2+y^2=a^2$ 代入被积函数中,所以是错误的.

也可以从二重积分的物理意义来说明上述解法的错误性.$\iint\limits_{D}(x^2+y^2)\mathrm{d}\sigma$ 在物理上表示占有平面区域为 $D=\{(x,y)\,|\,x^2+y^2\leqslant a^2\}$,面密度为 $f(x,y)=x^2+y^2$ 的平面薄片的质量,其面密度与平面薄片上的点到原点的距离成正比,比例系数为 a,当且仅当点在圆周 $x^2+y^2=a^2$ 上时,其密度才是 a^2.

[正确解法] 本题利用极坐标计算.

在极坐标系中 D 可表示为
$$\{(\rho,\theta)\,|\,0\leqslant\rho\leqslant a,0\leqslant\theta\leqslant 2\pi\}$$
故
$$\iint\limits_{D}(x^2+y^2)\mathrm{d}\sigma=\int_{0}^{2\pi}\mathrm{d}\theta\int_{0}^{a}\rho^3\mathrm{d}\rho=2\pi\frac{\rho^4}{4}\Big|_{0}^{a}=\frac{\pi}{2}a^4$$

温馨提示:计算二重积分时,不能把积分域的方程代入被积函数中.

例 11 计算三重积分 $\iiint\limits_{\Omega}(x^2+y^2+z^2)\mathrm{d}v$,其中 Ω 由 $x^2+y^2+z^2=a^2(a>0)$ 所围区域.

[错解]
$$\iiint\limits_{\Omega}(x^2+y^2+z^2)\mathrm{d}v=\iiint\limits_{\Omega}a^2\mathrm{d}v=a^2\iiint\limits_{\Omega}\mathrm{d}v=a^2\frac{4}{3}\pi a^3=\frac{4}{3}\pi a^5$$

[错解分析] 上述解法在"$\iiint\limits_{\Omega}(x^2+y^2+z^2)\mathrm{d}v=\iiint\limits_{\Omega}a^2\mathrm{d}v$"这一步存在错误.因为积分域 Ω 是 $\{(x,y,z)\,|\,x^2+y^2+z^2\leqslant a^2\}$,只有在 Ω 的边界上才有 $x^2+y^2+z^2=a^2$ 成立,除了 Ω 的边界,其他地方的(x,y,z)均满足 $x^2+y^2+z^2<a^2$.错解中想当然地认为在 Ω 上 $x^2+y^2+z^2=a^2$ 均成立,直接把 $x^2+y^2+z^2=a^2$ 代入被积函数中,所以是错误的.

[正确解法] 本题利用球坐标计算.

作出闭区域 Ω 的图形,如图 10.12 所示.在球坐标系下 Ω 可以表示为
$$\{(r,\varphi,\theta)\,|\,0\leqslant r\leqslant a,0\leqslant\varphi\leqslant\pi,0\leqslant\theta\leqslant 2\pi\}$$
故

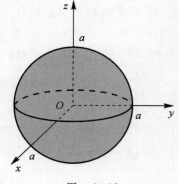

图   10.12

$$\iiint\limits_{\Omega} (x^2 + y^2 + z^2) \mathrm{d}v = \int_0^{2\pi} \mathrm{d}\theta \int_0^{\pi} \mathrm{d}\varphi \int_0^a r^4 \sin\varphi \, \mathrm{d}r =$$

$$2\pi \cdot (-\cos\varphi) \Big|_0^{\pi} \cdot \frac{r^5}{5} \Big|_0^a = \frac{4}{5}\pi a^5$$

> **温馨提示**:计算三重积分时,不能把积分域的方程代入被积函数中.

例 12 计算三重积分 $\iiint\limits_{\Omega} z \mathrm{d}v$,其中 Ω 是由 $z = \sqrt{x^2 + y^2}$ 与平面 $z = 1$ 所围区域.

[错解 1] 用截面法(也称为"先二后一"法)求解,得

$$\iiint\limits_{\Omega} z \mathrm{d}v = \int_0^1 \mathrm{d}z \iint\limits_{D_z} z \mathrm{d}x \, \mathrm{d}y$$

其中 $D_z = \{(x, y) \mid x^2 + y^2 \leqslant 1\}$.

故 $$\iiint\limits_{\Omega} z \mathrm{d}v = \int_0^1 \pi z \mathrm{d}z = \frac{\pi}{2}$$

[错解 2] 用柱面坐标进行求解,得

$$\iiint\limits_{\Omega} z \mathrm{d}v = \int_0^{2\pi} \mathrm{d}\theta \int_0^1 \rho \, \mathrm{d}\rho \int_0^1 z \, \mathrm{d}z =$$

$$2\pi \frac{\rho^2}{2} \Big|_0^1 \frac{z^2}{2} \Big|_0^1 = \frac{\pi}{2}$$

[错解 3] 用球面坐标进行求解,得

$$\iiint\limits_{\Omega} z \mathrm{d}v = \int_0^{2\pi} \mathrm{d}\theta \int_0^{\frac{\pi}{4}} \sin\varphi \, \mathrm{d}\varphi \int_0^1 r^3 \cos\varphi \, \mathrm{d}r =$$

$$2\pi \int_0^{\frac{\pi}{4}} \sin\varphi \cdot \frac{\cos\varphi}{4} \mathrm{d}\varphi = \frac{\pi}{8}$$

[错解分析] 解法 1 在"$D_z = \{(x, y) \mid x^2 + y^2 \leqslant 1\}$" 这一步存在错误.积分域 D_z 应该为 $\{(x, y) \mid x^2 + y^2 \leqslant z^2\}$.

> **温馨提示**:用截面法即"先二后一"法求解三重积分 $\iiint\limits_{\Omega} f(x, y, z) \mathrm{d}v$ 的关键和核心是正确地写出二重积分的积分域,基本思想是根据"先二后一"的具体形式来确定二重积分的积分域.例如,如果将 $\iiint\limits_{\Omega} f(x, y, z) \mathrm{d}v$ 转化成 $\int_a^b \mathrm{d}z \iint\limits_{D_z} f(x, y, z) \mathrm{d}x \, \mathrm{d}y$ 的形式,则确定积分域 D_z 的一般方法是:把 Ω 的边界曲面表示成以 z 为因变量,以 x、y 为自变量的函数,即 $z = z(x, y)$,则 D_z 就是平面闭区域 $\{(x, y) \mid z(x, y) \leqslant z\}$.类似地,如果将 $\iiint\limits_{\Omega} f(x, y, z) \mathrm{d}v$ 转化成 $\int_c^d \mathrm{d}y \iint\limits_{D_y} f(x, y, z) \mathrm{d}z \, \mathrm{d}x$ 的形式,则确定积分域 D_y 的一般方法是:把 Ω 的边界曲面表示成以 y 为因变量,以 x、z 为自变量的函数,即 $y = y(x, z)$,则 D_y 就是平面闭区域 $\{(x, z) \mid y(x, z) \leqslant y\}$.如果将 $\iiint\limits_{\Omega} f(x, y, z) \mathrm{d}v$

转化成 $\int_m^n \mathrm{d}x \iint\limits_{D_x} f(x,y,z)\mathrm{d}y\mathrm{d}z$ 的形式,则确定积分域 D_x 的一般方法是:把 Ω 的边界曲面表示成以 x 为因变量,以 y、z 为自变量的函数,即 $x = x(y,z)$,则 D_x 就是平面闭区域 $\{(y,z) \mid x(y,z) \leqslant x\}$.

错解 2 将内层积分"$\int_0^1 z\mathrm{d}z$"的积分上限写错了,积分上限应该为 ρ.

温馨提示:用柱面坐标计算三重积分 $\iiint\limits_{\Omega} f(x,y,z)\mathrm{d}v$ 的关键和核心就是把其转化为三次积分,三次积分的积分次序一般是先对 z 积分,再对 ρ 积分,最后对 θ 积分.确定积分限的一般方法和步骤如下:

步骤 1:把 Ω 投影到 xOy 面得到投影区域 D.

步骤 2:把区域 D 表示成极坐标的形式,由此确定出 ρ 和 θ 的积分限.

步骤 3:把 Ω 的边界曲面表示成以 z 为因变量,以 x、y 为自变量的函数,即 $z = z(x,y)$,再把函数 $z = z(x,y)$ 中的 x 换成 $\rho\cos\theta$,把 y 换成 $\rho\sin\theta$.

步骤 4:用垂直于 xOy 面的直线从下往上穿过区域 Ω,该直线与区域 Ω 的边界曲面相交,先交的就是 z 的下限,后交的就是 z 的上限.需要注意的是,z 的积分限一般是 ρ、θ 的函数.

错解 3 将内层积分"$\int_0^1 r^3\cos\varphi\mathrm{d}r$"的积分上限写错了,积分上限应该为 $\dfrac{1}{\cos\varphi}$.

温馨提示:用球面坐标计算三重积分 $\iiint\limits_{\Omega} f(x,y,z)\mathrm{d}v$ 的关键和核心就是把其转化为三次积分,三次积分的积分次序一般是:先对 r 积分,再对 φ 积分,最后对 θ 积分.其中 r 的积分限的确定方法是:先把 Ω 的边界曲面表示球坐标的形式,然后从坐标原点出发做射线,让射线穿过区域 Ω,射线与区域 Ω 的边界曲面相交,先交的就是 r 的下限,后交的就是 r 的上限,r 的上下限一般是 θ、φ 的函数.

[正确解法] 本题分别用截面法、柱面坐标和球面坐标三种方法进行求解.

作出闭区域 Ω 的图形,如图 10.13 所示.

(1) 用截面法求解.

设 $D_z = \{(x,y) \mid x^2 + y^2 \leqslant z^2\}$,则

$$\iiint\limits_{\Omega} z\mathrm{d}v = \int_0^1 \mathrm{d}z \iint\limits_{D_z} z\mathrm{d}x\mathrm{d}y =$$

$$\int_0^1 z\pi z^2 \mathrm{d}z = \pi\frac{z^4}{4}\Big|_0^1 = \frac{\pi}{4}$$

(2) 用柱面坐标求解.

$$\iiint\limits_{\Omega} z\mathrm{d}v = \int_0^{2\pi} \mathrm{d}\theta \int_0^1 \rho \mathrm{d}\rho \int_\rho^1 z\mathrm{d}z =$$

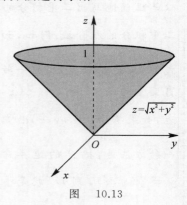

图　10.13

$$2\pi \int_0^1 \rho \cdot \frac{1-\rho^2}{2} \mathrm{d}\rho =$$

$$\pi \left(\frac{\rho^2}{2} - \frac{\rho^4}{4} \right) \bigg|_0^1 = \frac{\pi}{4}$$

（3）用球面坐标求解.

$$\iiint\limits_{\Omega} z \, \mathrm{d}v = \int_0^{2\pi} \mathrm{d}\theta \int_0^{\frac{\pi}{4}} \sin\varphi \, \mathrm{d}\varphi \int_0^{\frac{1}{\cos\varphi}} r^3 \cos\varphi \, \mathrm{d}r =$$

$$2\pi \int_0^{\frac{\pi}{4}} \sin\varphi \cdot \frac{1}{4} \cdot \frac{1}{\cos^3\varphi} \mathrm{d}\varphi =$$

$$\frac{\pi}{4} \cdot \frac{1}{\cos^2\varphi} \bigg|_0^{\frac{\pi}{4}} = \frac{\pi}{4}$$

温馨提示： 对比本题的三种解法不难发现，截面法是最简单的.一般地，当三重积分 $\iiint\limits_{\Omega} f(x,y,z)\mathrm{d}v$ 的积分域 Ω 在坐标轴上的投影 D 容易写出，并且 D 上的二重积分容易计算时，就考虑用截面法计算三重积分.

第十一章　曲线积分与曲面积分

曲线积分有两类,分别是对弧长的曲线积分和对坐标的曲线积分;曲面积分也有两类,分别是对面积的曲面积分和对坐标的曲面积分.对弧长的曲线积分和对面积的曲面积分两者类似,它们与积分曲线的方向、积分曲面的侧都无关,都可以应用对称性及轮换对称性简化计算.对坐标的曲线积分和对坐标的曲面积分两者类似,它们与积分曲线的方向、积分曲面的侧密切相关.对坐标的曲线积分和曲面积分的计算方法不仅是学生必须熟练掌握的内容,也是硕士研究生入学考试中的重要考点.很多学生,尤其是初学者往往对这两类积分的计算问题感到束手无策,有的学生虽然知道用什么方法计算,但经常出错,即便结果正确,计算过程却是错误的,尤其是在运用格林公式和高斯公式时,往往忽略这两个公式的使用条件,错用、乱用情况频繁出现.

本章重点归纳总结了学生在计算对坐标的曲线积分和曲面积分的过程中经常出现的错误类型,并给出了一般的解题技巧.

例 1　计算曲线积分 $\int_L (x+y)\mathrm{d}x + (y-x)\mathrm{d}y$,其中 L 是抛物线 $y^2 = x$ 上从点 $(1,1)$ 到点 $(0,0)$ 的一段弧.

[错解]因为 L 的参数方程为 $x = y^2$,其中 $0 \leqslant y \leqslant 1$,则

$$\text{原式} = \int_0^1 \big[(y^2 + y)2y + (y - y^2)\big]\mathrm{d}y = \frac{4}{3}$$

[错解分析]上述解法将定积分 $\int_0^1 \big[(y^2+y)2y+(y-y^2)\big]\mathrm{d}y$ 的积分限写错了,其积分下限应是 1,积分上限应是 0.对坐标的曲线积分(即第二类曲线积分)转化成定积分时,定积分的积分下限对应的是积分曲线起点的参数,积分上限对应的是积分曲线终点的参数,积分上限未必大于积分下限.由于这里 L 的起点 $(1,1)$ 对应的参数 y 的值为 1,L 的终点 $(0,0)$ 对应的参数 y 的值为 0,因此定积分的积分下限是 1,积分上限是 0,错解中忽略了积分曲线的方向,因此是错误的.

[正确解法]因为 L 的参数方程为 $x = y^2$,其中 y 从 1 变到 0,如图 11.1 所示.

故

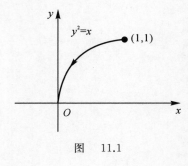

图　11.1

$$\int_L (x+y)\mathrm{d}x + (y-x)\mathrm{d}y =$$

$$\int_1^0 \big[(y^2 + y)2y + (y - y^2)\big]\mathrm{d}y =$$

$$-\int_0^1 (2y^3 + y^2 + y)\mathrm{d}y =$$

$$-\left(\frac{1}{2}y^4+\frac{1}{3}y^3+\frac{1}{2}y^2\right)\bigg|_0^1=-\frac{4}{3}$$

> **温馨提示**：对坐标的曲线积分（即第二类曲线积分）与对弧长的曲线积分（即第一类曲线积分）的区别：对弧长的曲线积分转化成定积分时，定积分的积分上限一定大于积分下限；而对坐标的曲线积分转化成定积分时，定积分的积分下限对应的是积分曲线起点的参数，积分上限对应的是积分曲线终点的参数。可以用口诀："变量参数化，一小二起下"来区别和熟记两类曲线积分转化成定积分时积分限的确定方法及满足的原则。

例 2 计算曲线积分 $I=\int_L x^3 y\,\mathrm{d}y$，其中 L 是 $y=x^2$ 上从点 $(-1,1)$ 到点 $(1,1)$ 的一段弧。

[错解] 因为积分曲线 L 关于 y 轴对称，被积函数 x^3y 关于 x 是奇函数，所以由对称性可得 $I=0$。

[错解分析] 上述解法把对称性用错了。如果利用对称性，$I=2\int_{L_1}x^3 y\,\mathrm{d}y$，其中 L_1 为 L 位于 y 轴右方的部分。

[正确解法] 本题利用把对坐标的曲线积分转化为定积分的方法进行计算。

因为 L 的参数方程为 $y=x^2$，其中 x 从 -1 变到 1，如图 11.2 所示，所以

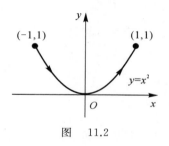

图 11.2

$$I=\int_{-1}^1 x^3\cdot x^2\cdot 2x\,\mathrm{d}x=4\int_0^1 x^6\,\mathrm{d}x=$$
$$\frac{4}{7}x^7\bigg|_0^1=\frac{4}{7}$$

> **温馨提示**：对弧长的曲线积分与积分曲线的方向无关，利用对称性简化计算比较简单，只要被积函数和积分曲线同时满足三个条件就可以利用奇偶函数在对称曲线上的积分性质简化计算。下面以曲线积分 $\int_L f(x,y)\,\mathrm{d}s$ 为例说明这三个条件：
>
> （1）积分曲线 L 关于某个坐标轴具有对称性。
>
> （2）被积函数 $f(x,y)$ 关于变量 x 或变量 y 具有奇偶性。
>
> （3）积分曲线的对称性与被积函数的奇偶性相匹配。"相匹配"是指：若积分曲线 L 关于 x 轴对称，则被积函数 $f(x,y)$ 关于变量 y 要具有奇偶性；若积分曲线 L 关于 y 轴对称，则被积函数 $f(x,y)$ 关于变量 x 要具有奇偶性。例如，如果是计算 $\int_L x^3 y\,\mathrm{d}s$，其中 L 是例 2 中的 L，则由对称性可知 $\int_L x^3 y\,\mathrm{d}s=0$。但是对坐标的曲线积分的值与积分曲线的方向密切相关，在考虑它的对称性时，既要考虑被积函数的奇偶性、积分曲线的对称性、积分曲线的对称性与被积函数的奇偶性相匹配这三个条件，还要考虑积分曲线的方向。关于对坐标的平面曲线积分的对称性有如下结论：
>
> 若曲线 L 关于 x 轴对称，L_1、L_2 分别为 L 位于 x 轴的上方部分与下方部分，且 L_1、L_2 在 x 轴上的投影方向相反，则

$$\int_L P(x,y)\mathrm{d}x = \begin{cases} 2\int_{L_1} P(x,y)\mathrm{d}x, & P(x,-y)=-P(x,y) \\ 0, & P(x,-y)=P(x,y) \end{cases}$$

$$\int_L Q(x,y)\mathrm{d}y = \begin{cases} 2\int_{L_1} Q(x,y)\mathrm{d}y, & Q(x,-y)=Q(x,y) \\ 0, & Q(x,-y)=-Q(x,y) \end{cases}$$

若积分曲线 L 关于 y 轴对称,被积函数 P、Q 关于 x 具有奇偶性,则对坐标的曲线积分具有相似的结论,这里不再赘述.

对坐标的曲线积分的对称性是比较麻烦的,所以建议初学者不要利用对称性进行相关计算.可以先把对坐标的曲线积分转化为定积分,在计算定积分的过程中再考虑利用对称性.

例 3 计算曲线积分 $I=\int_L (x+\mathrm{e}^{\sin y})\mathrm{d}y-\left(y-\dfrac{1}{2}\right)\mathrm{d}x$,其中 L 是由位于第一象限中的直线段 $x+y=1$ 与位于第二象限中的圆弧 $x^2+y^2=1$ 构成的曲线,其方向是由 $A(1,0)$ 到 $B(0,1)$ 再到 $C(-1,0)$.

[错解] 令 $P=-\left(y-\dfrac{1}{2}\right)$,$Q=x+\mathrm{e}^{\sin y}$,记 L 所围区域为 D,则由格林公式可得

$$I=\iint_D \left(\frac{\partial Q}{\partial x}-\frac{\partial P}{\partial y}\right)\mathrm{d}x\,\mathrm{d}y=\iint_D(1+1)\mathrm{d}x\,\mathrm{d}y=$$

$$2\left(\frac{1}{2}+\frac{1}{4}\cdot\pi\cdot1^2\right)=1+\frac{\pi}{2}$$

[错解分析] 上述解法犯了"对非封闭曲线直接利用格林公式"的错误.该曲线积分不能直接利用格林公式来计算,因为使用格林公式时积分曲线 L 必须封闭,这里的 L 显然是不封闭的,L 不能围成闭区域,所以不能直接利用格林公式来计算,因此上述解法是错误的.

[正确解法] 本题应该先把积分曲线 L 补充为封闭曲线,然后再利用格林公式.

补充 $l:y=0$,其中 x 从 -1 变到 1,如图 11.3 所示.

令 $P=-\left(y-\dfrac{1}{2}\right)$,$Q=x+\mathrm{e}^{\sin y}$,记 L 和 l 所围区域为 D,则

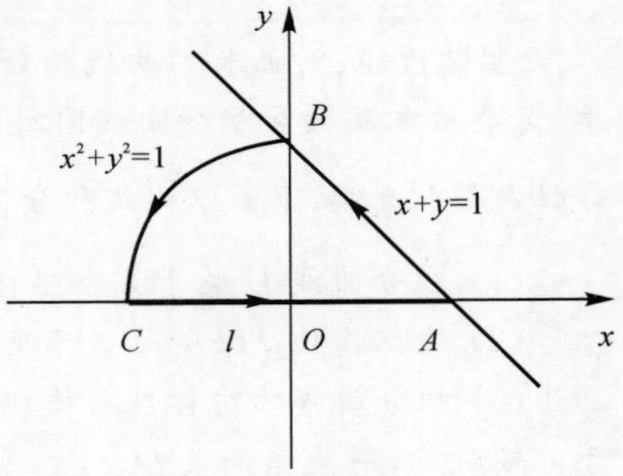

图 11.3

$$I=\oint_{L+l}P\mathrm{d}x+Q\mathrm{d}y-\int_l P\mathrm{d}x+Q\mathrm{d}y=$$

$$\iint_D\left(\frac{\partial Q}{\partial x}-\frac{\partial P}{\partial y}\right)\mathrm{d}x\,\mathrm{d}y-\int_{-1}^1\frac{1}{2}\mathrm{d}x=$$

$$\iint_D(1+1)\mathrm{d}x\,\mathrm{d}y-\frac{1}{2}\cdot2=$$

$$2\times\left(\frac{1}{2}+\frac{1}{4}\cdot\pi\cdot1^2\right)-1=\frac{\pi}{2}$$

> **温馨提示**:使用格林公式计算第二类平面曲线积分时,积分曲线 L 必须封闭,如果 L 不封闭,必须先补充有向曲线段使其封闭,然后再使用格林公式.补充有向曲线的一般原则是:通常取平行于坐标轴的有向直线段,且该有向曲线的方向要与已知的积分曲线的方向保持一致即两者要么围成正向的封闭曲线,要么围成负向的封闭曲线.另外,切记计算原曲线积分时,还要把所补充的有向曲线上的曲线积分减去,即所谓的"加谁减谁".

例 4　计算曲线积分 $I = \oint_L \dfrac{y\,\mathrm{d}x - x\,\mathrm{d}y}{x^2 + 4y^2}$,其中 L 是包围原点的任意正向闭曲线.

[错解 1]　令 $P = \dfrac{y}{x^2 + 4y^2}$, $Q = \dfrac{-x}{x^2 + 4y^2}$,记 L 所围区域为 D,则由格林公式可得

$$I = \iint\limits_D \left(\frac{\partial Q}{\partial x} - \frac{\partial P}{\partial y} \right) \mathrm{d}x\,\mathrm{d}y =$$

$$\iint\limits_D \left[\frac{x^2 - 4y^2}{(x^2 + 4y^2)^2} - \frac{x^2 - 4y^2}{(x^2 + 4y^2)^2} \right] \mathrm{d}x\,\mathrm{d}y = 0$$

[错解 2]　令 $P = \dfrac{y}{x^2 + 4y^2}$, $Q = \dfrac{-x}{x^2 + 4y^2}$,则

$$\frac{\partial P}{\partial y} = \frac{x^2 - 4y^2}{(x^2 + 4y^2)^2}, \qquad \frac{\partial Q}{\partial x} = \frac{x^2 - 4y^2}{(x^2 + 4y^2)^2}$$

由于 $\dfrac{\partial P}{\partial y} = \dfrac{\partial Q}{\partial x}$,所以该曲线积分与路径无关,因此 $I = 0$.

[错解 3]　取 L 为正向的椭圆 $4x^2 + y^2 = 1$,记 L 所围区域为 D,则

$$I = \oint_L \frac{y\,\mathrm{d}x - x\,\mathrm{d}y}{x^2 + 4y^2} =$$

$$\oint_L y\,\mathrm{d}x - x\,\mathrm{d}y \xrightarrow{\text{格林公式}}$$

$$\iint\limits_D (-1-1)\,\mathrm{d}x\,\mathrm{d}y =$$

$$-2 \cdot \pi \cdot \left(\frac{1}{2} \cdot 1 \right) = -\pi$$

因此对任意的包围原点的正向闭曲线都有 $I = -\pi$.

[错解分析]　错解 1 错在直接利用格林公式来计算,该曲线积分不能直接利用格林公式来计算.格林公式 $\oint_L P\,\mathrm{d}x + Q\,\mathrm{d}y = \iint\limits_D \left(\dfrac{\partial Q}{\partial x} - \dfrac{\partial P}{\partial y} \right) \mathrm{d}x\,\mathrm{d}y$ 成立的前提条件之一是:函数 P、Q 在 L 所围区域 D 上具有一阶连续偏导数.本题中,在 L 所围区域 D 内存在一个 $(0,0)$ 点,函数 $P = \dfrac{y}{x^2 + 4y^2}$, $Q = \dfrac{-x}{x^2 + 4y^2}$ 在 $(0,0)$ 点无定义,故在 $(0,0)$ 点也不具有一阶连续偏导数,因此,本题中的函数 P、Q 不满足格林公式的使用条件,不能直接使用格林公式进行计算.

错解 2 误认为该平面曲线积分与路径无关,其实该曲线积分不满足曲线积分与路径无关的条件.平面曲线积分 $\displaystyle\int_L P\,\mathrm{d}x + Q\,\mathrm{d}y$ 在区域 D 上与路径无关成立的前提条件之一是:函数 P、

Q 在区域 D 上具有一阶连续偏导数.本题中,在 L 所围区域 D 内存在一个$(0,0)$ 点,函数 $P = \dfrac{y}{x^2+4y^2}$,$Q = \dfrac{-x}{x^2+4y^2}$ 在$(0,0)$点无定义,故在$(0,0)$点也不具有一阶连续偏导数,因此,该曲线积分不满足平面曲线积分与路径无关成立的条件,不能利用平面曲线积分与路径无关性进行计算.

错解 3 错在应用特殊性来确定任意性,我们不能由特殊性来确定任意性,但是可以用任意性来确定特殊性,即如果对任意的曲线积分 L 都有 $I = -\pi$,则可以得到对特殊的路径—— 正向的椭圆 $4x^2 + y^2 = 1$,也有 $I = -\pi$,但是绝对不能由后者得到前者,因此解法 3 是错误的.

[正确解法]本题只能利用格林公式来求解,且需要把$(0,0)$点挖去后再使用格林公式.

补充 $l : 4x^2 + y^2 = r^2 (r > 0,$且 r 足够小,使 l 包围在 L 之内$)$,取顺时针方向,如图 11.4 所示,记 L 和 l 所围区域为 D.

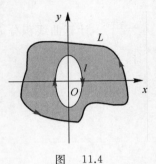

图 11.4

令 $P = \dfrac{y}{x^2+4y^2}$,$Q = \dfrac{-x}{x^2+4y^2}$,则当$(x,y) \neq (0,0)$ 时,有

$$\frac{\partial P}{\partial y} = \frac{(x^2+4y^2) - y \cdot 8y}{(x^2+4y^2)^2} = \frac{x^2 - 4y^2}{(x^2+4y^2)^2}$$

$$\frac{\partial Q}{\partial x} = \frac{-(x^2+4y^2) + x \cdot 2x}{(x^2+4y^2)^2} = \frac{x^2 - 4y^2}{(x^2+4y^2)^2}$$

故

$$I = \oint_{L+l} P\,dx + Q\,dy - \oint_{l} P\,dx + Q\,dy =$$

$$\iint_{D} \left(\frac{\partial Q}{\partial x} - \frac{\partial P}{\partial y} \right) - \frac{1}{r^2} \oint_{l} y\,dx - x\,dy =$$

$$0 - \frac{1}{r^2}\left[- \iint_{x^2+4y^2 \leqslant r^2} (-1-1)\,dx\,dy \right] =$$

$$-\frac{1}{r^2} \cdot 2 \cdot \pi \cdot \frac{r}{2} \cdot r = -\pi$$

温馨提示:1. 使用格林公式 $\oint_{L} P\,dx + Q\,dy = \iint_{D} \left(\dfrac{\partial Q}{\partial x} - \dfrac{\partial P}{\partial y} \right) dx\,dy$ 时,函数 P、Q 必须在 L 所围区域 D 上具有一阶连续偏导数,如果在 L 所围区域 D 上存在奇点(使函数无定义的点或者不具有一阶连续偏导数的点称为奇点),需要把奇点挖去,在挖去奇点的复连通域上再使用格林公式,挖奇点的一般原则是根据被积函数的特征进行.

2. 计算两类曲线积分时,可以先把积分曲线方程代入到被积函数中简化曲线积分的计算.例题 4 的正确解法中,计算 l 上的曲线积分 $\oint_{l} \dfrac{y\,dx - x\,dy}{x^2+4y^2}$ 时,就利用了该方法,先把积分曲线 l 的方程 $4x^2 + y^2 = r^2$ 代入被积函数中,将原曲线积分转化成 $\dfrac{1}{r^2} \oint_{l} y\,dx - x\,dy$,

简化了曲线积分的计算.

　　3. 格林公式对平面上的单连通域和复连通域都是成立的,平面曲线积分与路径无关性只对平面单连通域成立.解题时一定要注意公式、定理成立的前提条件.

　　4. 例题 4 中由于积分路径的方程未知,所以该曲线积分不能直接转化成定积分来计算,同时又不满足曲线积分与路径无关的条件,因此只能利用格林公式来计算.一般地,当对坐标的平面曲线积分的积分路径的方程未知时,有两种方法求解:方法 1 是利用格林公式;方法 2 是利用曲线积分与路径无关性.

　　例 5　计算曲线积分 $I = \oint_L \dfrac{x\,\mathrm{d}y - y\,\mathrm{d}x}{x^2 + y^2}$,其中 L 是以点 $(1,0)$ 为中心,R 为半径的圆周,取逆时针方向,其中 $R \neq 1$.

　　[错解 1] 令 $P = \dfrac{-y}{x^2 + y^2}$,$Q = \dfrac{x}{x^2 + y^2}$,则

$$\frac{\partial P}{\partial y} = \frac{-(x^2 + y^2) + y \cdot 2y}{(x^2 + y^2)^2} = \frac{y^2 - x^2}{(x^2 + y^2)^2}$$

$$\frac{\partial Q}{\partial x} = \frac{x^2 + y^2 - x \cdot 2x}{(x^2 + y^2)^2} = \frac{y^2 - x^2}{(x^2 + y^2)^2}$$

可得

$$\frac{\partial P}{\partial y} = \frac{\partial Q}{\partial x}$$

因此该曲线积分与路径无关,故 $I = 0$.

　　[错解 2] 令 $P = \dfrac{-y}{x^2 + y^2}$,$Q = \dfrac{x}{x^2 + y^2}$,则由格林公式可得

$$I = \iint\limits_{(x-1)^2 + y^2 \leqslant R^2} \left(\frac{\partial Q}{\partial x} - \frac{\partial P}{\partial y} \right) = 0$$

　　[错解分析] 上述两种解法都犯了考虑问题不全面的错误.本题须分 $R > 1$ 和 $R < 1$ 两种情况来讨论,如图 11.5 和图 11.6 所示.当 $R < 1$ 时,上述两种解法都是正确的;当 $R > 1$ 时,由于在 L 所围区域 D 内,存在一个 $(0,0)$ 点,使函数 $p = \dfrac{-y}{x^2 + y^2}$ 和 $Q = \dfrac{x}{x^2 + y^2}$ 均无定义,此时不满足格林公式的条件,也不满足曲线积分与路径无关的条件,因此上述两种解法都是错误的.

　　[正确解法] 本题需分情况进行讨论:

　　(1) 当 $R < 1$ 时,可以利用曲线积分与路径无关的知识求解,也可以利用格林公式求解,可得 $I = 0$.

　　(2) 当 $R > 1$ 时,补充 $l : x^2 + y^2 = r^2 (r > 0,$ 且 r 足够小,使 l 包围在 L 之内),如图 11.7 所示,记 L 和 l 所围区域为 D,则

$$I = \oint_{L+l} P\,\mathrm{d}x + Q\,\mathrm{d}y - \oint_l P\,\mathrm{d}x + Q\,\mathrm{d}y =$$

$$\iint\limits_{D} \left(\frac{\partial Q}{\partial x} - \frac{\partial P}{\partial y} \right) - \frac{1}{r^2} \oint_l x\,\mathrm{d}y - y\,\mathrm{d}x =$$

$$-\frac{1}{r^2}\oint_l x\,\mathrm{d}y - y\,\mathrm{d}x =$$

$$\frac{1}{r^2}\iint\limits_{x^2+y^2\leqslant r^2} 2\,\mathrm{d}x\,\mathrm{d}y = \frac{1}{r^2}\cdot 2\cdot\pi r^2 = 2\pi$$

综上,当 $R<1$ 时,$I=0$;当 $R>1$ 时,$I=2\pi$.

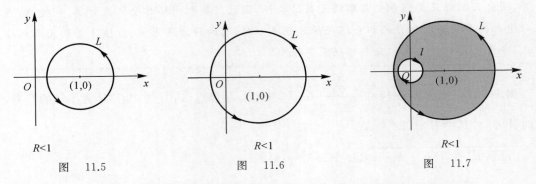

图　11.5　　　　　　图　11.6　　　　　　图　11.7

例 6　设 $f(u)$ 为 **R** 上的连续函数,L 为平面上逐段光滑的任意闭曲线,证明

$$\oint_L f(x^2+y^2)(x\,\mathrm{d}x + y\,\mathrm{d}y) = 0$$

[错解]令 $P=f(x^2+y^2)x$,$Q=f(x^2+y^2)y$,则

$$\frac{\partial P}{\partial y}=2xyf'(x^2+y^2),\quad \frac{\partial Q}{\partial x}=2xyf'(x^2+y^2)$$

可得

$$\frac{\partial P}{\partial y}=\frac{\partial Q}{\partial x}$$

因此,曲线积分 $\oint_L f(x^2+y^2)(x\,\mathrm{d}x + y\,\mathrm{d}y)$ 与路径无关,故

$$\oint_L f(x^2+y^2)(x\,\mathrm{d}x + y\,\mathrm{d}y) = 0$$

[错解分析]上述解法在"$\frac{\partial P}{\partial y}=2xyf'(x^2+y^2)$,$\frac{\partial Q}{\partial x}=2xyf'(x^2+y^2)$"这一步存在错误. 因为题目中只说 $f(u)$ 是连续函数,没说 $f(u)$ 可导,所以 $f'(u)$ 是否存在是不确定的,即 $f'(x^2+y^2)$ 未必存在,因此上述解法是错误的.

> **温馨提示:**设 D 是单连通域,函数 $P(x,y)$、$Q(x,y)$ 在 D 内具有一阶连续偏导数,则以下四个结论等价:
>
> (1)对 D 中任意光滑闭曲线 L,都有 $\oint_L P\,\mathrm{d}x + Q\,\mathrm{d}y = 0$.
>
> (2)对 D 中任一分段光滑曲线 L,曲线积分 $\int_L P\,\mathrm{d}x + Q\,\mathrm{d}y$ 与路径无关,只与起点及终点有关.
>
> (3)$P\,\mathrm{d}x + Q\,\mathrm{d}y$ 在 D 内是某一函数的全微分,即存在 $u(x,y)$,使得 $\mathrm{d}u(x,y)=P\,\mathrm{d}x + Q\,\mathrm{d}y$.

$(4)\dfrac{\partial P}{\partial y}=\dfrac{\partial Q}{\partial x}$ 在 D 内处处成立.

上述四个结论,只要有一个成立,就可以得到其他三个结论.

[正确解法] 本题应用上述四个等价条件的(3)成立得到(1)也成立的方法进行证明.

因为 $f(u)$ 是连续函数,所以其原函数必存在,设原函数为 $F(u)$,即

$$dF(u)=f(u)du$$

令 $x^2+y^2=t$,则 $dF(t)=f(t)dt=f(x^2+y^2)2(xdx+ydy)$,即

$$f(x^2+y^2)(xdx+ydy)=d\frac{F(t)}{2}$$

故

$$\oint_L f(x^2+y^2)(xdx+ydy)=\oint_L d\frac{F(t)}{2}=0$$

例 7 计算 $I=\displaystyle\iint_\Sigma \frac{1}{x^2+y^2}dS$,其中 Σ 是介于平面 $z=0$ 和 $z=h$ 之间的圆柱面 $x^2+y^2=R^2(R>0,h>0)$.

[错解 1] 因为 Σ 在 xOy 的投影为圆周,面积为零,所以 $dS=0$,因此 $I=0$.

[错解 2] Σ 的方程为 $y=\sqrt{R^2-x^2}$,Σ 在 zOx 面的投影区域为

$$D_{zx}=\{(z,x)\,|\,0\leqslant z\leqslant h,-R\leqslant x\leqslant R\}$$

又

$$dS=\sqrt{1+y_x'^2+y_z'^2}\,dzdx=\frac{R}{\sqrt{R^2-x^2}}dzdx$$

故

$$I=\iint_{D_{zx}}\frac{1}{R^2}\frac{R}{\sqrt{R^2-x^2}}dzdx=$$

$$\frac{1}{R}\int_0^h dz\int_{-R}^R \frac{1}{\sqrt{R^2-x^2}}dx=\frac{\pi h}{R}$$

[错解分析] 依据对面积的曲面积分的基本计算方法,若要把积分曲面 Σ 投影到 xOy 面,曲面 Σ 的方程必须可以写成 $z=z(x,y)$ 的表达式,而本题中圆柱面的方程不能化成 $z=z(x,y)$ 的形式,因此计算该曲面积分把 Σ 投影到 xOy 面是得不到结果的,故解法 1 是错误的.

由于积分曲面 Σ 是由两部分组成的,即 $\Sigma=\Sigma_1+\Sigma_2$,其中

$$\Sigma_1:y=\sqrt{R^2-x^2}$$

$$\Sigma_2:y=-\sqrt{R^2-x^2}$$

这里 $(z,x)\in D_{zx}=\{(z,x)\,|\,0\leqslant z\leqslant h,-R\leqslant x\leqslant R\}$.而解法 2 只计算了一个积分曲面,因此解法 2 是错误的.

[正确解法] 先作出 Σ 的图形,如图 11.8 所示,本题用三种方法来求解.

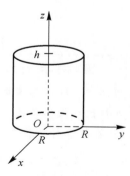

图 11.8

解法 1:先把积分曲面的方程代入被积函数中,再利用被积函数为 1 的对面积的曲面积分表示积分曲面的面积来计算,即

$$I = \iint\limits_{\Sigma} \frac{1}{R^2} \mathrm{d}S = \frac{1}{R^2} \iint\limits_{\Sigma} \mathrm{d}S = \frac{1}{R^2} \cdot 2\pi R h = \frac{2\pi h}{R}$$

解法 2:利用计算公式,把曲面积分转化为二重积分来计算.

因为 $\Sigma = \Sigma_1 + \Sigma_2$,其中

$$\Sigma_1 : y = \sqrt{R^2 - x^2}$$

$$\Sigma_2 : y = -\sqrt{R^2 - x^2}$$

这里 $(z,x) \in D_{zx} = \{(z,x) \,|\, 0 \leqslant z \leqslant h, -R \leqslant x \leqslant R\}$.

故得
$$I = \iint\limits_{\Sigma_1} \frac{1}{x^2 + y^2} \mathrm{d}S + \iint\limits_{\Sigma_2} \frac{1}{x^2 + y^2} \mathrm{d}S =$$

$$2 \iint\limits_{D_{zx}} \frac{1}{R^2} \frac{R}{\sqrt{R^2 - x^2}} \mathrm{d}z \mathrm{d}x =$$

$$\frac{2}{R} \int_0^h \mathrm{d}z \int_{-R}^{R} \frac{1}{\sqrt{R^2 - x^2}} \mathrm{d}x =$$

$$\frac{2}{R} h \cdot 2 \int_0^R \frac{1}{\sqrt{R^2 - x^2}} \mathrm{d}x =$$

$$\frac{4h}{R} \int_0^R \frac{\mathrm{d}\dfrac{x}{R}}{\sqrt{1 - \left(\dfrac{x}{R}\right)^2}} =$$

$$\frac{4h}{R} \arcsin \frac{x}{R} \Big|_0^R = \frac{4h}{R} \cdot \frac{\pi}{2} = \frac{2\pi h}{R}$$

解法 3:先利用对称性,再转化为二重积分来计算,有

$$I = 4 \iint\limits_{\Sigma_1} \frac{1}{x^2 + y^2} \mathrm{d}S$$

其中 Σ_1 是 Σ 在第一卦限部分.由于 Σ_1 在 zOx 面上的投影区为 $D = \{(z,x) \,|\, 0 \leqslant z \leqslant h, 0 \leqslant x \leqslant R\}$,故

$$I = 4 \iint\limits_{D_{zx}} \frac{1}{R^2} \frac{R}{\sqrt{R^2 - x^2}} \mathrm{d}z \mathrm{d}x =$$

$$\frac{4}{R} \int_0^h \mathrm{d}z \int_0^R \frac{1}{\sqrt{R^2 - x^2}} \mathrm{d}x = \frac{2\pi h}{R}$$

温馨提示:对比本题中的三种解法,不难发现解法 1 是最简单的,该方法利用了将曲面积分方程代入被积函数中这一技巧.其实,计算两类曲面积分时,首先考虑将积分曲面方程代入被积函数中来简化曲面积分的计算.本题中的解法 3 相比解法 2 来说,也是简单的,在计算对面积分的曲面积分时可以考虑利用对称性简化计算.使用对称性时需要注意以下三点,这里以曲面积分 $\iint\limits_{\Sigma} f(x,y,z) \mathrm{d}S$ 为例说明这三点:

（1）积分曲面 Σ 关于某个坐标面具有对称性.

（2）被积函数 $f(x,y,z)$ 关于变量 x 或变量 y 或变量 z 具有奇偶性.

（3）积分曲面的对称性与被积函数的奇偶性相匹配."相匹配"是指：若积分曲面 Σ 关于 xOy 坐标面对称，则被积函数 $f(x,y,z)$ 关于变量 z 要具有奇偶性；若积分曲面 Σ 关于 yOz 坐标面对称，则被积函数 $f(x,y,z)$ 关于变量 x 要具有奇偶性；若积分曲面 Σ 关于 zOx 坐标面对称，则被积函数 $f(x,y,z)$ 关于变量 y 要具有奇偶性.上述三点只要有一个不满足就不能应用对称性简化曲面积分的计算.

例 8　计算曲面积分 $\iint\limits_{\Sigma} z\,\mathrm{d}x\,\mathrm{d}y$，其中 Σ 是 $z=x^2+y^2$ 上 $0\leqslant z\leqslant 1$ 的部分的下侧.

［错解］
$$\iint\limits_{\Sigma} z\,\mathrm{d}x\,\mathrm{d}y=\iint\limits_{D}(x^2+y^2)\,\mathrm{d}x\,\mathrm{d}y=\int_0^{2\pi}\mathrm{d}\theta\int_0^1\rho^3\,\mathrm{d}\rho=\frac{\pi}{2}$$
其中 $D=\{(x,y)\mid x^2+y^2\leqslant 1\}$.

［错解分析］上述解法在"$\iint\limits_{\Sigma} z\,\mathrm{d}x\,\mathrm{d}y=\iint\limits_{D}(x^2+y^2)\,\mathrm{d}x\,\mathrm{d}y$"这一步存在错误.因为这里 Σ 取的是下侧，应该用公式 $\iint\limits_{\Sigma}R(x,y,z)\,\mathrm{d}x\,\mathrm{d}y=-\iint\limits_{D_{xy}}R[x,y,z(x,y)]\,\mathrm{d}x\,\mathrm{d}y$ 来计算，其中 D_{xy} 是 Σ 在 xOy 面上的投影区域，上述解法中忽视了曲面的侧，所以是错误的.

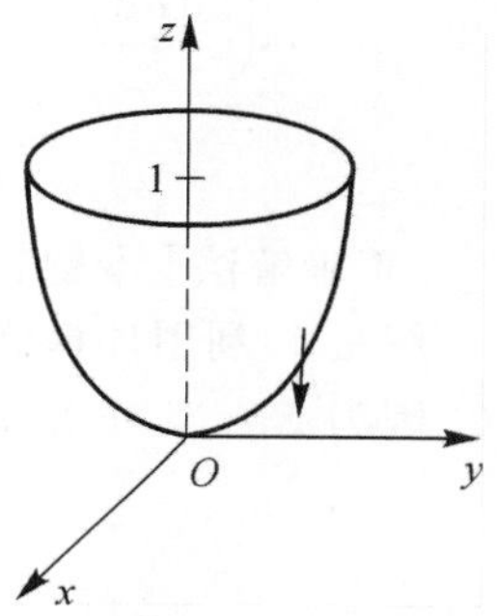

［正确解法］Σ 的图形如图 11.9 所示.

因为 Σ 在 xOy 面的投影区域 $D=\{(x,y)\mid x^2+y^2\leqslant 1\}$，所以
$$\iint\limits_{\Sigma} z\,\mathrm{d}x\,\mathrm{d}y=-\iint\limits_{D}(x^2+y^2)\,\mathrm{d}x\,\mathrm{d}y=$$
$$-\int_0^{2\pi}\mathrm{d}\theta\int_0^1\rho^3\,\mathrm{d}\rho=$$
$$-2\pi\cdot\frac{1}{4}\rho^4\Big|_0^1=-\frac{\pi}{2}$$

图　11.9

温馨提示：对坐标的曲面积分与积分曲面的侧密切相关，侧改变积分值也变号，所以将其转化为二重积分时，二重积分前的符号要随着积分曲面的侧改变而改变.因此，在把对坐标的曲面积分转化为二重积分时，千万不能忽视曲面的侧，可以用口诀"上正下负，前正后负，右正左负"来熟记这一要点.

例 9　计算 $I=\oiint\limits_{\Sigma} z\,\mathrm{d}x\,\mathrm{d}y$，其中 Σ 是球面 $x^2+y^2+z^2=R^2\,(R>0)$ 的外侧.

［错解 1］因为 Σ 关于 xOy 面对称，被积函数 z 关于 z 是奇函数，所以 $I=0$.

［错解 2］因为 $\Sigma=\Sigma_1+\Sigma_2$，其中
$$\Sigma_1:z=\sqrt{R^2-x^2-y^2}$$

$$\Sigma_2 : z = -\sqrt{R^2 - x^2 - y^2}$$

这里$(x,y) \in D_{xy} = \{(x,y) \mid x^2 + y^2 \leqslant R^2\}$.

故
$$I = \iint_{\Sigma_1} z \, dx \, dy + \iint_{\Sigma_2} z \, dx \, dy =$$
$$\iint_{D_{xy}} \sqrt{R^2 - x^2 - y^2} \, dx \, dy + \iint_{D_{xy}} -\sqrt{R^2 - x^2 - y^2} \, dx \, dy = 0$$

[错解分析]错解1把对称性用错了,如果利用对称性,则$I = 2\iint_{\Sigma_1} z \, dx \, dy$,其中$\Sigma_1$为$\Sigma$位于$xOy$面上方部分.

错解2在"$\iint_{\Sigma_2} z \, dx \, dy = \iint_{D_{xy}} -\sqrt{R^2 - x^2 - y^2} \, dx \, dy$"这一步存在错误.其忽略了曲面的侧.由于$\Sigma_2 : z = -\sqrt{R^2 - x^2 - y^2}$ 取的是下侧,则有

$$\iint_{\Sigma_2} z \, dx \, dy = -\iint_{D_{xy}} -\sqrt{R^2 - x^2 - y^2} \, dx \, dy =$$
$$\iint_{D_{xy}} \sqrt{R^2 - x^2 - y^2} \, dx \, dy$$

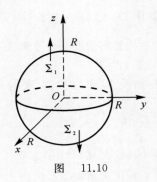

图 11.10

[正确解法]本题有两种解法.

解法1:利用计算公式,直接转化为二重积分进行计算.

因为$\Sigma = \Sigma_1 + \Sigma_2$,如图11.10所示,其中
$$\Sigma_1 : z = \sqrt{R^2 - x^2 - y^2}$$,取上侧
$$\Sigma_2 : z = -\sqrt{R^2 - x^2 - y^2}$$,取下侧

这里$(x,y) \in D_{xy} = \{(x,y) \mid x^2 + y^2 \leqslant R^2\}$.

故
$$I = \iint_{\Sigma_1} z \, dx \, dy + \iint_{\Sigma_2} z \, dx \, dy =$$
$$\iint_{D_{xy}} \sqrt{R^2 - x^2 - y^2} \, dx \, dy - \iint_{D_{xy}} -\sqrt{R^2 - x^2 - y^2} \, dx \, dy =$$
$$2\iint_{D_{xy}} \sqrt{R^2 - x^2 - y^2} \, dx \, dy \xrightarrow{\text{二重积分的几何意义}}$$
$$2 \cdot \frac{2}{3}\pi R^3 = \frac{4}{3}\pi R^3$$

方法2:利用高斯公式计算.

记$\Omega = \{(x,y,z) \mid x^2 + y^2 + z^2 \leqslant R^2\}$,则
$$I = \iiint_{\Omega} dx \, dy \, dz = \frac{4}{3}\pi R^3$$

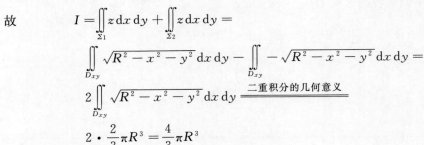

温馨提示:1.例题9的解法1中计算二重积分$2\iint_{D_{xy}} \sqrt{R^2 - x^2 - y^2} \, dx \, dy$时,使用的是二重积分的几何意义,其实利用二重积分的几何意义计算二重积分是一种非常有效并且简单的方法,遇到二重积分的计算问题,首先可以考虑利用二重积分的几何意义这种方法.

2.对面积的曲面积分(也称为第一类曲面积分)与积分曲面的侧无关,利用对称性简化计算比较简单,只要积分曲面关于坐标面对称、被积函数关于相关变量具有奇偶性以及积分曲面的对称性和被积函数的奇偶性相匹配,就可以利用奇偶函数在对称曲面上的积分性质简化计算.例如,如果是计算 $\iint\limits_{\Sigma}z\,\mathrm{d}S$,其中 Σ 是例题9中的 Σ,则由对称性可知 $\iint\limits_{\Sigma}z\,\mathrm{d}S$ $=0$.但是对坐标的曲面积分(也称为第二类曲面积分)的值与积分曲面的侧密切相关,在考虑它的对称性时,除了要考虑被积函数的奇偶性、积分曲面的对称性、积分曲面的对称性与被积函数的奇偶性相匹配这三个条件外,还要考虑积分曲面的侧.关于对坐标的曲面积分的对称性有如下结论:

若曲面 Σ 关于 yOz 坐标面对称,Σ_1 表示 $x\geqslant0$ 的部分,且 Σ 和 Σ_1 所取的侧一致,则

$$\iint\limits_{\Sigma}P(x,y,z)\mathrm{d}y\mathrm{d}z=\begin{cases}2\iint\limits_{\Sigma_1}P(x,y,z)\mathrm{d}y\mathrm{d}z,&P(-x,y,z)=-P(x,y,z)\\0,&P(-x,y,z)=P(x,y,z)\end{cases}$$

$$\iint\limits_{\Sigma}Q(x,y,z)\mathrm{d}z\mathrm{d}x=\begin{cases}2\iint\limits_{\Sigma_1}Q(x,y,z)\mathrm{d}z\mathrm{d}x,&Q(-x,y,z)=Q(x,y,z)\\0,&Q(-x,y,z)=-Q(x,y,z)\end{cases}$$

$$\iint\limits_{\Sigma}R(x,y,z)\mathrm{d}x\mathrm{d}y=\begin{cases}2\iint\limits_{\Sigma_1}R(x,y,z)\mathrm{d}x\mathrm{d}y,&R(-x,y,z)=R(x,y,z)\\0,&R(-x,y,z)=-R(x,y,z)\end{cases}$$

若积分曲面 Σ 关于 zOx(或 xOy)坐标面对称,被积函数 P、Q、R 关于 y(或 z)有奇偶性,则对坐标的曲面积分具有相似的结论,这里不再赘述.

对坐标的曲面积分的对称性是比较麻烦的,所以建议初学者不要利用对称性计算这类积分.可以先把对坐标的曲面积分转化为二重积分,在计算二重积分的过程中再考虑利用对称性.

例 10 计算曲面积分 $\iint\limits_{\Sigma}x\,\mathrm{d}y\mathrm{d}z+y\mathrm{d}z\mathrm{d}x+z\mathrm{d}x\mathrm{d}y$,其中 Σ 是平面 $x=0$,$y=0$,$z=0$ 及平面 $x+y+z=1$ 所围成的空间区域的整个边界曲面的内侧.

[错解]记 Σ 所围区域为 Ω,则由高斯公式,得

$$\iint\limits_{\Sigma}x\,\mathrm{d}y\mathrm{d}z+y\mathrm{d}z\mathrm{d}x+z\mathrm{d}x\mathrm{d}y=\iiint\limits_{\Omega}(1+1+1)\mathrm{d}x\,\mathrm{d}y\mathrm{d}z=$$

$$3\iiint\limits_{\Omega}\mathrm{d}x\,\mathrm{d}y\mathrm{d}z=3\cdot\frac{1}{3}\cdot\frac{1}{2}\cdot1\cdot1=\frac{1}{2}$$

[错解分析]上述解法在"$\iint\limits_{\Sigma}x\,\mathrm{d}y\mathrm{d}z+y\mathrm{d}z\mathrm{d}x+z\mathrm{d}x\mathrm{d}y=\iiint\limits_{\Omega}(1+1+1)\mathrm{d}x\mathrm{d}y\mathrm{d}z$"这一步存在错误,三重积分前少了一个负号.高斯公式成立的条件之一是积分曲面 Σ 取外侧,注意到对坐标的曲面积分的值与积分曲面的侧密切相关,侧改变积分值也改变,如果积分曲面 Σ 取的是

内侧,则应该在公式一端加上一个负号,此时高斯公式应为

$$\oiint\limits_{\Sigma} P\,dy\,dz + Q\,dz\,dx + R\,dx\,dy = -\iiint\limits_{\Omega}\left(\frac{\partial P}{\partial x} + \frac{\partial Q}{\partial y} + \frac{\partial R}{\partial z}\right)dx\,dy\,dz$$

上述解法忽略了高斯公式中积分曲面取外侧这个条件,因此是错误的.

[正确解法] Σ 的图形如图11.11所示.记 Σ 所围区域为 Ω, 则由高斯公式,得

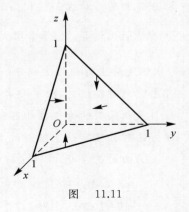

图 11.11

$$\oiint\limits_{\Sigma} x\,dy\,dz + y\,dz\,dx + z\,dx\,dy =$$

$$-\iiint\limits_{\Omega}(1+1+1)dx\,dy\,dz =$$

$$-3\iiint\limits_{\Omega}dx\,dy\,dz =$$

$$-3 \cdot \frac{1}{3} \cdot \frac{1}{2} \cdot 1 \cdot 1 = -\frac{1}{2}$$

温馨提示:1. 使用高斯公式时,积分曲面 Σ 要取外侧,如果 Σ 取内侧,需要在公式一端加上负号.

2. 例题10中计算三重积分 $\iiint\limits_{\Omega}dx\,dy\,dz$ 使用的方法是被积函数为1的三重积分表示的是积分域 Ω 的体积,且该题中积分域 Ω 是三棱锥,其体积容易计算,因此没必要将三重积分转化成三次积分来计算.其实在计算二重积分、对弧长的曲线积分以及对面积的曲面积分时,如果被积函数是常数,都可以先把常数提出来,再运用这种思想简化计算,即 $\iint\limits_{D}d\sigma =$ 积分区域 D 的面积,$\int_{L}ds =$ 积分曲线 L 的弧长,$\iint\limits_{\Sigma}dS =$ 积分曲面 Σ 的面积.

例 11 计算曲面积分 $I = \iint\limits_{\Sigma}(x^3 z + 2x)dy\,dz + x^2 yz\,dz\,dx - 2x^2 z^2\,dx\,dy$,其中 Σ 是曲面 $z = 2 - x^2 - y^2$ 上 $1 \leqslant z \leqslant 2$ 的部分的上侧.

[错解] 记 Σ 所围区域为 Ω,则由高斯公式,得

$$I = \iiint\limits_{\Omega}(3x^2 z + 2 + x^2 z - 4x^2 z)dx\,dy\,dz = 2\iiint\limits_{\Omega}dx\,dy\,dz =$$

$$2\int_1^2 dz \iint\limits_{x^2+y^2 \leqslant 2-z} dx\,dy = \pi$$

[错解分析] 上述解法在"$I = \iiint\limits_{\Omega}(3x^2 z + 2 + x^2 z - 4x^2 z)dx\,dy\,dz$"这一步存在错误.高斯公式成立的前提条件之一是积分曲面 Σ 封闭.这里的 Σ 显然是不封闭的,故不能直接利用高斯公式来计算,因此上述解法是错误的.

[正确解法] 本题应该先补充一个有向曲面 Σ_1,使 Σ 和 Σ_1 围成封闭曲面,然后再使用高斯

公式求解.

补充 $\Sigma_1:\begin{cases}z=1\\x^2+y^2\leqslant 1\end{cases}$，取下侧，如图 11.12 所示，记 Σ 和 Σ_1 所围

区域为 Ω.

令 $P=x^3z+2x$，$Q=x^2yz$，$R=-2x^2z^2$，则

$$\frac{\partial P}{\partial x}=3x^2z+2,\frac{\partial Q}{\partial y}=x^2z,\frac{\partial R}{\partial z}=-4x^2z$$

因此

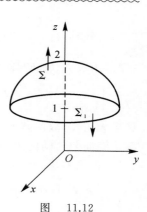

图 11.12

$$I=\oiint\limits_{\Sigma+\Sigma_1}P\,\mathrm{d}y\,\mathrm{d}z+Q\,\mathrm{d}z\,\mathrm{d}x+R\,\mathrm{d}x\,\mathrm{d}y-\iint\limits_{\Sigma_1}P\,\mathrm{d}y\,\mathrm{d}z+Q\,\mathrm{d}z\,\mathrm{d}x+R\,\mathrm{d}x\,\mathrm{d}y=$$

$$\iiint\limits_{\Omega}\left(\frac{\partial P}{\partial x}+\frac{\partial Q}{\partial y}+\frac{\partial R}{\partial z}\right)\mathrm{d}x\,\mathrm{d}y\,\mathrm{d}z+\iint\limits_{\Sigma_1}2x^2\,\mathrm{d}x\,\mathrm{d}y=$$

$$\iiint\limits_{\Omega}(3x^2z+2+x^2z-4x^2z)\,\mathrm{d}x\,\mathrm{d}y\,\mathrm{d}z-\iint\limits_{x^2+y^2\leqslant 1}2x^2\,\mathrm{d}x\,\mathrm{d}y=$$

$$2\int_1^2\mathrm{d}z\iint\limits_{x^2+y^2\leqslant 2-z}\mathrm{d}x\,\mathrm{d}y-\int_0^{2\pi}\mathrm{d}\theta\int_0^1\rho^3\,\mathrm{d}\rho=$$

$$2\int_1^2\pi(2-z)\,\mathrm{d}z-2\pi\cdot\frac{1}{4}\rho^4\Big|_0^1=$$

$$2\pi\left(2-\frac{z^2}{2}\Big|_1^2\right)-\frac{\pi}{2}=\frac{\pi}{2}$$

温馨提示：使用高斯公式

$$\oiint\limits_{\Sigma}P\,\mathrm{d}y\,\mathrm{d}z+Q\,\mathrm{d}z\,\mathrm{d}x+R\,\mathrm{d}x\,\mathrm{d}y=\iiint\limits_{\Omega}\left(\frac{\partial P}{\partial x}+\frac{\partial Q}{\partial y}+\frac{\partial R}{\partial z}\right)\mathrm{d}x\,\mathrm{d}y\,\mathrm{d}z$$

计算对坐标的曲面积分时，积分曲面 Σ 必须封闭，如果 Σ 不封闭，必须先补充有向曲面使其封闭，然后再使用高斯公式计算.补充有向曲面的一般原则是：通常取平行于坐标面的有向平面，该有向平面的侧要与已知的积分曲面的侧保持一致，即要与已知的曲面围成外侧或内侧的封闭曲面.另外，切记计算原曲面积分时，要把所补充的有向曲面上的曲面积分减去，即所谓的"加谁减谁".

例 12 设 Σ 为球面 $x^2+y^2+z^2=a^2$ 的外侧（$a>0$），计算曲面积分 $I=\oiint\limits_{\Sigma}\dfrac{x\,\mathrm{d}y\,\mathrm{d}z+y\,\mathrm{d}z\,\mathrm{d}x+z\,\mathrm{d}x\,\mathrm{d}y}{r^3}$，其中 $r=\sqrt{x^2+y^2+z^2}$.

[错解] 令 $P=\dfrac{x}{r^3}$，$Q=\dfrac{y}{r^3}$，$R=\dfrac{z}{r^3}$，则由高斯公式，得

$$I=\iiint\limits_{\Omega}\left(\frac{\partial P}{\partial x}+\frac{\partial Q}{\partial y}+\frac{\partial R}{\partial z}\right)\mathrm{d}x\,\mathrm{d}y\,\mathrm{d}z=$$

$$\iiint\limits_{\Omega}\left(\frac{r^2-3x^2}{r^5}+\frac{r^2-3y^2}{r^5}+\frac{r^2-3z^2}{r^5}\right)\mathrm{d}x\,\mathrm{d}y\,\mathrm{d}z=0$$

其中 $\Omega=\{(x,y,z)\mid x^2+y^2+z^2\leqslant a^2\}$.

[错解分析] 上述解法在"$I = \iiint_{\Omega} \left(\frac{\partial P}{\partial x} + \frac{\partial Q}{\partial y} + \frac{\partial R}{\partial z} \right) \mathrm{d}x\,\mathrm{d}y\,\mathrm{d}z$" 这一步存在错误. 使用高斯公式时, 函数 P、Q、R 必须在 Σ 所围区域 Ω 上具有一阶连续偏导数, 本题中在 Σ 所围区域 Ω 内存在一个 $(0,0,0)$ 点, 函数 $P = \dfrac{x}{(x^2+y^2+z^2)^{\frac{3}{2}}}$、$Q = \dfrac{y}{(x^2+y^2+z^2)^{\frac{3}{2}}}$、$R = \dfrac{z}{(x^2+y^2+z^2)^{\frac{3}{2}}}$ 在该点无定义, 故函数 P、Q、R 在 $(0,0,0)$ 点的一阶偏导数也不存在, 因此本题中的 P、Q、R 是不满足高斯公式的使用条件, 不能直接利用高斯公式进行计算, 因此上述解法是错误的.

[正确解法] 本题先把积分曲面方程代入被积函数中, 再利用高斯公式计算.

因为 Σ 的方程是 $x^2+y^2+z^2 = a^2$, 且 $r = \sqrt{x^2+y^2+z^2} = a$, 所以

$$I = \oiint_{\Sigma} \frac{x\,\mathrm{d}y\,\mathrm{d}z + y\,\mathrm{d}z\,\mathrm{d}x + z\,\mathrm{d}x\,\mathrm{d}y}{a^3} =$$
$$\frac{1}{a^3} \oiint_{\Sigma} x\,\mathrm{d}y\,\mathrm{d}z + y\,\mathrm{d}z\,\mathrm{d}x + z\,\mathrm{d}x\,\mathrm{d}y$$

令 $P = x$, $Q = y$, $R = z$, 记 $\Omega = \{(x,y,z) \mid x^2+y^2+z^2 \leqslant a^2\}$, 则由高斯公式得

$$I = \frac{1}{a^3} \iiint_{\Omega} \left(\frac{\partial P}{\partial x} + \frac{\partial Q}{\partial y} + \frac{\partial R}{\partial z} \right) \mathrm{d}x\,\mathrm{d}y\,\mathrm{d}z = \frac{1}{a^3} \iiint_{\Omega} (1+1+1)\mathrm{d}x\,\mathrm{d}y\,\mathrm{d}z =$$
$$\frac{3}{a^3} \iiint_{\Omega} \mathrm{d}x\,\mathrm{d}y\,\mathrm{d}z = \frac{3}{a^3} \cdot \frac{4}{3}\pi a^3 = 4\pi$$

温馨提示: 1. 计算两类曲面积分时, 可以先把积分曲面方程代入被积函数中简化曲面积分的计算.

2. 使用高斯公式 $\oiint_{\Sigma} P\,\mathrm{d}y\,\mathrm{d}z + Q\,\mathrm{d}z\,\mathrm{d}x + R\,\mathrm{d}x\,\mathrm{d}y = \iiint_{\Omega} \left(\frac{\partial P}{\partial x} + \frac{\partial Q}{\partial y} + \frac{\partial R}{\partial z} \right) \mathrm{d}x\,\mathrm{d}y\,\mathrm{d}z$ 时, 函数 P、Q、R 必须在 Σ 所围区域 Ω 上具有一阶连续偏导数. 如果在 Σ 所围区域 Ω 上存在奇点 (使函数无定义的点或者不具有一阶连续偏导数的点称为奇点), 一般需要把奇点挖去, 在挖去奇点的复连通域上再使用高斯公式. 挖奇点的一般原则是根据被积函数的特征进行. 例如, 如果例题 12 中积分曲面 Σ 是包围原点的某一光滑闭曲面, 则需要在 Σ 内作有向曲面 $\Sigma_1: x^2+y^2+z^2 = \varepsilon^2$ ($\varepsilon > 0$, 且 ε 要足够小, 使 Σ_1 包含在 Σ 之内), 然后在 Σ 和 Σ_1 所围复连通域上再使用高斯公式. 例题 12 所给的正确解法是把积分曲面 Σ 的方程代入被积函数中, 此时新的曲面积分满足高斯公式的使用条件, 就不需要作辅助曲面了, 这样就大大简化了曲面积分的计算.

例 13 计算 $I = \oiint_{\Sigma} x^3\,\mathrm{d}y\,\mathrm{d}z + y^3\,\mathrm{d}z\,\mathrm{d}x + z^3\,\mathrm{d}x\,\mathrm{d}y$, 其中 Σ 为球面 $x^2+y^2+z^2 = R^2$ 的外侧, R 为大于零的常数.

[错解] 令 $P = x^3$, $Q = y^3$, $R = z^3$, 记 $\Omega = \{(x,y,z) \mid x^2+y^2+z^2 \leqslant R^2\}$, 则由高斯公式, 可得

$$I = \iiint_{\Omega} \left(\frac{\partial P}{\partial x} + \frac{\partial Q}{\partial y} + \frac{\partial R}{\partial z} \right) \mathrm{d}x\,\mathrm{d}y\,\mathrm{d}z =$$
$$\iiint_{\Omega} (3x^2+3y^2+3z^2)\mathrm{d}x\,\mathrm{d}y\,\mathrm{d}z =$$

$$3\iiint\limits_{\Omega}(x^2+y^2+z^2)\,\mathrm{d}x\,\mathrm{d}y\,\mathrm{d}z=$$

$$3\iiint\limits_{\Omega}R^2\,\mathrm{d}x\,\mathrm{d}y\,\mathrm{d}z=$$

$$3R^2\cdot\frac{4}{3}\pi R^3=4\pi R^5$$

［错解分析］上述解法在"$3\iiint\limits_{\Omega}(x^2+y^2+z^2)\,\mathrm{d}x\,\mathrm{d}y\,\mathrm{d}z=3\iiint\limits_{\Omega}R^2\,\mathrm{d}x\,\mathrm{d}y\,\mathrm{d}z$"这一步存在错误.三重积分$\iiint\limits_{\Omega}(x^2+y^2+z^2)\,\mathrm{d}x\,\mathrm{d}y\,\mathrm{d}z$的被积函数$f(x,y,z)=x^2+y^2+z^2$是定义在球域$\Omega=\{(x,y,z)\,|\,x^2+y^2+z^2\leqslant R^2\}$上的,只有在$\Omega$的边界上才有$x^2+y^2+z^2=R^2$成立,除了$\Omega$的边界,其他地方的$(x,y,z)$均是满足$x^2+y^2+z^2<R^2$.错解中想当然地认为$x^2+y^2+z^2=R^2$均成立,直接把$x^2+y^2+z^2=R^2$代入被积函数中,因此是错误的.

［正确解法］前面步骤同错解,只需从步骤"$3\iiint\limits_{\Omega}(x^2+y^2+z^2)\,\mathrm{d}x\,\mathrm{d}y\,\mathrm{d}z$"开始修改成下面步骤即可:

$$\cdots\cdots$$

$$3\iiint\limits_{\Omega}(x^2+y^2+z^2)\,\mathrm{d}x\,\mathrm{d}y\,\mathrm{d}z\xlongequal{\text{球面坐标}}$$

$$3\int_0^{2\pi}\mathrm{d}\theta\int_0^{\pi}\sin\varphi\,\mathrm{d}\varphi\int_0^R r^2 r^2\,\mathrm{d}r=$$

$$3\cdot2\pi\cdot(-\cos\varphi)\,\Big|_0^{\pi}\cdot\frac{1}{5}r^5\,\Big|_0^R=$$

$$\frac{12}{5}\pi R^5$$

> **温馨提示:**计算两类曲线积分和两类曲面积分时,可以把积分曲线方程、积分曲面方程代入被积函数中简化计算.但是,计算二重积分和三重积分时,不能把积分域的方程代入被积函数中.

第十二章 无穷级数

无穷级数是高等数学的重要组成部分,它是表示函数、研究函数性质以及进行数值计算的一种工具.无穷级数主要包括两部分内容:常数项级数和函数项级数,而函数项级数的很多性质和结论都是借助于常数项级数得到的,因此,常数项级数敛散性的判别尤其重要.在高等数学中,判断常数项级数敛散性的方法有很多,例如,利用级数收敛与发散的概念判断、利用收敛级数的性质判断、利用比值审敛法判断、利用莱布尼茨定理判断等.需要注意的是,每种判别方法都有各自的使用条件和使用范围,例如,比较审敛法、比值审敛法和根值审敛法都只适用于正项级数,莱布尼茨定理只适用于交错级数等.但是,学生在判断常数项级数的敛散性时经常忽略判别法则成立的前提条件,常见的错误类型主要有:利用级数收敛的必要条件来判断级数收敛;颠倒级数收敛与级数的和的逻辑顺序;不是正项级数也用比较审敛法;将比值审敛法、根值审敛法误认为是判断级数敛散性的充要条件等.

例 1 判定级数 $\sum\limits_{n=1}^{\infty} \ln \dfrac{n+1}{n}$ 的敛散性.

[错解] 令 $u_n = \ln \dfrac{n+1}{n}$,因为 $\lim\limits_{n\to\infty} u_n = \lim\limits_{n\to\infty} \ln\left(1+\dfrac{1}{n}\right) = 0$,所以级数 $\sum\limits_{n=1}^{\infty} \ln \dfrac{n+1}{n}$ 收敛.

[错解分析] 上述解法在"因为 $\lim\limits_{n\to\infty} u_n = \lim\limits_{n\to\infty} \ln\left(1+\dfrac{1}{n}\right) = 0$,所以级数 $\sum\limits_{n=1}^{\infty} \ln \dfrac{n+1}{n}$ 收敛"这一步存在错误.因为 $\lim\limits_{n\to\infty} u_n = 0$ 只是级数 $\sum\limits_{n=1}^{\infty} u_n$ 收敛的必要条件,不是充分条件,即如果级数 $\sum\limits_{n=1}^{\infty} u_n$ 收敛,则一定有 $\lim\limits_{n\to\infty} u_n = 0$ 成立;如果 $\lim\limits_{n\to\infty} u_n = 0$,则级数 $\sum\limits_{n=1}^{\infty} u_n$ 未必收敛.例如,调和级数 $\sum\limits_{n=1}^{\infty} \dfrac{1}{n}$ 显然是发散的,但是却有 $\lim\limits_{n\to\infty} u_n = \lim\limits_{n\to\infty} \dfrac{1}{n} = 0$ 成立.上述解法误认为 $\lim\limits_{n\to\infty} u_n = 0$ 是级数 $\sum\limits_{n=1}^{\infty} u_n$ 收敛的充分条件,因此是错误的.

[正确解法] 由于该级数是正项级数,因此可以用正项级数比较审敛法的极限形式来求解.

因为
$$\lim_{n\to\infty} \frac{\ln \dfrac{n+1}{n}}{\dfrac{1}{n}} = \lim_{n\to\infty} \frac{\ln\left(1+\dfrac{1}{n}\right)}{\dfrac{1}{n}} = \lim_{n\to\infty} \frac{\dfrac{1}{n}}{\dfrac{1}{n}} = 1$$

且级数 $\sum\limits_{n=1}^{\infty} \dfrac{1}{n}$ 发散,所以由正项级数比较审敛法的极限形式可知,级数 $\sum\limits_{n=1}^{\infty} \ln \dfrac{n+1}{n}$ 发散.

> **温馨提示:** 切记不能用 $\lim\limits_{n\to\infty} u_n = 0$ 来判断级数 $\sum\limits_{n=1}^{\infty} u_n$ 是收敛的,但是可以用 $\lim\limits_{n\to\infty} u_n \neq 0$ 来确定级数 $\sum\limits_{n=1}^{\infty} u_n$ 是发散的.例如,由于 $\lim\limits_{n\to\infty} \dfrac{1}{\sqrt[n]{2}} = 1 \neq 0$,所以级数 $\sum\limits_{n=1}^{\infty} \dfrac{1}{\sqrt[n]{2}}$ 是发散的.

例 2　判定级数 $\sum\limits_{n=1}^{\infty}\left(\dfrac{1}{n}-\sin\dfrac{1}{n}\right)$ 的敛散性.

[错解] 因为级数 $\sum\limits_{n=1}^{\infty}\dfrac{1}{n}$ 和 $\sum\limits_{n=1}^{\infty}\sin\dfrac{1}{n}$ 均发散,根据无穷级数的性质:若级数 $\sum\limits_{n=1}^{\infty}u_n$、$\sum\limits_{n=1}^{\infty}v_n$ 都发散,则级数 $\sum\limits_{n=1}^{\infty}(u_n\pm v_n)$ 必发散,可知级数 $\sum\limits_{n=1}^{\infty}\left(\dfrac{1}{n}-\sin\dfrac{1}{n}\right)$ 发散.

[错解分析] 上述解法在"若级数 $\sum\limits_{n=1}^{\infty}u_n$、$\sum\limits_{n=1}^{\infty}v_n$ 都发散,则级数 $\sum\limits_{n=1}^{\infty}(u_n\pm v_n)$ 必发散"这一步存在错误.若级数 $\sum\limits_{n=1}^{\infty}u_n$、$\sum\limits_{n=1}^{\infty}v_n$ 都发散,级数 $\sum\limits_{n=1}^{\infty}(u_n\pm v_n)$ 未必发散.例如,级数 $\sum\limits_{n=1}^{\infty}\dfrac{1}{n}$ 和 $\sum\limits_{n=1}^{\infty}\dfrac{-1}{n}$ 都是发散的,但是级数 $\sum\limits_{n=1}^{\infty}\left(\dfrac{1}{n}+\dfrac{-1}{n}\right)=0$ 是收敛的,因此上述解法是错误的.

[正确解法] 因为 $\forall n$,都有 $\dfrac{1}{n}-\sin\dfrac{1}{n}>0$,所以级数 $\sum\limits_{n=1}^{\infty}\left(\dfrac{1}{n}-\sin\dfrac{1}{n}\right)$ 为正项级数.现在利用正项级数比较审敛法的极限形式来求解.

由于
$$\lim_{x\to0}\frac{x-\sin x}{x^3}=\lim_{x\to0}\frac{1-\cos x}{3x^2}=\lim_{x\to0}\frac{\frac{1}{2}x^2}{3x^2}=\frac{1}{6}$$
所以根据函数极限与数列极限的关系可知
$$\lim_{n\to\infty}\frac{\dfrac{1}{n}-\sin\dfrac{1}{n}}{\dfrac{1}{n^3}}=\frac{1}{6}$$

又因为级数 $\sum\limits_{n=1}^{\infty}\dfrac{1}{n^3}$ 收敛,所以由正项级数比较审敛法的极限形式可知,正项级数 $\sum\limits_{n=1}^{\infty}\left(\dfrac{1}{n}-\sin\dfrac{1}{n}\right)$ 收敛.

温馨提示: 对于两个数项级数 $\sum\limits_{n=1}^{\infty}u_n$ 和 $\sum\limits_{n=1}^{\infty}v_n$,有下列性质:

(1) 若这两个级数均收敛,则级数 $\sum\limits_{n=1}^{\infty}(u_n\pm v_n)$ 必收敛.

(2) 如果这两个级数一个收敛一个发散,则级数 $\sum\limits_{n=1}^{\infty}(u_n\pm v_n)$ 必发散.

(3) 如果这两个级数均发散,则级数 $\sum\limits_{n=1}^{\infty}(u_n\pm v_n)$ 未必发散.

例 3　判定级数 $\sum\limits_{n=0}^{\infty}2^n$ 的敛散性,如果收敛,求其和.

[错解] 设级数 $\sum\limits_{n=0}^{\infty}2^n$ 的和为 s,则

$$s = \sum_{n=0}^{\infty} 2^n = 1 + 2 + 2^2 + 2^3 + \cdots + 2^n + \cdots = 1 + 2 \sum_{n=0}^{\infty} 2^n = 1 + 2s$$

即 $s = 1 + 2s$,解之得 $s = -1$.因此级数 $\sum_{n=0}^{\infty} 2^n$ 收敛,且其和为 -1.

[错解分析]上述解法在"设级数 $\sum_{n=0}^{\infty} 2^n$ 的和为 s,则 $s = \sum_{n=0}^{\infty} 2^n$"这一步存在错误.因为只有级数 $\sum_{n=1}^{\infty} u_n$ 收敛时,级数的和才存在,才能用符号"$s = \sum_{n=1}^{\infty} u_n$"来表示级数 $\sum_{n=1}^{\infty} u_n$;当级数 $\sum_{n=1}^{\infty} u_n$ 发散时,不能用符号"$s = \sum_{n=1}^{\infty} u_n$"来表示级数.上述解法在不确定级数是否收敛的情况下,直接认为级数的和存在,犯了"先应用收敛,再证明收敛"的逻辑错误,因此是不正确的.

[正确解法]本题有两种解法.

解法 1:利用等比级数的结论.

该级数是公比 $q = 2$ 的等比级数,由于 $|q| = 2 > 1$,因此该级数发散.

解法 2:利用正项级数的比值审敛法

令 $u_n = 2^n$,则 $\lim_{n \to \infty} \dfrac{u_{n+1}}{u_n} = \lim_{n \to \infty} \dfrac{2^{n+1}}{2^n} = 2 > 1$,由正项级数的比值审敛法可知级数 $\sum_{n=0}^{\infty} 2^n$ 发散.

例 4 已知级数 $\sum_{n=1}^{\infty} a_n$ 收敛,且 $\lim_{n \to \infty} \dfrac{b_n}{a_n} = 1$,试判断级数 $\sum_{n=1}^{\infty} b_n$ 的敛散性.

[错解]因为 $\lim_{n \to \infty} \dfrac{b_n}{a_n} = 1$,且级数 $\sum_{n=1}^{\infty} a_n$ 收敛,所以由比较审敛法的极限形式可知级数 $\sum_{n=1}^{\infty} b_n$ 收敛.

[错解分析]上述解法错在应用了比较审敛法的极限形式.比较审敛法和比较审敛法的极限形式都只适用于正项级数,它们只能用来判断正项级数的敛散性,对任意项级数是不成立的.题目中没有指明 $\sum_{n=1}^{\infty} a_n$ 是正项级数,而且从题目中也不能判定 $\sum_{n=1}^{\infty} a_n$ 是正项级数,因此本题不能应用正项级数比较审敛法的极限形式进行求解,故上述解法是错误的.

[正确解法]级数 $\sum_{n=1}^{\infty} b_n$ 的敛散性不能确定,即 $\sum_{n=1}^{\infty} b_n$ 可能收敛也可能发散.

如果 $\sum_{n=1}^{\infty} a_n$ 和 $\sum_{n=1}^{\infty} b_n$ 都是正项级数,则由比较审敛法的极限形式可知级数 $\sum_{n=1}^{\infty} b_n$ 收敛;但是,如果取 $a_n = \dfrac{(-1)^n}{\sqrt{n}}$, $b_n = \dfrac{(-1)^n}{\sqrt{n}} + \dfrac{1}{n} = a_n + \dfrac{1}{n}$,显然有 $\lim_{n \to \infty} \dfrac{b_n}{a_n} = \lim_{n \to \infty} \left(1 + \dfrac{1}{n}\right) = 1$,且级数 $\sum_{n=1}^{\infty} a_n = \sum_{n=1}^{\infty} \dfrac{(-1)^n}{\sqrt{n}}$ 为交错级数,由莱布尼茨定理可知该级数收敛,但是,由级数的性质可知,级数 $\sum_{n=1}^{\infty} b_n = \sum_{n=1}^{\infty} \left[\dfrac{(-1)^n}{\sqrt{n}} + \dfrac{1}{n}\right]$ 却是发散的.

例 5 判定级数 $\sum_{n=1}^{\infty} 2^{-n+(-1)^n}$ 的敛散性.

[错解 1]令 $u_n = 2^{-n+(-1)^n}$,则

$$\lim_{n\to\infty}\frac{u_{n+1}}{u_n}=\lim_{n\to\infty}\frac{2^{-(n+1)+(-1)^{n+1}}}{2^{-n+(-1)^n}}=\lim_{n\to\infty}2^{-1+(-1)^{n+1}-(-1)^n}=\frac{1}{8}<1$$

所以由正项级数的比值审敛法可知,级数 $\sum_{n=1}^{\infty}2^{-n+(-1)^n}$ 收敛.

[错解 2] 令 $u_n=2^{-n+(-1)^n}$,则

$$\lim_{n\to\infty}\frac{u_{n+1}}{u_n}=\lim_{n\to\infty}\frac{2^{-(n+1)+(-1)^{n+1}}}{2^{-n+(-1)^n}}=\lim_{n\to\infty}2^{-1+(-1)^{n+1}-(-1)^n}=2>1$$

所以由正项级数的比值审敛法可知,级数 $\sum_{n=1}^{\infty}2^{-n+(-1)^n}$ 发散.

[错解 3] 令 $u_n=2^{-n+(-1)^n}$,则

$$\lim_{n\to\infty}\frac{u_{n+1}}{u_n}=\lim_{n\to\infty}\frac{2^{-(n+1)+(-1)^{n+1}}}{2^{-n+(-1)^n}}=\lim_{n\to\infty}2^{-1+(-1)^{n+1}-(-1)^n}=\begin{cases}2,&n\text{ 为奇数}\\\dfrac{1}{8},&n\text{ 为偶数}\end{cases}$$

由于上述极限不存在,因此级数 $\sum_{n=1}^{\infty}2^{-n+(-1)^n}$ 发散.

[错解分析] 错解 1 和错解 2 均把极限求解错了,错解 3 在"由于上述极限不存在,因此级数 $\sum_{n=1}^{\infty}2^{-n+(-1)^n}$ 发散"这一步存在错误.比值审敛法只是判断正项级数敛散性的充分不必要条件,即如果 $\lim_{n\to\infty}\frac{u_{n+1}}{u_n}=\rho$,且 $\rho<1$,则正项级数 $\sum_{n=1}^{\infty}u_n$ 一定收敛;如果 $\lim_{n\to\infty}\frac{u_{n+1}}{u_n}=\rho$,且 $\rho>1$,则正项级数 $\sum_{n=1}^{\infty}u_n$ 一定发散.若 $\lim_{n\to\infty}\frac{u_{n+1}}{u_n}$ 不存在,则不能使用比值审敛法进行判断,此时正项级数 $\sum_{n=1}^{\infty}u_n$ 可能收敛也可能发散,这时需要应用其他方法来判断级数的敛散性,因此错解 3 是错误的.

[正确解法] 本题应用正项级数的根值审敛法进行判定.

令 $u_n=2^{-n+(-1)^n}$,则

$$\lim_{n\to\infty}\sqrt[n]{u_n}=\lim_{n\to\infty}2^{\frac{-n+(-1)^n}{n}}=\lim_{n\to\infty}2^{-1+\frac{(-1)^n}{n}}=2^{-1+0}=\frac{1}{2}<1$$

所以由正项级数的根值审敛法可知,级数 $\sum_{n=1}^{\infty}2^{-n+(-1)^n}$ 收敛.

> **温馨提示:** 一般地,用比值审敛法能解决的问题一定能用根值审敛法解决,但是用根值审敛法解决的问题不一定能用比值审敛法解决.

例 6 已知正项级数 $\sum_{n=1}^{\infty}u_n$ 和 $\sum_{n=1}^{\infty}v_n$ 满足 $\frac{u_{n+1}}{u_n}\leqslant\frac{v_{n+1}}{v_n}(n=1,2,\cdots)$,且级数 $\sum_{n=1}^{\infty}v_n$ 收敛,判定级数 $\sum_{n=1}^{\infty}u_n$ 的敛散性.

[错解] 因为级数 $\sum_{n=1}^{\infty}v_n$ 收敛,所以由正项级数的比值审敛法可得

$$\lim_{n\to\infty}\frac{v_{n+1}}{v_n}=\rho,且\rho<1$$

又因为 $\frac{u_{n+1}}{u_n}\leqslant\frac{v_{n+1}}{v_n}$,所以

$$\lim_{n\to\infty}\frac{u_{n+1}}{u_n}\leqslant\lim_{n\to\infty}\frac{v_{n+1}}{v_n}$$

即

$$\lim_{n\to\infty}\frac{u_{n+1}}{u_n}<1$$

因此由正项级数的比值审敛法可知级数 $\sum\limits_{n=1}^{\infty}u_n$ 收敛.

[错解分析]上述解法在"因为级数 $\sum\limits_{n=1}^{\infty}v_n$ 收敛,所以由正项级数的比值审敛法可得 $\lim\limits_{n\to\infty}$ $\frac{v_{n+1}}{v_n}=\rho,且\rho<1$" 这一步存在错误.因为这个结论不一定成立,例如,级数 $\sum\limits_{n=1}^{\infty}\frac{1}{n^2}$ 收敛,但是 $\lim\limits_{n\to\infty}\frac{v_{n+1}}{v_n}=\lim\limits_{n\to\infty}\frac{n^2}{(n+1)^2}=1$. 比值审敛法只是正项级数收敛的充分非必要条件,即如果正项级数 $\sum\limits_{n=1}^{\infty}u_n$ 的一般项满足 $\lim\limits_{n\to\infty}\frac{u_{n+1}}{u_n}=\rho,且\rho<1$,则正项级数 $\sum\limits_{n=1}^{\infty}u_n$ 一定收敛;但是正项级数 $\sum\limits_{n=1}^{\infty}u_n$ 收敛时,未必有 $\lim\limits_{n\to\infty}\frac{u_{n+1}}{u_n}=\rho,且\rho<1$ 成立.上述解法误认为比值审敛法是正项级数收敛的充要条件,因此是错误的.

[正确解法]本题应用正项级数的比较审敛法进行判定.

由 $\frac{u_{n+1}}{u_n}\leqslant\frac{v_{n+1}}{v_n}(n=1,2,\cdots)$,可得 $u_{n+1}\leqslant\frac{u_n}{v_n}v_{n+1}(n=1,2,\cdots)$,故 $u_2\leqslant\frac{u_1}{v_1}v_2$.

又 $u_3\leqslant\frac{u_2}{v_2}v_3\leqslant\frac{\frac{u_1}{v_1}v_2}{v_2}v_3=\frac{u_1}{v_1}v_3$,即 $u_3\leqslant\frac{u_1}{v_1}v_3$.

现在用归纳法证明对任意的 n,有 $u_{n+1}\leqslant\frac{u_1}{v_1}v_{n+1}$ 成立.

假设 $u_n\leqslant\frac{u_1}{v_1}v_n$,则 $u_{n+1}\leqslant\frac{u_n}{v_n}v_{n+1}\leqslant\frac{\frac{u_1}{v_1}v_n}{v_n}v_{n+1}=\frac{u_1}{v_1}v_{n+1}$,即 $u_{n+1}\leqslant\frac{u_1}{v_1}v_{n+1}$ 成立.

由数学归纳法可知对任意的正整数 n,都有 $u_{n+1}\leqslant\frac{u_1}{v_1}v_{n+1}$ 成立.

又因为级数 $\sum\limits_{n=1}^{\infty}v_n$ 收敛,所以由收敛级数的性质可知,级数 $\sum\limits_{n=1}^{\infty}\frac{u_1}{v_1}v_{n+1}$ 也收敛,再由正项级数的比较审敛法可知级数 $\sum\limits_{n=1}^{\infty}u_n$ 收敛.

温馨提示:比值审敛法和根值审敛法都是判断正项级数敛散性的充分不必要条件,即如果 $\lim\limits_{n\to\infty}\frac{u_{n+1}}{u_n}=\rho,且\rho<1$ 或 $\lim\limits_{n\to\infty}\sqrt[n]{u_n}=\rho,且\rho<1$,则正项级数 $\sum\limits_{n=1}^{\infty}u_n$ 一定收敛;但是,

正项级数 $\sum\limits_{n=1}^{\infty} u_n$ 收敛时，$\lim\limits_{n\to\infty} \dfrac{u_{n+1}}{u_n} = \rho$，且 $\rho < 1$ 和 $\lim\limits_{n\to\infty} \sqrt[n]{u_n} = \rho$，且 $\rho < 1$ 未必成立．如果 $\lim\limits_{n\to\infty} \dfrac{u_{n+1}}{u_n} = \rho$，且 $\rho > 1$ 或 $\lim\limits_{n\to\infty} \sqrt[n]{u_n} = \rho$，且 $\rho > 1$，则正项级数 $\sum\limits_{n=1}^{\infty} u_n$ 一定发散；但是，正项级数 $\sum\limits_{n=1}^{\infty} u_n$ 发散时，$\lim\limits_{n\to\infty} \dfrac{u_{n+1}}{u_n} = \rho$，且 $\rho > 1$ 和 $\lim\limits_{n\to\infty} \sqrt[n]{u_n} = \rho$，且 $\rho > 1$ 未必成立．

例 7　判定级数 $\sum\limits_{n=1}^{\infty} (-1)^n \dfrac{3^n}{[3^n + (-2)^n]n}$ 的敛散性．

[错解] 该级数为交错级数，令 $u_n = \dfrac{3^n}{[3^n + (-2)^n]n}$，则

$$u_{2n} = \frac{3^{2n}}{(3^{2n} + 2^{2n})2n}, u_{2n+1} = \frac{3^{2n+1}}{(3^{2n+1} - 2^{2n+1})(2n+1)}, u_{2n+2} = \frac{3^{2n+2}}{(3^{2n+2} + 2^{2n+2})(2n+2)}$$

显然有 $u_{2n+1} > u_{2n}$，$u_{2n+1} > u_{2n+2}$，则数列 $\{u_n\}$ 不是单调递减的，因此数列 $\{u_n\}$ 不满足莱布尼茨定理的条件，故级数 $\sum\limits_{n=1}^{\infty} (-1)^n \dfrac{3^n}{[3^n + (-2)^n]n}$ 发散．

[错解分析] 上述解法在"$\{u_n\}$ 不满足莱布尼茨定理的条件，故级数 $\sum\limits_{n=1}^{\infty} (-1)^n \dfrac{3^n}{[3^n + (-2)^n]n}$ 发散"这一步存在错误．莱布尼茨定理只是判断交错级数敛散性的充分不必要条件，即当数列 $\{u_n\}(u_n > 0)$ 同时满足两个条件：$u_n > u_{n+1}$ 和 $\lim\limits_{n\to\infty} u_n = 0$ 时，交错级数 $\sum\limits_{n=1}^{\infty} (-1)^n u_n$ 一定收敛，但是当数列 $\{u_n\}$ 不满足条件 $u_n > u_{n+1}$ 时，交错级数 $\sum\limits_{n=1}^{\infty} (-1)^n u_n$ 也有可能收敛，只是需要应用其他方法判定而已，上述解法把莱布尼茨定理理解为充分必要条件，因此是错误的．

[正确解法] 本题应用级数的性质来判定．

$$(-1)^n \frac{3^n}{[3^n + (-2)^n]n} = (-1)^n \left\{ \frac{3^n + (-2)^n}{[3^n + (-2)^n]n} - \frac{(-2)^n}{[3^n + (-2)^n]n} \right\} =$$

$$(-1)^n \left\{ \frac{1}{n} - \frac{(-1)^n 2^n}{[3^n + (-2)^n]n} \right\} =$$

$$\frac{(-1)^n}{n} - \frac{2^n}{[3^n + (-2)^n]n}$$

现在判断级数 $\sum\limits_{n=1}^{\infty} \dfrac{(-1)^n}{n}$ 和 $\sum\limits_{n=1}^{\infty} \dfrac{2^n}{[3^n + (-2)^n]n}$ 的敛散性．

由于级数 $\sum\limits_{n=1}^{\infty} \dfrac{(-1)^n}{n}$ 是交错级数，所以由莱布尼茨定理可知级数 $\sum\limits_{n=1}^{\infty} \dfrac{(-1)^n}{n}$ 收敛．

级数 $\sum\limits_{n=1}^{\infty} \dfrac{2^n}{[3^n + (-2)^n]n}$ 为正项级数，令 $u_n = \dfrac{2^n}{[3^n + (-2)^n]n}$，则

$$\lim_{n \to \infty} \frac{u_{n+1}}{u_n} = \lim_{n \to \infty} \left\{ \frac{2^{n+1}}{[3^{n+1} + (-2)^{n+1}](n+1)} \cdot \frac{[3^n + (-2)^n]n}{2^n} \right\} =$$

$$\lim_{n \to \infty} \left\{ \frac{2[3^n + (-2)^n]}{[3^{n+1} + (-2)^{n+1}]} \cdot \frac{n}{n+1} \right\} = \lim_{n \to \infty} \frac{2\left[\frac{1}{3} + \frac{1}{3}\left(\frac{-2}{3}\right)^n\right]}{1 + \left(-\frac{2}{3}\right)^{n+1}} =$$

$$\frac{2\left(\frac{1}{3} + 0\right)}{1 + 0} = \frac{2}{3} < 1$$

所以由正项级数的比值审敛法可知,级数 $\sum\limits_{n=1}^{\infty} \dfrac{2^n}{[3^n + (-2)^n]n}$ 是收敛的.

综上,由级数的性质可知,级数 $\sum\limits_{n=1}^{\infty} \left[\dfrac{(-1)^n}{n} - \dfrac{2^n}{[3^n + (-2)^n]n} \right]$ 收敛.

即级数 $\sum\limits_{n=1}^{\infty} (-1)^n \dfrac{3^n}{[3^n + (-2)^n]n}$ 收敛.

> **温馨提示**:莱布尼茨定理是判断交错级数敛散性的充分不必要条件,而且利用莱布尼茨定理只能得到交错级数收敛的结论,不能得到交错级数发散的结论.

例 8 若级数 $\sum\limits_{n=1}^{\infty} a_n$ 和 $\sum\limits_{n=1}^{\infty} b_n$ 均收敛,且 $a_n \leqslant c_n \leqslant b_n (n = 1, 2, \cdots)$,判断级数 $\sum\limits_{n=1}^{\infty} c_n$ 的敛散性.

[错解] 因为 $c_n \leqslant b_n$,且级数 $\sum\limits_{n=1}^{\infty} b_n$ 收敛,所以由比较审敛法可知,级数 $\sum\limits_{n=1}^{\infty} c_n$ 收敛.

[错解分析] 上述解法在应用比较审敛法时存在错误.比较审敛法是针对正项级数而言的,对任意项级数,比较审敛法不一定成立.例如,虽然有 $-\dfrac{1}{n} \leqslant \dfrac{1}{n^2}$ 成立,且级数 $\sum\limits_{n=1}^{\infty} \dfrac{1}{n^2}$ 收敛,但是级数 $\sum\limits_{n=1}^{\infty} \left(-\dfrac{1}{n}\right)$ 却是发散的.题目只说明 $a_n \leqslant c_n \leqslant b_n$ 成立,没有指明它们是正项级数,并且从题目中也不能判定它们是正项级数,故不能应用正项级数的比较审敛法进行判定,因此上述解法是错误的.

[正确解法] 本题应用正项级数的比较审敛法和级数的性质进行判定.

由 $a_n \leqslant c_n \leqslant b_n$,得 $0 \leqslant c_n - a_n \leqslant b_n - a_n$,故级数 $\sum\limits_{n=1}^{\infty} (c_n - a_n)$ 和 $\sum\limits_{n=1}^{\infty} (b_n - a_n)$ 均是正项级数.

由于级数 $\sum\limits_{n=1}^{\infty} a_n$ 和 $\sum\limits_{n=1}^{\infty} b_n$ 均收敛,由级数的性质可知,正项级数 $\sum\limits_{n=1}^{\infty} (b_n - a_n)$ 也收敛.

又因为 $0 \leqslant c_n - a_n \leqslant b_n - a_n$,所以由正项级数的比较审敛法可知,级数 $\sum\limits_{n=1}^{\infty} (c_n - a_n)$ 也收敛.

由级数的性质可知,级数 $\sum\limits_{n=1}^{\infty}\big[(c_n-a_n)+a_n\big]$ 收敛,即级数 $\sum\limits_{n=1}^{\infty}c_n$ 收敛.

温馨提示:如果级数 $\sum\limits_{n=1}^{\infty}a_n$ 和 $\sum\limits_{n=1}^{\infty}b_n$ 均发散,且 $a_n\leqslant c_n\leqslant b_n(n=1,2,\cdots)$,则级数 $\sum\limits_{n=1}^{\infty}c_n$ 可能收敛也可能发散.例如,对于 $\dfrac{1}{2n}\leqslant\dfrac{1}{n}\leqslant\dfrac{1}{\sqrt{n}}$,级数 $\sum\limits_{n=1}^{\infty}a_n=\sum\limits_{n=1}^{\infty}\dfrac{1}{2n}$ 和 $\sum\limits_{n=1}^{\infty}b_n=\sum\limits_{n=1}^{\infty}\dfrac{1}{\sqrt{n}}$ 均发散,且级数 $\sum\limits_{n=1}^{\infty}c_n=\sum\limits_{n=1}^{\infty}\dfrac{1}{n}$ 也发散.

对于 $-\dfrac{1}{n}\leqslant\dfrac{1}{n^2}\leqslant\dfrac{1}{n}$,级数 $\sum\limits_{n=1}^{\infty}a_n=\sum\limits_{n=1}^{\infty}\left(-\dfrac{1}{n}\right)$ 和 $\sum\limits_{n=1}^{\infty}b_n=\sum\limits_{n=1}^{\infty}\dfrac{1}{n}$ 均发散,但级数 $\sum\limits_{n=1}^{\infty}c_n=\sum\limits_{n=1}^{\infty}\dfrac{1}{n^2}$ 却是收敛的.

例 9　求幂级数 $\sum\limits_{n=1}^{\infty}\dfrac{2+(-1)^n}{2^n n}x^n$ 的收敛半径.

[错解 1] 令 $a_n=\dfrac{2+(-1)^n}{2^n n}$,则

$$\lim_{n\to\infty}\left|\dfrac{a_{n+1}}{a_n}\right|=\lim_{n\to\infty}\dfrac{2+(-1)^{n+1}}{2[2+(-1)^n]}=\dfrac{1}{2}$$

因此该幂级数的收敛半径 $R=2$.

[错解 2] 令 $a_n=\dfrac{2+(-1)^n}{2^n n}$,则

$$\lim_{n\to\infty}\left|\dfrac{a_{n+1}}{a_n}\right|=\lim_{n\to\infty}\dfrac{2+(-1)^{n+1}}{2[2+(-1)^n]}=\begin{cases}\dfrac{3}{2},&n\text{ 为奇数}\\[2mm]\dfrac{1}{6},&n\text{ 为偶数}\end{cases}$$

由于上述极限不存在,由定理:若 $\lim\limits_{n\to\infty}\left|\dfrac{a_{n+1}}{a_n}\right|=\rho$,则 $\sum\limits_{n=1}^{\infty}a_n x^n$ 的收敛半径 $R=\dfrac{1}{\rho}$,可知该幂级数的收敛半径 $R=0$.

[错解 3] 令 $a_n=\dfrac{2+(-1)^n}{2^n n}$,则

$$\lim_{n\to\infty}\left|\dfrac{a_{n+1}}{a_n}\right|=\lim_{n\to\infty}\dfrac{2+(-1)^{n+1}}{2[2+(-1)^n]}=\begin{cases}\dfrac{3}{2},&n\text{ 为奇数}\\[2mm]\dfrac{1}{6},&n\text{ 为偶数}\end{cases}$$

因为 $\dfrac{2}{3}<6$,所以该幂级数的收敛半径 $R=\dfrac{2}{3}$.

[错解分析] 错解 1 在“$\lim\limits_{n\to\infty}\dfrac{2+(-1)^{n+1}}{2[2+(-1)^n]}=\dfrac{1}{2}$”这一步存在错误.因为 $\lim\limits_{n\to\infty}\dfrac{2+(-1)^{n+1}}{2[2+(-1)^n]}$

不存在,所以错解 1 是错误的.

错解 2 在"由于上述极限不存在,因此该幂级数的收敛半径 $R=0$"这一步存在错误.因为 $\lim\limits_{n\to\infty}\left|\dfrac{a_{n+1}}{a_n}\right|=\rho$ 是幂级数 $\sum\limits_{n=1}^{\infty}a_nx^n$ 的收敛半径 $R=\dfrac{1}{\rho}$(如果 $\rho=0$, $\dfrac{1}{\rho}$ 理解为 ∞;如果 $\rho=\infty$, $\dfrac{1}{\rho}$ 理解为 0)的充分条件而不是必要条件,即只有 $\lim\limits_{n\to\infty}\left|\dfrac{a_{n+1}}{a_n}\right|$ 存在(这里的存在包括极限值为 ∞ 这种情形),才能得到幂级数 $\sum\limits_{n=1}^{\infty}a_nx^n$ 收敛半径的值,但不能由 $\lim\limits_{n\to\infty}\left|\dfrac{a_{n+1}}{a_n}\right|$ 不存在,得到幂级数 $\sum\limits_{n=1}^{\infty}a_nx^n$ 的收敛半径 $R=0$ 的结论,因此错解 2 是错误的.

错解 3 在"因为 $\dfrac{2}{3}<6$,所以该幂级数的收敛半径 $R=\dfrac{2}{3}$"这一步存在错误.只有 $\lim\limits_{n\to\infty}\left|\dfrac{a_{n+1}}{a_n}\right|$ 存在的情况下(这里的存在包括极限值为 ∞ 这种情形,不妨设极限值为 ρ),才能得到幂级数 $\sum\limits_{n=1}^{\infty}a_nx^n$ 的收敛半径 $R=\dfrac{1}{\rho}$.本题中 $\lim\limits_{n\to\infty}\left|\dfrac{a_{n+1}}{a_n}\right|$ 不存在,故不能应用该定理来求收敛半径,因此错解 3 是错误的.

[正确解法]本题应用根值审敛法求收敛半径.

令 $a_n=\dfrac{2+(-1)^n}{2^n n}$,则

$$\lim_{n\to\infty}\sqrt[n]{a_n}=\lim_{n\to\infty}\left(\frac{2+(-1)^n}{2^n n}\right)^{\frac{1}{n}}=\frac{1}{2}$$

可得该幂级数的收敛半径 $R=2$.

例 10 求幂级数 $\sum\limits_{n=1}^{\infty}(-1)^n\dfrac{2n-1}{2^n}x^{2n-2}$ 的收敛半径.

[错解]令 $a_n=(-1)^n\dfrac{2n-1}{2^n}$,则

$$\lim_{n\to\infty}\left|\frac{a_{n+1}}{a_n}\right|=\lim_{n\to\infty}\frac{2n+1}{2(2n-1)}=\frac{1}{2}$$

因此该幂级数的收敛半径 $R=2$.

[错解分析]上述解法在公式的应用上存在错误.本题中的幂级数的收敛半径不能应用公式来求解.因为定理:若 $\lim\limits_{n\to\infty}\left|\dfrac{a_{n+1}}{a_n}\right|=\rho$,则幂级数 $\sum\limits_{n=1}^{\infty}a_nx^n$ 的收敛半径 $R=\dfrac{1}{\rho}$(如果 $\rho=0$, $\dfrac{1}{\rho}$ 理解为 ∞;如果 $\rho=\infty$, $\dfrac{1}{\rho}$ 理解为 0)的"源"是正项级数的比值审敛法,对标准型的幂级数(形如 $\sum\limits_{n=1}^{\infty}a^nx^n$ 的幂级数称为标准型的幂级数,即不缺项的幂级数为标准型的幂级数),利用正项级数的比值审敛法,有 $\lim\limits_{n\to\infty}\left|\dfrac{u_{n+1}(x)}{u_n(x)}\right|=\lim\limits_{n\to\infty}\left|\dfrac{a_{n+1}x^{n+1}}{a_nx^n}\right|=|x|\lim\limits_{n\to\infty}\left|\dfrac{a_{n+1}}{a_n}\right|$,所以极限值

$\lim\limits_{n\to\infty}\left|\dfrac{u_{n+1}(x)}{u_n(x)}\right|$ 由 $|x|\lim\limits_{n\to\infty}\left|\dfrac{a_{n+1}}{a_n}\right|$ 确定,因此级数的收敛半径可由 $\lim\limits_{n\to\infty}\left|\dfrac{a_{n+1}}{a_n}\right|=\rho$ 来计算.但是对

幂级数 $\sum\limits_{n=1}^{\infty}(-1)^n\dfrac{2n-1}{2^n}x^{2n-2}$ 来说,它属于缺项的幂级数. 一般地,缺项的幂级数用

$\sum\limits_{n=0}^{\infty}a_nx^{kn+l}\,(k\neq0,1)$ 来表示,若对缺项的幂级数应用正项级数的比值审敛法,则

$$\lim_{n\to\infty}\left|\frac{u_{n+1}(x)}{u_n(x)}\right|=\lim_{n\to\infty}\left|\frac{a_{n+1}x^{k(n+1)+l}}{a_nx^{kn+l}}\right|=|x|^k\lim_{n\to\infty}\left|\frac{a_{n+1}}{a_n}\right|$$

由上式可知,$\lim\limits_{n\to\infty}\left|\dfrac{u_{n+1}(x)}{u_n(x)}\right|$ 由 $|x|^k\lim\limits_{n\to\infty}\left|\dfrac{a_{n+1}}{a_n}\right|$ 确定,如果 $\lim\limits_{n\to\infty}\left|\dfrac{a_{n+1}}{a_n}\right|=\rho$,则收敛半径 $R=\dfrac{1}{\sqrt[k]{\rho}}$,

并不是 $\dfrac{1}{\rho}$.因此上述解法是错误的.

［正确解法］本题应用正项级数的比值审敛法来求解.

令 $u_n(x)=(-1)^n\dfrac{2n-1}{2^n}x^{2n-2}$,则

$$\lim_{n\to\infty}\left|\frac{u_{n+1}(x)}{u_n(x)}\right|=\lim_{n\to\infty}\left|\frac{2(n+1)-1}{2^{n+1}}x^{2(n+1)-2}\cdot\frac{2^n}{(2n-1)x^{2n-2}}\right|=x^2\lim_{n\to\infty}\frac{2n+1}{2(2n-1)}=\frac{1}{2}x^2$$

当 $\dfrac{1}{2}x^2<1$,即 $|x|<\sqrt{2}$ 时,幂级数 $\sum\limits_{n=1}^{\infty}(-1)^n\dfrac{2n-1}{2^n}x^{2n-2}$ 收敛;

当 $\dfrac{1}{2}x^2>1$,即 $|x|>\sqrt{2}$ 时,幂级数 $\sum\limits_{n=1}^{\infty}(-1)^n\dfrac{2n-1}{2^n}x^{2n-2}$ 发散.

可得该幂级数的收敛半径 $R=\sqrt{2}$.

温馨提示:求幂级数收敛半径 R 时,注意以下两点:

(1) 标准型的幂级数 $\sum\limits_{n=1}^{\infty}a_nx^n$,可以直接利用公式进行求解,即若 $\lim\limits_{n\to\infty}\left|\dfrac{a_{n+1}}{a_n}\right|=\rho$,则收敛半径 $R=\dfrac{1}{\rho}$(如果 $\rho=0$,$R=+\infty$;如果 $\rho=+\infty$,$R=0$).

(2) 缺项的幂级数 $\sum\limits_{n=0}^{\infty}a_nx^{kn+l}\,(k\neq0,1)$,可以用两种方法求解.方法 1:直接利用正项级数的比值审敛法或根值审敛法;方法 2:利用公式,即若 $\lim\limits_{n\to\infty}\left|\dfrac{a_{n+1}}{a_n}\right|=\rho$,则收敛半径 $R=\dfrac{1}{\sqrt[k]{\rho}}$(如果 $\rho=0$,$R=+\infty$;如果 $\rho=+\infty$,$R=0$).

例 11　求幂级数 $\sum\limits_{n=1}^{\infty}\dfrac{n(n+1)}{2^{n-1}}x^{n-1}$ 的收敛域.

［错解］令 $a_n=\dfrac{n(n+1)}{2^{n-1}}$,则

$$\lim_{n\to\infty}\left|\frac{a_{n+1}}{a_n}\right|=\lim_{n\to\infty}\left[\frac{(n+1)(n+2)}{2^n}\cdot\frac{2^{n-1}}{n(n+1)}\right]=\frac{1}{2}$$

可得该幂级数的收敛半径 $R=2$,收敛域为 $(-2,2)$.

[错解分析] 上述解法错误地理解了收敛域的概念.一般地,如果幂级数 $\sum_{n=1}^{\infty}a_n x^n$ 的收敛半径为 R,则该幂级数的收敛区间为 $(-R,R)$.要求该幂级数的收敛域,还需讨论级数在区间端点即 $x=-R$ 和 $x=R$ 处的敛散性,即该幂级数的收敛域为下列四个区间之一:

$$(-R,R),[-R,R),(-R,R],[-R,R]$$

上述解法没有讨论幂级数在区间端点 $x=-2$ 和 $x=2$ 处的敛散性,直接把收敛区间认为是收敛域,因此是错误的.

[正确解法] 令 $a_n=\dfrac{n(n+1)}{2^{n-1}}$,则

$$\lim_{n\to\infty}\left|\frac{a_{n+1}}{a_n}\right|=\lim_{n\to\infty}\left[\frac{(n+1)(n+2)}{2^n}\cdot\frac{2^{n-1}}{n(n+1)}\right]=\frac{1}{2}$$

可得该幂级数的收敛半径 $R=2$,收敛区间为 $(-2,2)$.

当 $x=-2$ 时,级数为 $\sum_{n=1}^{\infty}(-1)^n n(n+1)$,由常数项级数收敛的必要条件(即如果 $\lim_{n\to\infty}u_n\neq 0$,则级数 $\sum_{n=1}^{\infty}u_n$ 发散)可知该级数发散;

当 $x=2$ 时,级数为 $\sum_{n=1}^{\infty}n(n+1)$,同样由常数项级数收敛的必要条件可知该级数发散.

综上,该幂级数的收敛域为 $(-2,2)$.

温馨提示:求幂级数的收敛域时,要根据幂级数的类型,采用相应的求解方法.

类型 1:标准型幂级数 $\sum_{n=1}^{\infty}a_n x^n$.先利用公式 $\lim_{n\to\infty}\left|\dfrac{a_{n+1}}{a_n}\right|=\rho$,求出收敛半径 $R=\dfrac{1}{\rho}$(如果 $\rho=0,R=+\infty$;如果 $\rho=+\infty,R=0$),得到收敛区间 $(-R,R)$,再讨论幂级数在收敛区间端点处,即 $x=-R$ 和 $x=R$ 处的敛散性,从而得到收敛域.

类型 2:形如 $\sum_{n=1}^{\infty}a_n(x-x_0)^n$ 的幂级数.有两种求解方法.方法 1:直接利用比值审敛法或根值审敛法;方法 2:利用变量代换法,即令 $t=x-x_0$,把 $\sum_{n=1}^{\infty}a_n(x-x_0)^n$ 转换成标准型的幂级数 $\sum_{n=1}^{\infty}a_n t^n$,再利用标准型幂级数收敛域的求法,求出其收敛域,再由 t 的取值范围及等式 $x=t+x_0$ 解出 x 的取值范围即可得原幂级数的收敛域.

类型 3:形如 $\sum_{n=0}^{\infty}a_n x^{kn+l}(k\neq 0,1)$ 的幂级数.有两种求解方法.方法 1:直接利用比值

审敛法或根值审敛法；方法 2：先利用公式 $\lim\limits_{n\to\infty}\left|\dfrac{a_{n+1}}{a_n}\right|=\rho$，求出收敛半径 $R=\dfrac{1}{\sqrt[k]{\rho}}$（如果 $\rho=0$，$R=+\infty$；如果 $\rho=+\infty$，$R=0$），得到收敛区间 $(-R,R)$，再讨论幂级数在收敛区间端点处，即 $x=-R$ 和 $x=R$ 处的敛散性，从而得到收敛域.

例 12　求幂级数 $\sum\limits_{n=1}^{\infty}\dfrac{1}{n2^n}x^{n-1}$ 的和函数.

[错解] 令 $s(x)=\sum\limits_{n=1}^{\infty}\dfrac{1}{n2^n}x^{n-1}$，则 $s(x)=\dfrac{1}{x}\sum\limits_{n=1}^{\infty}\dfrac{1}{n2^n}x^n$. 令 $g(x)=\sum\limits_{n=1}^{\infty}\dfrac{1}{n2^n}x^n$，

则

$$g'(x)=\sum_{n=1}^{\infty}\frac{1}{2^n}x^{n-1}=\frac{\dfrac{1}{2}}{1-\dfrac{x}{2}}=\frac{1}{2-x}$$

可得

$$\int g'(x)\mathrm{d}x=\int\frac{1}{2-x}\mathrm{d}x$$

即

$$g(x)=-\ln(2-x)$$

因此

$$s(x)=\frac{1}{x}g(x)=-\frac{\ln(2-x)}{x}$$

[错解分析] 上述解法有三处错误：第一，没有求出幂级数的收敛域就直接求和函数，因为只有在收敛域内幂级数才存在和函数，而且只有在收敛区间内，幂级数的和函数才有逐项积分和逐项求导的性质，所以求幂级数的和函数时，必须先把幂级数的收敛域求出来；第二，在" $\int g'(x)\mathrm{d}x=\int\dfrac{1}{2-x}\mathrm{d}x$，即 $g(x)=-\ln(2-x)$ "这一步存在错误，因为不定积分是函数族，由 $\int g'(x)\mathrm{d}x=\int\dfrac{1}{2-x}\mathrm{d}x$，只能得到 $g(x)=-\ln(2-x)+C$，其中 C 是任意常数，而不能得到 $g(x)=-\ln(2-x)$，所以上述步骤是错误的；第三，求出的幂级数的和函数结果不全面，缺少了 $s(0)$，显然 $s(0)=\dfrac{1}{2}$，但是和函数的表达式 $s(x)=-\dfrac{\ln(2-x)}{x}$ 中 x 是不能为零的，上述解法忽略了 $s(0)$，因此是错误的.

[正确解法] 令 $a_n=\dfrac{1}{n2^n}$，则

$$\lim_{n\to\infty}\left|\frac{a_{n+1}}{a_n}\right|=\lim_{n\to\infty}\frac{n2^n}{(n+1)2^{n+1}}=\frac{1}{2}$$

可得该幂级数的收敛半径 $R=2$，收敛区间为 $(-2,2)$.

当 $x=-2$ 时，级数为 $\sum\limits_{n=1}^{\infty}\dfrac{(-1)^n}{2n}$，由莱布尼茨定理可知该级数收敛；

当 $x=2$ 时，级数为 $\sum\limits_{n=1}^{\infty}\dfrac{1}{2n}$，由常数项级数收敛的性质可知该级数发散.

因此，该幂级数的收敛域为 $[-2,2)$.

令 $s(x)=\sum\limits_{n=1}^{\infty}\dfrac{1}{n2^n}x^{n-1}$，则 $s(x)=\dfrac{1}{x}\sum\limits_{n=1}^{\infty}\dfrac{1}{n2^n}x^n$. 令 $g(x)=\sum\limits_{n=1}^{\infty}\dfrac{1}{n2^n}x^n$，则

$$g^{'}(x)=\sum_{n=1}^{\infty}\frac{1}{2^n}x^{n-1}=\frac{\dfrac{1}{2}}{1-\dfrac{x}{2}}=\frac{1}{2-x}$$

可得
$$\int_0^x g^{'}(x)\mathrm{d}x=\int_0^x\frac{1}{2-x}\mathrm{d}x$$

即
$$g(x)-g(0)=\ln2-\ln(2-x)$$

又因为 $g(0)=0$，所以 $g(x)=\ln2-\ln(2-x)$.

因此，当 $x\neq 0$ 时，$s(x)=\dfrac{1}{x}g(x)=\dfrac{\ln2-\ln(2-x)}{x}$.

又当 $x=0$ 时，$s(0)=\dfrac{1}{2}$.

综上
$$s(x)=\begin{cases}\dfrac{\ln2-\ln(2-x)}{x}, & x\in[-2,0)\bigcup(0,2)\\[3mm]\dfrac{1}{2}, & x=0\end{cases}$$

温馨提示：求幂级数 $\sum\limits_{n=1}^{\infty}a_n x^n$ 的和函数时，应先求出幂级数的收敛域，再求和函数.另外，如果应用幂级数的和函数逐项求导的性质求其和函数，逆运算积分时应该取的是定积分，且应用的是牛顿–莱布尼茨公式，所以定积分端点的值是千万不能忽视的.如果应用幂级数的和函数逐项积分的性质求其和函数，逆运算即求导时应用的是积分上限函数求导法则.

例 13 将函数 $f(x)=\arctan\dfrac{1+x}{1-x}$ 展开成 x 的幂级数.

[错解 1] 因为
$$f^{'}(x)=\frac{1}{1+x^2}=\sum_{n=0}^{\infty}(-1)^n x^{2n}$$

所以
$$\int_0^x f^{'}(x)\mathrm{d}x=\int_0^x\sum_{n=0}^{\infty}(-1)^n x^{2n}\mathrm{d}x=\sum_{n=0}^{\infty}\frac{(-1)^n}{2n+1}x^{2n+1}$$

即
$$f(x)=\sum_{n=0}^{\infty}\frac{(-1)^n}{2n+1}x^{2n+1}$$

[错解 2] 因为
$$f^{'}(x)=\frac{1}{1+x^2}=\sum_{n=0}^{\infty}(-1)^n x^{2n}$$

所以
$$\int f^{'}(x)\mathrm{d}x=\int\sum_{n=0}^{\infty}(-1)^n x^{2n}\mathrm{d}x=\sum_{n=0}^{\infty}\frac{(-1)^n}{2n+1}x^{2n+1}$$

即
$$f(x)=\sum_{n=0}^{\infty}\frac{(-1)^n}{2n+1}x^{2n+1}$$

[错解分析] 错解 1 有两处错误: 第一, 没有写幂级数的收敛域, 就将函数展开成幂级数. 将函数展开成幂级数时, 必须注明幂级数的收敛域; 第二, 在 "$\int_0^x f'(x)\,\mathrm{d}x = \cdots = \sum_{n=0}^{\infty} \frac{(-1)^n}{2n+1} x^{2n+1}$, 即 $f(x) = \sum_{n=0}^{\infty} \frac{(-1)^n}{2n+1} x^{2n+1}$" 这一步存在错误. 因为等式 "$\int_0^x f'(x)\,\mathrm{d}x = \cdots = \sum_{n=0}^{\infty} \frac{(-1)^n}{2n+1} x^{2n+1}$" 的左端是 $f(x) - f(0)$, 而 $f(0) = \arctan 1 = \frac{\pi}{4}$, 错解 1 中忽略了 $f(0)$, 所以是错误的.

错解 2 也有两处错误: 第一, 没有写幂级数的收敛域; 第二, 在 "$\int f'(x)\,\mathrm{d}x = \cdots = \sum_{n=0}^{\infty} \frac{(-1)^n}{2n+1} x^{2n+1}$, 即 $f(x) = \sum_{n=0}^{\infty} \frac{(-1)^n}{2n+1} x^{2n+1}$" 这一步存在错误. 因为不定积分是函数族, 由 $\int f'(x)\,\mathrm{d}x = \sum_{n=0}^{\infty} \frac{(-1)^n}{2n+1} x^{2n+1}$, 只能得到 $f(x) = \sum_{n=0}^{\infty} \frac{(-1)^n}{2n+1} x^{2n+1} + C$, 其中 C 是任意常数, 而不能得到 $f(x) = \sum_{n=0}^{\infty} \frac{(-1)^n}{2n+1} x^{2n+1}$, 所以错解 2 是错误的.

[正确解法] 因为

$$f'(x) = \frac{1}{1 + \left(\frac{1+x}{1-x}\right)^2} \cdot \frac{1-x-(1+x)\cdot(-1)}{(1-x)^2} =$$

$$\frac{1}{1+x^2} = \sum_{n=0}^{\infty} (-1)^n x^{2n} \quad (-1 < x < 1)$$

所以

$$\int_0^x f'(x)\,\mathrm{d}x = \int_0^x \sum_{n=0}^{\infty} (-1)^n x^{2n}\,\mathrm{d}x$$

即

$$f(x) - f(0) = \sum_{n=0}^{\infty} \frac{(-1)^n}{2n+1} x^{2n+1} \quad (-1 < x < 1)$$

又

$$f(0) = \arctan 1 = \frac{\pi}{4}$$

故

$$f(x) = \frac{\pi}{4} + \sum_{n=0}^{\infty} \frac{(-1)^n}{2n+1} x^{2n+1} \quad (-1 < x < 1)$$

温馨提示: 利用间接法将函数展开成幂级数时, 必须标注所得到的幂级数的收敛域. 另外, 在应用先求导再积分的方法求函数的幂级数展开式时, 积分时等式两端取定积分, 且积分时应用的是牛顿-莱布尼茨公式, 因此积分端点的值不能忽视.

例 14 将函数 $f(x) = \frac{x}{x+2}$ 展开成 x 的幂级数.

[错解] 因为

$$f(x) = \frac{x}{x+2} = \frac{1}{1 + \frac{2}{x}}$$

且
$$\frac{1}{1-x} = 1 + x + x^2 + \cdots + x^n + \cdots$$

故 $f(x) = \dfrac{1}{1-\left(-\dfrac{2}{x}\right)} = 1 + \left(-\dfrac{2}{x}\right) + \left(-\dfrac{2}{x}\right)^2 + \cdots + \left(-\dfrac{2}{x}\right)^n + \cdots = \displaystyle\sum_{n=0}^{\infty} \frac{(-1)^n 2^n}{x^n}$

[错解分析]上述解法有两处错误:第一,没写收敛域,把函数展开成幂级数时,必须写出幂级数的收敛域;第二,所求的幂级数展开式的形式是错误的,因为表达式 $\displaystyle\sum_{n=0}^{\infty} \frac{(-1)^n 2^n}{x^n}$ 不是 x 的幂级数,出现该错误的根本原因是没有理解幂级数的概念.形如 $\displaystyle\sum_{n=0}^{\infty} a_n x^n$(其中 a_n 为常数)的函数项级数称为 x 的幂级数,这里的 n 为自然数,即 n 只能取大于等于零的整数,也就是说,x 的幂级数的表达式中只能出现 x 的正整数次幂.

[正确解法]$f(x) = \dfrac{x}{x+2} = x \cdot \dfrac{1}{2+x} = x \cdot \dfrac{1}{2\left(1+\dfrac{x}{2}\right)} = \dfrac{x}{2} \cdot \dfrac{1}{1+\dfrac{x}{2}}$

且
$$\frac{1}{1-x} = 1 + x + x^2 + \cdots + x^n + \cdots \quad (-1 < x < 1)$$

则有
$$\frac{1}{1+\dfrac{x}{2}} = \frac{1}{1-\left(-\dfrac{x}{2}\right)} = 1 + \left(-\frac{x}{2}\right) + \left(-\frac{x}{2}\right)^2 + \cdots + \left(-\frac{x}{2}\right)^n + \cdots =$$

$$\sum_{n=0}^{\infty} \frac{(-1)^n x^n}{2^n} \quad (-2 < x < 2)$$

故 $f(x) = \dfrac{x}{2} \cdot \dfrac{1}{1+\dfrac{x}{2}} = \dfrac{x}{2} \displaystyle\sum_{n=0}^{\infty} \frac{(-1)^n x^n}{2^n} = \displaystyle\sum_{n=0}^{\infty} \frac{(-1)^n x^{n+1}}{2^{n+1}} \quad (-2 < x < 2)$

温馨提示:把函数 $f(x)$ 展开成幂级数通常有两种方法:直接法和间接法.由于直接法需要研究 $f(x)$ 的泰勒公式中的余项,且求 $f(x)$ 的 n 阶导数比较麻烦,计算量较大,所以通常利用间接法.间接法是利用一些已知的函数的幂级数展开式,通过变量代换、四则运算或逐项求导、逐项积分等办法,求出所求函数 $f(x)$ 的幂级数展开式.要恰当准确地利用间接法,需要熟记下面 6 个常用函数的幂级数展开式:

$$e^x = \sum_{n=0}^{\infty} \frac{1}{n!} x^n = 1 + x + \frac{1}{2!} x^2 + \cdots + \frac{1}{n!} x^n + \cdots, \quad x \in (-\infty, +\infty)$$

$$\sin x = \sum_{n=0}^{\infty} (-1)^n \frac{x^{2n+1}}{(2n+1)!} = x - \frac{1}{3!} x^3 + \cdots + (-1)^n \frac{x^{2n+1}}{(2n+1)!} + \cdots, \quad x \in (-\infty, +\infty)$$

$$\cos x = \sum_{n=0}^{\infty} (-1)^n \frac{x^{2n}}{(2n)!} = 1 - \frac{1}{2!} x^2 + \cdots + (-1)^n \frac{x^{2n}}{(2n)!} + \cdots, \quad x \in (-\infty, +\infty)$$

$$\ln(1+x) = \sum_{n=0}^{\infty} \frac{(-1)^n}{n+1} x^{n+1} = x - \frac{1}{2} x^2 + \cdots + \frac{(-1)^n}{n+1} x^{n+1} + \cdots, \quad x \in (-1, 1]$$

$$(1+x)^m = 1 + \sum_{n=1}^{\infty} \frac{m(m-1)\cdots(m-n+1)}{n!}x^n =$$

$$1 + mx + \frac{m(m-1)}{2!}x^2 + \frac{m(m-1)(m-2)}{3!}x^3 + \cdots, \quad x \in (-1,1)$$

$$\frac{1}{1-x} = \sum_{n=0}^{\infty} x^n = 1 + x + \cdots + x^n + \cdots, \quad x \in (-1,1)$$

例 15 求幂级数 $\sum\limits_{n=0}^{\infty} \dfrac{x^{2n}}{(2n)!}$ 的和函数.

[错解] 所给幂级数的收敛域为 $x \in (-\infty,+\infty)$. 由 $\sum\limits_{n=0}^{\infty} \dfrac{x^n}{n!} = \mathrm{e}^x$, 可得

$$\sum_{n=0}^{\infty} \frac{x^{2n}}{(2n)!} \xlongequal{\text{令}\, m=2n} \sum_{n=0}^{\infty} \frac{x^m}{m!} = \mathrm{e}^x$$

[错解分析] 比较两个展开式

$$\mathrm{e}^x = \sum_{n=0}^{\infty} \frac{x^n}{n!} = 1 + x + \frac{1}{2!}x^2 + \cdots + \frac{1}{n!}x^n + \cdots$$

$$\sum_{n=0}^{\infty} \frac{x^{2n}}{(2n)!} = 1 + \frac{x^2}{2!} + \frac{x^4}{4!} + \frac{x^6}{6!} + \cdots + \frac{x^{2n}}{(2n)!} + \cdots$$

可知 $\sum\limits_{n=0}^{\infty} \dfrac{x^{2n}}{(2n)!} \neq \mathrm{e}^x$, 上述解法在"令 $m=2n$"这一步存在错误. 利用变量代换的方法时, 只能对变量进行变换, 不能对常数进行变换, 上述步骤是对常数进行变换的, 因此是错误的.

[正确解法] 本题借助幂级数的和函数在收敛区间内具有逐项求导, 以及其具有任意阶导数的性质进行求解.

令 $a_n = \dfrac{1}{(2n)!}$, 则

$$\lim_{n \to \infty} \left| \frac{a_{n+1}}{a_n} \right| = \lim_{n \to \infty} \frac{(2n)!}{(2n+1)!} = \lim_{n \to \infty} \frac{1}{2n+1} = 0$$

故该幂级数的收敛半径 $R = \infty$, 收敛域为 $(-\infty,+\infty)$.

令 $s(x) = \sum\limits_{n=0}^{\infty} \dfrac{x^{2n}}{(2n)!} = 1 + \dfrac{x^2}{2!} + \dfrac{x^4}{4!} + \dfrac{x^6}{6!} + \cdots + \dfrac{x^{2n}}{(2n)!} + \cdots$, 则

$$s'(x) = \frac{2x}{2!} + \frac{4x^3}{4!} + \frac{6x^5}{6!} + \cdots + \frac{2nx^{2n-1}}{(2n)!} + \cdots =$$

$$x + \frac{x^3}{3!} + \frac{x^5}{5!} + \cdots + \frac{x^{2n-1}}{(2n-1)!} + \cdots =$$

$$\sum_{n=1}^{\infty} \frac{x^{2n-1}}{(2n-1)!}$$

所以
$$s''(x) = 1 + \frac{3x^2}{3!} + \frac{5x^4}{5!} + \cdots + \frac{(2n-1)x^{2n-2}}{(2n-1)!} + \cdots =$$
$$1 + \frac{x^2}{2!} + \frac{x^4}{4!} + \cdots + \frac{x^{2n-2}}{(2n-2)!} + \cdots =$$
$$\sum_{n=1}^{\infty} \frac{x^{2n-2}}{(2n-2)!} = \sum_{n=0}^{\infty} \frac{x^{2n}}{(2n)!}$$

由此可得 $s(x) = s''(x)$，解此二阶常系数齐次线性微分方程，得
$$s(x) = C_1 e^x + C_2 e^{-x}$$

又因为 $s(0) = 1, s'(0) = 0$，故 $s(x) = \frac{1}{2}(e^x + e^{-x})$，即
$$\sum_{n=0}^{\infty} \frac{x^{2n}}{(2n)!} = \frac{1}{2}(e^x + e^{-x}), x \in (-\infty, +\infty)$$

参 考 文 献

[1] 马知恩,王绵森.高等数学疑难问题选讲[M].北京:高等教育出版社,2014.

[2] 崔荣泉,褚维盘,赵彦晖,等.高等数学重点内容重点题[M].西安:西安交通大学出版社,2004.

[3] 陈文灯,吴海燕,李冬红.高等数学复习指导:思路、方法与技巧[M].2 版.北京:清华大学出版社,2011.

[4] 同济大学应用数学系.高等数学:上册[M].7 版.北京:高等教育出版社,2014.

[5] 同济大学应用数学系.高等数学:下册[M].7 版.北京:高等教育出版社,2014.

[6] 陈汝栋. 数学分析中的问题、方法与实践[M]. 北京:国防工业出版社,2012.

[7] 张天德,蒋晓芸.Б.П.吉米多维奇高等数学习题精选精解[M].济南:山东科学技术出版社,2010.

[8] 高等学校工科数学课程教学指导委员会本科组.高等数学释疑解难[M].北京:高等教育出版社,1992.

[9] 刘强,袁安峰,孙激流.高等数学(下册)同步练习与模拟试题[M].北京:清华大学出版社,2017.

[10] 景慧丽.利用四则运算法则求极限易错题分析[J].河南教育学院学报(自然科学版),2016,25(1):62 - 64.

[11] 景慧丽.函数的导数易错题分析研究[J].高教学刊,2016(10):260 - 262.

[12] 景慧丽.泰勒公式易错题分析研究[J].数学学习与研究,2016(13):113 - 114.

[13] 景慧丽,刘华.求不定积分易犯错误分析[J].高师理科学刊,2019,39(9):75 - 78.

[14] 景慧丽."高等数学"课程中微分方程求解易错题分析[J].玉溪师范学院学报,2019,35(3):114 - 117.

[15] 景慧丽,王惠珍.偏导数易错题分析研究[J].首都师范大学学报(自然科学版),2019,40(1):78 - 81.

[16] 景慧丽.第二类平面曲线积分易错题分析研究[J].商丘职业技术学院学报,2016,15(2):11 - 14.

[17] 景慧丽.第二类曲面积分易错题分析研究[J].商丘职业技术学院学报,2015,14(5):4 - 8.

[18] 景慧丽.判断常数项级数敛散性易犯错误分析研究[J].商丘职业技术学院学报,2019,18(1):70 - 74.